Praxishandbuch SAP®-Basis – Troubleshooting in der Systemadministration

Manfred Sprenger

Willkommen bei Espresso Tutorials!

Unser Ziel ist es, SAP-Wissen wie einen Espresso zu servieren: Auf das Wesentliche verdichtete Informationen anstelle langatmiger Kompendien – für ein effektives Lernen an konkreten Fallbeispielen. Viele unserer Bücher enthalten zusätzlich Videos, mit denen Sie Schritt für Schritt die vermittelten Inhalte nachvollziehen können. Besuchen Sie unseren YouTube-Kanal mit einer umfangreichen Auswahl frei zugänglicher Videos:

https://www.youtube.com/user/EspressoTutorials.

Kennen Sie schon unser Forum? Hier erhalten Sie stets aktuelle Informationen zu Entwicklungen der SAP-Software, Hilfe zu Ihren Fragen und die Gelegenheit, mit anderen Anwendern zu diskutieren:

http://www.fico-forum.de.

Eine Auswahl weiterer Bücher von Espresso Tutorials:

- Julian Harfmann, Sabrina Heim, Andreas Dietrich:
  Compliant Identity Management mit SAP® IdM und GRC AC
  http://5222.espresso-tutorials.de
- Andreas Prieß:
  SAP®-Berechtigungen für Anwender und Einsteiger
  http://5131.espresso-tutorials.de
- Martin Metz & Sebastian Mayer:
  Schnelleinstieg in SAP® GRC Access Control
  http://5164.espresso-tutorials.de
- Bianca Folkerts:
  Praxishandbuch für die Risikoanalyse mit SAP® GRC Access Control *http://5292.espresso-tutorials.de*
- Andreas Schuster:
  Praxishandbuch SAP® HANA – Administration
  http://5265.espresso-tutorials.de
- Günter Dusch:
  Datenmigration mit SAP® LSMW: Einfach, schnell und kompakt *http://5415.espresso-tutorials.de*

Bibliografische Information der Deutschen Nationalbibliothek
Die Deutsche Nationalbibliothek verzeichnet diese Publikation in der Deutschen Nationalbibliografie; detaillierte bibliografische Daten sind im Internet über https://portal.dnb.de abrufbar.

Manfred Sprenger
Praxishandbuch SAP-Basis – Troubleshooting in der Systemadministration

ISBN: 978-3-960124-00-9

Lektorat: Anja Achilles

Korrektorat: Die Korrekturstube

Coverdesign: Philip Esch

Coverfoto: © choness | # 485370481 – istockphoto.com

Satz & Layout: Johann-Christian Hanke

1. Auflage 2020

URL: *www.espresso-tutorials.de*

Feedback:
Wir freuen uns über Fragen und Anmerkungen jeglicher Art. Bitte senden Sie diese an: *info@espresso-tutorials.com*.

Inhaltsverzeichnis

Vorwort

In den zurückliegenden Jahren gehörte es zu einer meiner häufigsten Aufgaben, in SAP-Systemen auftretende Probleme zu analysieren und nach Möglichkeit zu beseitigen. Dabei stellte sich immer wieder heraus, dass Fehler selten nur ein einziges Mal auftreten und die einmal bei der Analyse und Lösung gewonnenen Kenntnisse sehr hilfreich sind, wenn sich der Fehler wiederholt. So konnte ich im Laufe der Zeit ein umfassendes Wissen aufbauen, wie man ein SAP-Troubleshooting, also eine systematische Analyse von Fehlern, am zweckmäßigsten durchführt. Seitens meiner Kunden wurde ich immer häufiger gebeten, dieses Wissen an die Mitarbeiter weiterzugeben, die im Unternehmen mit der Fehleranalyse und -behebung betraut sind. So ist eine Reihe von Workshops zum Thema »SAP-Troubleshooting« entstanden, die ich in den letzten Jahren oft durchgeführt habe. Dieses Buch enthält quasi eine Auswahl, ein »Best-of« derjenigen Themen, die durchgängig bei allen Unternehmen relevant waren. Damit wird natürlich nur ein Bruchteil dessen abgedeckt, was in der täglichen SAP-Praxis an Problemen auftreten kann, doch sollten die im Verlauf des Buches vorgestellten Werkzeuge Ihnen dabei helfen, auch bei hier nicht angesprochenen Schwierigkeiten Licht ins Dunkel zu bringen.

Zielgruppe

Dieser Praxisleitfaden wendet sich zunächst einmal an alle Mitarbeiter des Supportteams, die mit dem SAP-Troubleshooting betraut sind. Aber auch Entwickler und technisch interessierte Key-User sollten genügend Hilfestellungen finden, um selbst in die Fehleranalyse einzusteigen. Mit den so gewonnenen Informationen sind Sie dann hoffentlich in der Lage, anhand von SAP-Hinweisen eigenständig Lösungen zu finden.

Über dieses Buch

In diesem Buch werden typische, in der täglichen SAP-Praxis auftretende Problemsituationen beschrieben. Zu Beginn eines jeden

Kapitels erläutere ich zunächst die jeweils beteiligten technischen Komponenten. Dabei geht es mir nicht darum, jedes Detail und jede mögliche Variante einer Komponente zu schildern, schließlich liefert die SAP mit ihrer Onlinedokumentation praktisch zu allen Themen ausführliche Informationen. Ich beschränke mich jeweils auf die Vermittlung des aus meiner Sicht erforderlichen Wissens, um Fehlermeldungen zu verstehen und die für eine weitere Analyse zur Verfügung stehenden Werkzeuge einsetzen zu können. Die SAP-Basis-Profis unter den Lesern mögen mir die eine oder andere Vereinfachung der geschilderten Sachverhalte nachsehen.

Das für mich wichtigste Werkzeug, der ABAP-Debugger, wird mit der für die meisten Einsatzfälle notwendigen Tiefe in Kapitel 9 beschrieben. Der Debugger kommt eigentlich immer dann zum Einsatz, wenn es darum geht, ein Problem zu reproduzieren, um dabei detailliert den Ablauf einer Anwendung zu analysieren. Ist das Debugging aus technischen Gründen nicht möglich, weil z. B. die Berechtigungen dafür insbesondere in dem produktiven SAP-System nicht vorliegen oder das Problem nicht noch einmal erzeugt werden kann, bleibt oft nur noch die Auswertung von Log- und Tracedateien. Kapitel 11 zeigt Ihnen, welche Dateien hier helfen können und wie sie zu analysieren sind. Ergänzend zu den Log- und Tracedateien stehen u. U. auch ABAP-Dumps zur Verfügung, die Informationen zu Programmabbrüchen beinhalten. In Kapitel 6 erfahren Sie, wie Sie mithilfe der Transaktion ST22 die in den Dumps protokollierten Laufzeitfehler untersuchen können.

Immer wieder gilt es, zu klären, in welcher Tabelle eigentlich welche Daten abgelegt werden. Nur wer die Tabellennamen kennt, kann mit Werkzeugen wie den Transaktionen SE16 oder SM30 überprüfen, ob die erforderlichen Daten tatsächlich vorhanden sind. Kapitel 12 zeigt Ihnen, welche Tools zur Verfügung stehen, um Tabellennamen zu ermitteln.

Während die bisher genannten Kapitel eher universell Hilfestellungen für jedwede Art von Fehlern geben, befassen sich die im Folgenden aufgeführten Abschnitte mit speziellen Problemen:

Gleich das erste Kapitel habe ich den immer mal auftretenden Performanceproblemen gewidmet. Geklärt werden soll insbesondere die Frage, mit welchen Tools nachvollzogen werden kann, ob es sich dabei lediglich um den subjektiven Eindruck einzelner SAP-Anwender handelt oder ob die Probleme objektiv nachvollziehbar sind.

Kapitel 2 beschäftigt sich mit der SAP-Hintergrundverarbeitung und beschreibt, welche Ursachen für Jobabbrüche, Jobausfälle oder verzögerte Ausführungen verantwortlich sind.

In Kapitel 3 soll ein Verständnis dafür geweckt werden, warum das Monitoring des SAP-Verbuchers wichtig ist.

Die SAP-Sperrverwaltung ist Thema des Kapitels 4, während die eher selten auftretenden Probleme mit der Nummernkreisdefinition in Kapitel 5 geschildert werden.

Sind Sie an der Lösung von Problemen im Zusammenhang mit dem »Drucken« interessiert, sollten Sie Kapitel 7 konsultieren.

Eine Vielzahl der Meldungen, die ein Supportteam zu bearbeiten hat, betrifft das Thema »Berechtigungen«. Kapitel 8 zeigt Ihnen, wie Sie fehlende Berechtigungen ermitteln können, aber auch wie man zu viel vergebene Berechtigungen finden kann.

Da jedes SAP-System für gewöhnlich eine Vielzahl von Schnittstellen zu weiteren SAP-Systemen und auch Nicht-SAP-Systemen besitzt, ist es sicherlich hilfreich, sich mit Kapitel 10 zu befassen. Hier erfahren Sie, wie Sie Fehler im Zusammenhang mit der Kommunikation über RFC oder den Internet Communication Manager analysieren sollten.

In den Text sind Kästen eingefügt, um wichtige Informationen besonders hervorzuheben. Jeder Kasten ist zusätzlich mit einem Piktogramm versehen, das diesen genauer klassifiziert:

Hinweis

Hinweise bieten praktische Tipps zum Umgang mit dem jeweiligen Thema.

Beispiel

Beispiele dienen dazu, ein Thema besser zu illustrieren.

Achtung

Warnungen weisen auf mögliche Fehlerquellen oder Stolpersteine im Zusammenhang mit einem Thema hin.

Die Form der Anrede

Um den Lesefluss nicht zu beeinträchtigen, wird im vorliegenden Buch bei personenbezogenen Substantiven und Pronomen zwar nur die gewohnte männliche Sprachform verwendet, stets aber die weibliche Form gleichermaßen mitgemeint.

Hinweis zum Urheberrecht

Sämtliche in diesem Buch abgedruckten Screenshots unterliegen dem Copyright der SAP SE. Alle Rechte an den Screenshots hält die SAP SE. Der Einfachheit halber haben wir im Rest des Buches darauf verzichtet, dies unter jedem Screenshot gesondert auszuweisen.

1 System langsam bzw. ohne Reaktion

Immer wieder kommt es vor, dass sich Anwender im Dialogbetrieb über lange Antwortzeiten beschweren oder gar Meldungen einreichen, dass systemseitig gar keine Reaktion mehr erfolgt. Im Folgenden sollen Werkzeuge vorgestellt werden, mit deren Hilfe Sie u. a. prüfen können, ob nur einzelne Benutzer oder alle Anwender vom Problem betroffen sind.

Wir wollen uns in diesem Kapitel auf die für Anwender besonders wichtige Dialogverarbeitung konzentrieren; Informationen zu Problemen mit der Hintergrundverarbeitung finden Sie in Kapitel 2, zu Verbuchungsproblemen in Kapitel 3.

1.1 Dialogworkprozesse und Dialogschritte

Eine Dialoganwendung (SAP-Transaktion) besteht prinzipiell aus einer Folge von Masken (Dynpros), die für die Bearbeitung einer bestimmten Aufgabe durchlaufen werden müssen. Gestartet wird eine Dialoganwendung im Normalfall über einen Transaktionscode. Mit dem Start wird das erste der Transaktion zugeordnete Dynpro geöffnet. Abhängig von den Eingaben des Anwenders und der Ablauflogik des Dynpros wird anschließend das Folgedynpro geladen. Eine mögliche Dynprofolge zeigt Abbildung 1.1.

Jedem Dynpro sind zwei Verarbeitungsblöcke zugeordnet:

1. *Process before Output, PBO* wird im Applikationsserver ausgeführt, bevor das Dynpro zur Anzeige z. B. an die SAP GUI gesendet wird, und
2. *Process after Input, PAI* wird verarbeitet, wenn der Anwender die Eingabe von Daten durch Auslösen der gewünschten Folgeaktion abschließt.

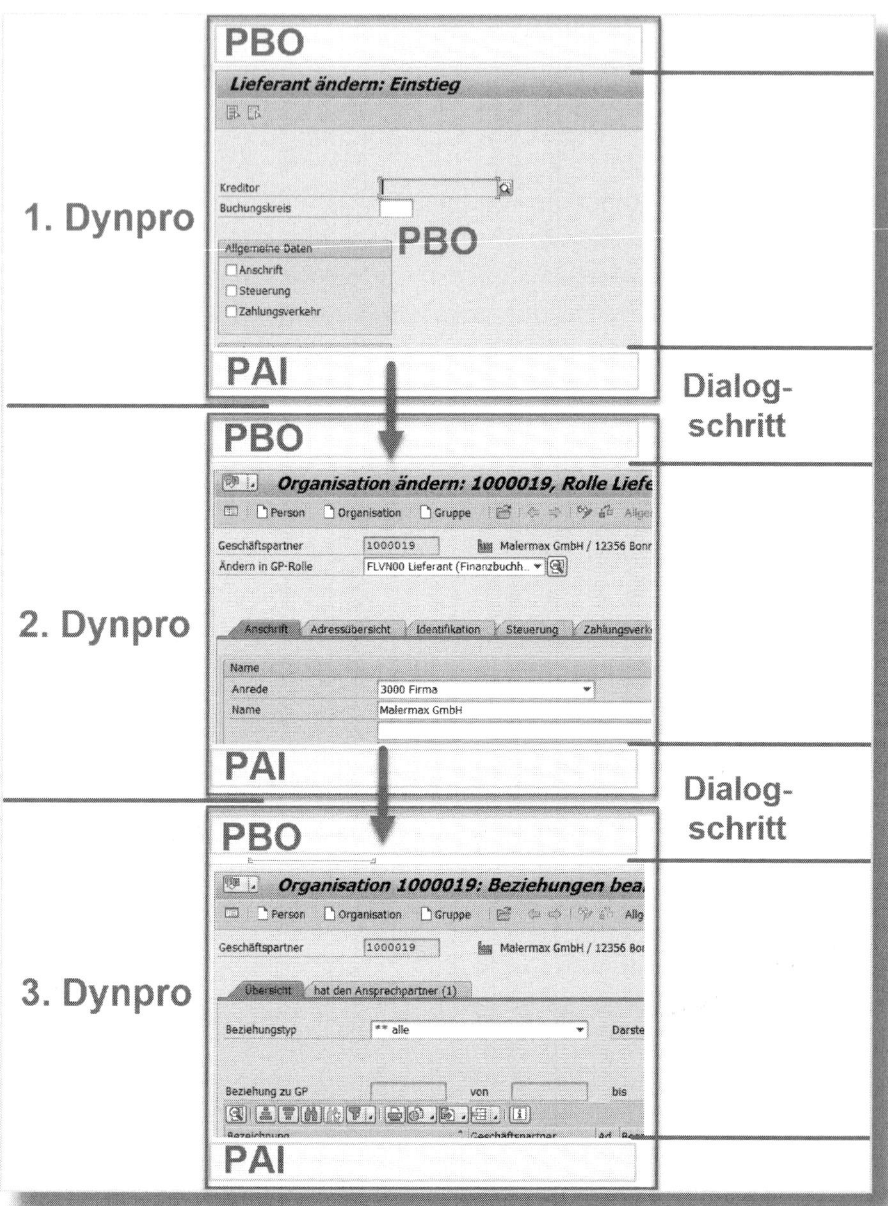

Abbildung 1.1: Dynprofolge und Dialogschritt

Ein Dialogschritt umfasst sowohl den PAI-Block des aktuell bearbeiteten Dynpros als auch den PBO-Block des Folgedynpros. Für die Ausführung genau eines solchen Dialogschritts wird dem Anwender ein Dialogworkprozess zugeordnet. Ist der Dialogschritt beendet, gibt der Anwender den Workprozess wieder frei, und dieser kann von einem anderen Anwender für die Ausführung eines Dialogschritts eingesetzt werden. Prinzipiell spielt es dabei keine Rolle, wie lange ein Dialogschritt dauert. Wenn ein Anwender z. B. eine umfangreiche Liste erstellt, kann es durchaus vorkommen, dass die Bearbeitung des entsprechenden Dialogschritts mehrere Minuten (wenn nicht sogar Stunden) in Anspruch nimmt. Entsprechend lange ist dann der zugeordnete Dialogworkprozess für andere Anwender blockiert.

Da Workprozesse mitunter erhebliche Systemressourcen, insbesondere Hauptspeicher, binden können, steht nicht jedem angemeldeten Benutzer ein eigener Dialogworkprozess zur Bearbeitung zur Verfügung. Vielmehr verteilt der Dispatcher einer SAP-Instanz die zu verarbeitenden Dialogschritte nacheinander auf die vorhandenen Dialogworkprozesse.

Verhältnis von Anwender zu Dialogworkprozess

zB

Typisch ist ein Verhältnis zwischen Anzahl angemeldeter Anwender und verfügbarer Dialogworkprozesse von etwa 10:1. Geht man z. B. davon aus, dass ein Anwender für die Eingabe der Daten in ein Dynpro zehn Sekunden benötigt, der Dialogschritt selbst etwa eine Sekunde läuft, kann man also im Mittel annehmen, dass, sofern nicht alle Anfragen gleichzeitig erfolgen, immer ein Dialogworkprozess zur Verfügung steht.

Probleme entstehen eigentlich immer dann, wenn im Dialogbetrieb Anwendungen gestartet werden, deren Dialogschritte weit über das übliche Maß hinaus Zeit und damit Dialogworkprozesse beanspruchen. Die Folge ist, dass die noch verfügbaren freien Workprozesse nicht mehr ausreichen, um die anstehenden Dialogschritte der übrigen Anwender mit angemessener Wartezeit zu bearbeiten. Im Extremfall kann das System, wenn gar keine freien Dialogprozesse mehr vorhanden sind, temporär zum Stillstand kommen.

In den folgenden Abschnitten wollen wir die Werkzeuge näher betrachten, die eine Überwachung der Workprozesse ermöglichen, um das Beschriebene zu verhindern.

1.2 Analyse mit dem Workprozess-Monitor

Eine Übersicht über die Workprozesse einer Instanz liefert die Transaktion *SM50*, während *SM66* die Workprozesse aller Instanzen eines SAP-Systems zeigt. Wir beschränken uns in diesem Abschnitt auf die Transaktion *SM50*, weil diese umfangreichere Informationen und Verwaltungsfunktionen anbietet als SM66 (siehe Abbildung 1.2).

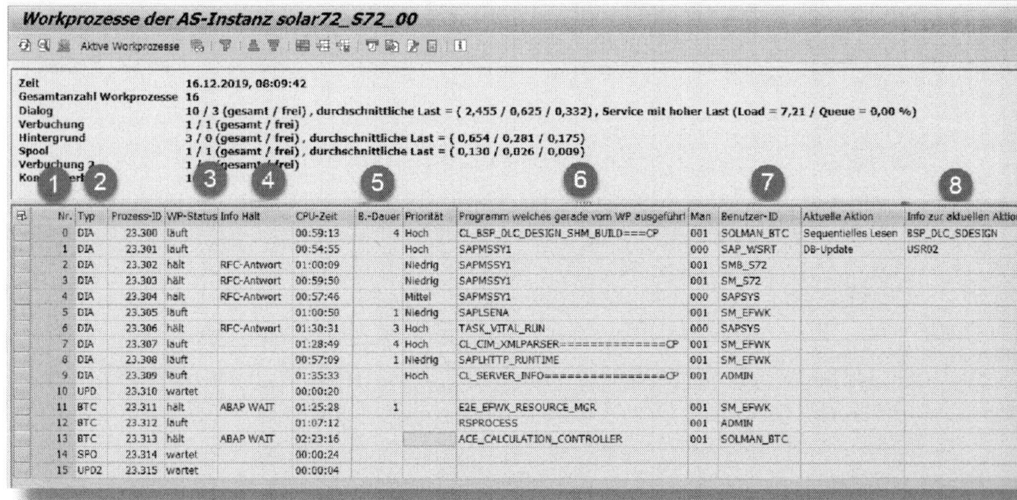

Workprozesse der AS-Instanz solar72_S72_00

Aktive Workprozesse

Zeit 16.12.2019, 08:09:42
Gesamtanzahl Workprozesse 16
Dialog 10 / 3 (gesamt / frei), durchschnittliche Last = (2,455 / 0,625 / 0,332), Service mit hoher Last (Load = 7,21 / Queue = 0,00 %)
Verbuchung 1 / 1 (gesamt / frei)
Hintergrund 3 / 0 (gesamt / frei), durchschnittliche Last = (0,654 / 0,281 / 0,175)
Spool 1 / 1 (gesamt / frei), durchschnittliche Last = (0,130 / 0,026 / 0,009)
Verbuchung 2 1 gesamt frei)
Kon ert 1

Nr.	Typ	Prozess-ID	WP-Status	Info Hält	CPU-Zeit	B.-Dauer	Priorität	Programm welches gerade vom WP ausgeführt	Man	Benutzer-ID	Aktuelle Aktion	Info zur aktuellen Aktion
0	DIA	23.300	läuft		00:59:13	4	Hoch	CL_BSP_DLC_DESIGN_SHM_BUILD===CP	001	SOLMAN_BTC	Sequentielles Lesen	BSP_DLC_SDESIGN
1	DIA	23.301	lauft		00:54:55		Hoch	SAPMSSY1	000	SAP_WSRT	DB-Update	USR02
2	DIA	23.302	hält	RFC-Antwort	01:00:09		Niedrig	SAPMSSY1	001	SMB_S72		
3	DIA	23.303	hält	RFC-Antwort	00:59:50		Niedrig	SAPMSSY1	001	SM_S72		
4	DIA	23.304	hält	RFC-Antwort	00:57:46		Mittel	SAPMSSY1	000	SAPSYS		
5	DIA	23.305	läuft		01:00:50	1	Niedrig	SAPLSENA	001	SM_EFWK		
6	DIA	23.306	hält	RFC-Antwort	01:30:31	3	Hoch	TASK_VITAL_RUN	000	SAPSYS		
7	DIA	23.307	lauft		01:28:49	4	Hoch	CL_CIM_XMLPARSER===============CP	001	SM_EFWK		
8	DIA	23.308	läuft		00:57:09	1	Niedrig	SAPLHTTP_RUNTIME	001	SM_EFWK		
9	DIA	23.309	lauft		01:35:33		Hoch	CL_SERVER_INFO=================CP	001	ADMIN		
10	UPD	23.310	wartet		00:00:20							
11	BTC	23.311	hält	ABAP WAIT	01:25:28	1		E2E_EFWK_RESOURCE_MGR	001	SM_EFWK		
12	BTC	23.312	lauft		01:07:12			RSPROCESS	001	ADMIN		
13	BTC	23.313	hält	ABAP WAIT	02:23:16			ACE_CALCULATION_CONTROLLER	001	SOLMAN_BTC		
14	SPO	23.314	wartet		00:00:24							
15	UPD2	23.315	wartet		00:00:04							

Abbildung 1.2: Workprozess – Übersicht

Es werden u. a. folgende Informationen ausgegeben:

❶ Fortlaufende Nummer des Workprozesses (Nr): Die Nummer kann verwendet werden, um die für den Workprozess relevanten Tracedateien zu ermitteln (Details siehe Abschnitt 11.3)

❷ Workprozess-TYP:
- *DIA* = Dialogworkprozess
- *BTC* = Batchworkprozess (siehe Abschnitt 2.1)
- *UPD/UPD2* = Verbuchungsworkprozess (siehe Abschnitt 3.3)
- *SPO* = Spoolworkprozess (siehe Abschnitt 7.1)

❸ Workprozess-Status (WP-STATUS) (siehe Tabelle 1.1)

❹ Zusatzinformation zum Status »hält« (INFO HÄLT)

❺ Aktuelle Bearbeitungsdauer (B.-DAUER)

❻ PROGRAMM, WELCHES GERADE VOM WP AUSGEFÜHRT WIRD

❼ BENUTZER-ID, dessen Auftrag ausgeführt wird

❽ AKTUELL im Workprozess ausgeführte AKTION

Die wohl wichtigste Angabe ist diejenige des »Status«. Tabelle 1.1 zeigt Ihnen mögliche Ausprägungen.

Status	Bedeutung
WARTET	Der Workprozess ist frei und wartet auf Aufträge.
LÄUFT	Es wird aktuell ein Auftrag bearbeitet. Der Workprozess steht anderen Anwendern in diesem Moment nicht zur Verfügung.
HÄLT	Der Workprozess ist exklusiv für einen Benutzer (auch über das Ende eines Dialogschritts hinaus) reserviert. Der Grund für diese Reservierung ist in der Spalte »Info Hält« angegeben.
BEENDET	Der Workprozess wurde nach einem Fehler beendet. Im Normalfall werden Workprozesse durch den Dispatcher automatisch neu gestartet, es sei denn, der Neustart wurde unter ADMINISTRATION • WORKPROZESS • NEUSTART NACH FEHLER mittels NEIN ausgesetzt.

Tabelle 1.1: Die häufigsten Workprozess-Status

Es sollte schnell klar sein, dass die Dialogantwortzeiten des Systems ungünstig ausfallen können, wenn, wie in Abbildung 1.2 gezeigt, nur wenige Dialogprozesse im Status »wartet« zur Verfügung stehen und für die laufenden Prozesse eine Bearbeitungszeit von mehreren Sekunden angezeigt wird. Lediglich wenn ein Dialogworkprozess mit Status »wartet« vorhanden ist, kann ein Dialogschritt ohne Wartezeit vom Anwender bearbeitet werden. Andernfalls beginnt die Bearbeitung des Schritts erst mit dem Freiwerden eines Dialogworkprozesses.

Die Transaktion *SM50* gibt Ihnen Auskunft über die Auslastung der Workprozesse aktuell und in den zurückliegenden 15 Minuten (siehe Abbildung 1.3).

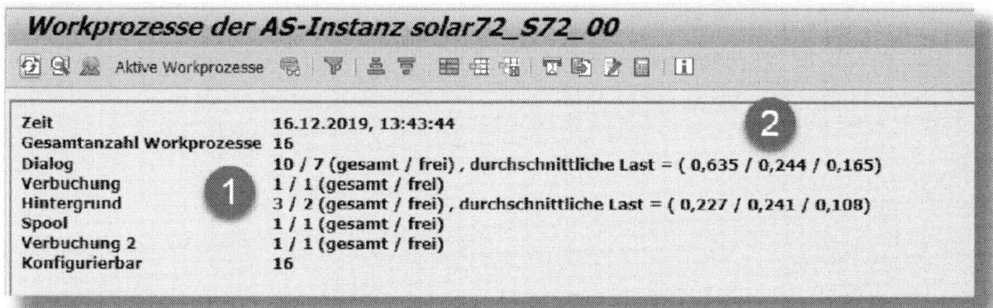

Abbildung 1.3: Auslastung Workprozesse

Angezeigt werden verfügbare und freie Workprozesse (❶) sowie die durchschnittliche Auslastung während der letzten Minute, der letzten fünf und der letzten 15 Minuten (❷).

Besonders kritisch ist es, wenn mehrere Dialogworkprozesse den Status »hält« für eine längere Zeit besitzen. Sie bleiben in diesem Fall über das Ende des Dialogschritts hinaus so lange reserviert, bis der Grund für diesen Status beseitigt ist. In dem in Abbildung 1.2 dargestellten Beispiel sind immerhin schon fast die Hälfte der Prozesse reserviert.

Die Spalte Info Hält gibt Ihnen Hinweise auf den Auslöser für den Status »hält«. Tabelle 1.2 führt hierzu einige Beispiele auf:

Info Hält	Bedeutung
Debugging	Für die im Workprozess laufende Anwendung wurde der Debugger aktiviert. Die Reservierung wird mit dem Ende des Debuggings aufgehoben. Details zum Thema »Debugging« finden Sie in Abschnitt 9.2.
RFC-Antwort	Der Workprozess wartet auf die Antwort eines RFC-Aufrufs.
PRIV-Modus	Es steht aktuell nicht ausreichend »Extended Memory« zur Verfügung. Der Workprozess musste daher »Heap Memory« reservieren. Diese Reservierung wird aufgehoben, wenn die im Workprozess laufende Anwendung beendet wird.
ABAP WAIT	Die Anwendung führt aktuell die ABAP-Anweisung WAIT aus. Hinweis: Läuft die Anwendung in einem Dialogworkprozess, wird für die Dauer der Anweisung kein Workprozess reserviert.

Tabelle 1.2: Beispiele für typische Auslöser in der Spalte »Info Hält«

Nachfolgend wollen wir uns für zwei der hier gezeigten Auslöser genauer ansehen, wie Sie darauf reagieren können.

1.2.1 Workprozess im Status »hält« mit Grund »RFC-Antwort«

Bekommt ein Workprozess den Status »hält« aufgrund einer »RFC-Antwort« zugewiesen, können Sie wie folgt ermitteln, welcher RFC-Aufruf über welche verwendete RFC-Destination den Status ausgelöst hat (siehe Abbildung 1.4).

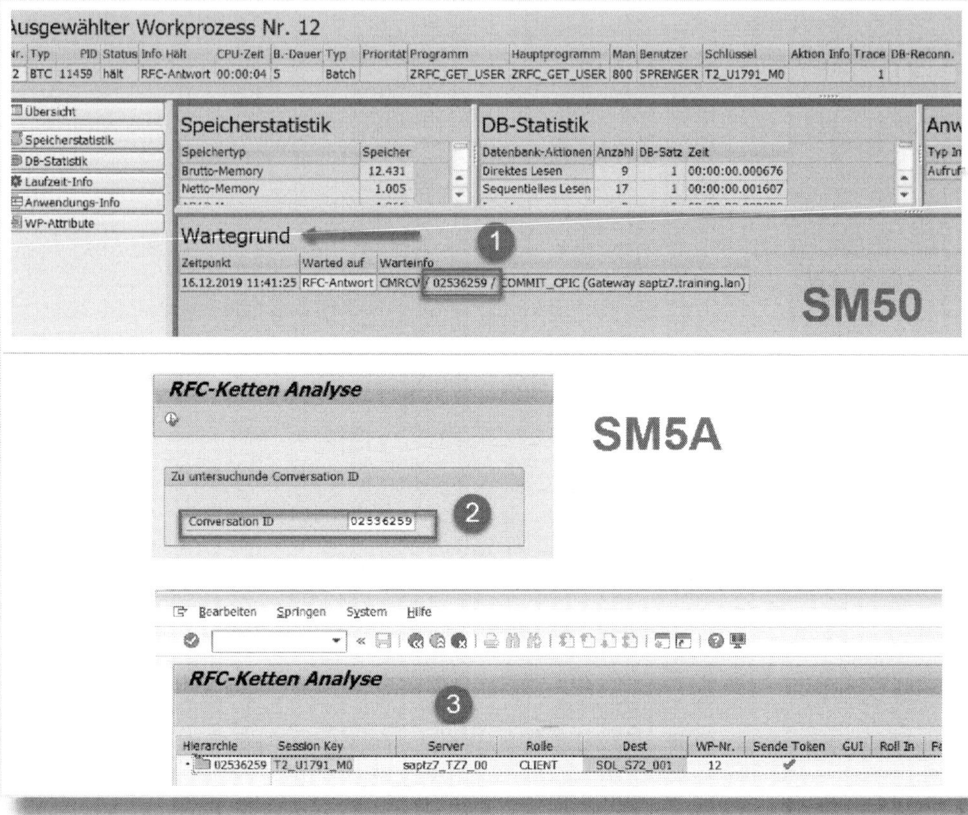

Abbildung 1.4: Status »hält« mit Grund »RFC-Antwort«

Per Doppelklick auf einen Workprozess in der Übersicht (siehe Abbildung 1.2) erhalten Sie die zugehörigen Detailinformationen. Unter der Rubrik Wartegrund finden Sie im Feld Warteinfo (❶) die sogenannte *Conversation ID* des RFC-Aufrufs. Starten Sie nun die Transaktion *SM5A* und geben Sie dort die Conversion ID in das betreffende Feld ein (❷). Im nachfolgenden Bild sehen Sie dann u. a., welche RFC-Destination für den Aufruf genutzt wurde und auf welcher Instanz (Server ❸) der gerufene Baustein ausgeführt wird. Starten Sie auf dieser Instanz nun die Transaktion *SM50*. Sie gibt Ihnen u. U. Hinweise darauf, ob die Instanz möglicherweise stark belastet ist und der RFC-Aufruf deshalb zu langen Antwortzeiten führt.

SAP-Hinweis 934109

SAP-Hinweis 934109 enthält detaillierte Informationen zu den Ursachen des Status »hält RFC« und zeichnet Lösungswege auf, wie Sie das Setzen des Status vermeiden.

1.2.2 Workprozess im Status »hält« mit Grund »PRIV-Modus«

Ein Workprozess wird mit dem Grund »PRIV« in den Status »hält« versetzt, wenn für die Ablage des Benutzerkontextes (Variableninhalte der gestarteten Anwendungen, Pufferung von Bildschirmlisten etc.) kein *Extended Memory* mehr verfügbar ist. Der betroffene Anwender wird auf diese Situation durch die Meldung »Speicher wird knapp. Vor Pausen Transaktion beenden!« hingewiesen.

Wir müssen zwei Ursachen für den Engpass an Extended Memory unterscheiden:

1. Für eine Dialoganwendung kann die maximal erlaubte Quote an Extended Memory erreicht sein.
2. Das für die gesamte Instanz zur Verfügung stehende Extended Memory ist ausgeschöpft.

Der zweite Fall ist besonders kritisch, denn jetzt werden Workprozesse auf den Status »hält« gesetzt, selbst wenn die im Prozess laufenden Anwendungen nur wenig Speicher verbrauchen. In der Folge befinden sich bereits nach kurzer Zeit alle Dialogworkprozesse im Status »hält«; einzig die Anwender, die einen Prozess reserviert haben, können noch Aktionen ausführen.

Die Transaktion *ST02* hilft Ihnen dabei, einen solch globalen Engpass an »Extended Memory« zu erkennen (❶), mithilfe der Transaktion

SM04 können Sie prüfen, welcher Anwender übermäßig viel Speicher benötigt (❷) (siehe Abbildung 1.5).

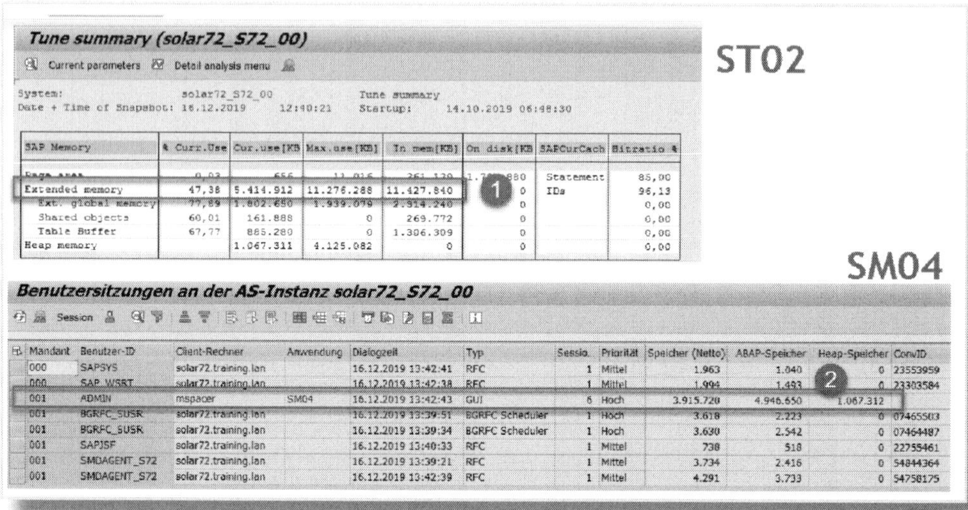

Abbildung 1.5: Analyse des Speicherverbrauchs

Vermeidung »PRIV«

Bevor man sich entscheidet, das Extended Memory oder die für einen Anwender verfügbare Quote zu vergrößern, sollte geprüft werden, ob nicht sinnvolle Selektionskriterien beim Start der Anwendung oder ggf. eine Optimierung des Programmcodings dabei helfen können, eine häufige Workprozessreservierung zu vermeiden. Beachten Sie zusätzlich auch den SAP-Hinweis 2098461.

1.3 Verwaltung von Workprozessen

Bisweilen kann es notwendig sein, eine Anwendung vorzeitig zu stoppen, weil z. B. Selektionskriterien eingegeben wurden, die zu problematisch langen Laufzeiten führen können.

Für das Abbrechen stehen verschiedene Optionen zur Verfügung. Zunächst einmal kann der User, der die Anwendung gestartet hat, selbst versuchen, sie zu stoppen (siehe Abbildung 1.6). Zu diesem Zweck bietet die SAP GUI die Funktion TRANSAKTION ABBRECHEN (❶). Ist diese nicht erfolgreich oder läuft die Anwendung z. B. im Hintergrund, können Sie in der Transaktion *SM50* PROGRAMM • ABBRECHEN (❷) wählen. Bei beiden Verfahren wird der Workprozess angewiesen, die laufende Anwendung zu beenden, der Workprozess selbst wird betriebssystemseitig aber nicht durchgestartet, sondern kann sofort die nächste Anfrage abarbeiten. In jedem Fall sollten Sie nach dem eingeleiteten Abbruch etwas Geduld haben. Wenn z. B. die Anwendung mitten in einer ändernden Datenbankoperation gestoppt wurde, kann das notwendige Rollback einige Zeit in Anspruch nehmen. Lässt sich die Anwendung über keinen der beschriebenen Wege beenden, sollten Sie den Workprozess durchstarten. Dazu wählen Sie ADMINISTRATION • WORKPROZESS • ABBRECHEN • OHNE CORE (❸).

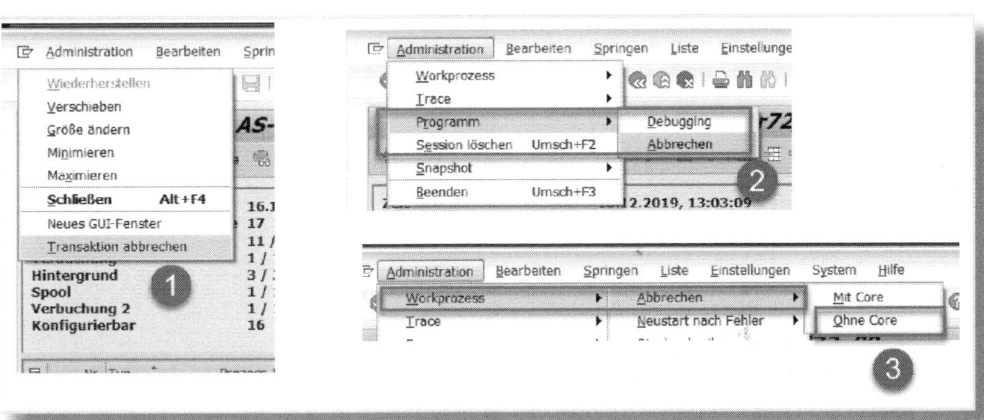

Abbildung 1.6: Alternativen für den Abbruch einer Anwendung

Anwendungen in Dialogworkprozessen werden zudem automatisch gestoppt, wenn sie ein durch den Parameter *rdisp/max_wprun_time* vorgegebenes Zeitlimit überschritten haben. Beachten Sie, dass dieses Limit automatisch um ca. 60 Sekunden verlängert wird, wenn die Anwendung z. B. gerade ein SQL-Statement ausführt. Der Abbruch der Anwendung aufgrund einer Zeitüberschreitung führt zu einem Laufzeitfehler.

Bei aktuelleren SAP-Kernel kann das Limit in Abhängigkeit von Prioritäten differenziert werden. Es stehen folgende Parameter zur Verfügung:

- rdisp/scheduler/prio_high/max_runtime
- rdisp/scheduler/prio_normal/max_runtime
- rdisp/scheduler/prio_low/max_runtime

Detaillierte Informationen zu den Parametern liefert die Transaktion *RZ11*.

Die Priorität einer im Workprozess zu bearbeitenden Anfrage kann wie in Tabelle 1.3 festgelegt sein:

Priorität	Bedeutung
Hoch	Dialoganwendungen und systeminterne Vorgänge wie z. B. Puffersynchronisation, Batch-Scheduler
Normal	RFC-Aufrufe aus Dialoganwendungen
Niedrig	Ausführung von Job-Steps und RFC-Aufrufen aus Batch-Anwendungen

Tabelle 1.3: Prioritäten für Workprozessaufträge

1.4 Alternativen zur Transaktion SM50

Die Transaktion *SM50* kann selbst vom Systemadministrator nur dann genutzt werden, wenn mindestens ein Dialogworkprozess im Status »wartet« zur Verfügung steht. Was tun, wenn alle Prozesse blockiert sind?

Ein sehr rudimentäres Werkzeug für die Analyse und Verwaltung von Workprozessen bietet das Kommando `dpmon`, das auf Betriebssystemebene des Applikationsservers gestartet werden kann. Melden Sie sich dazu als SAP-Systemadministrator (<SID>adm) an. Wenn Sie in das Verzeichnis (DIR_PROFIL) wechseln, können Sie das Kommando z. B. wie folgt starten:

```
dpmon pf=TZ7_DVEBMGS00_saptz7
```

Für den Parameter `pf` muss der jeweilige Name des Instanzprofils angegeben werden.

Wählen Sie im Folgebild die Option M - MENUE. Daraufhin erhalten Sie eine Aufstellung über die zur Verfügung stehenden Kommandos. Das Kommando »l« zeigt Ihnen eine zur Transaktion *SM50* analoge Auflistung der Workprozesse an. Diese bietet Funktionen z. B. zum Stoppen (➊) eines Workprozesses (siehe Abbildung 1.7).

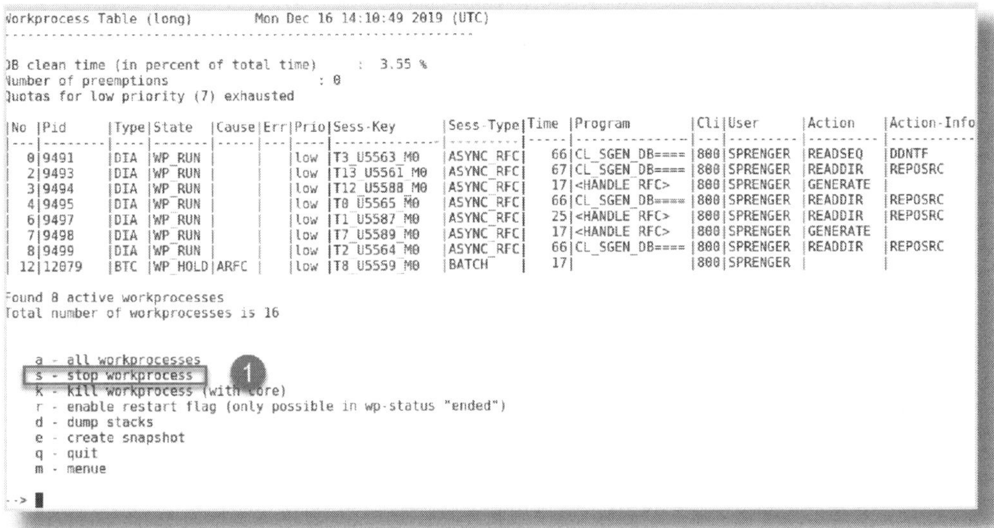

Workprocess Table (long)   Mon Dec 16 14:10:49 2019 (UTC)

DB clean time (in percent of total time)   : 3.55 %
Number of preemptions   : 0
Quotas for low priority (7) exhausted

No	Pid	Type	State	Cause	Err	Prio	Sess-Key	Sess-Type	Time	Program	Cli	User	Action	Action-Info
0	9491	DIA	WP_RUN			low	T3_U5563_M0	ASYNC_RFC	66	CL_SGEN_DB====	000	SPRENGER	READSEQ	DDNTF
2	9493	DIA	WP_RUN			low	T13_U5561_M0	ASYNC_RFC	67	CL_SGEN_DB====	000	SPRENGER	READDIR	REPOSRC
3	9494	DIA	WP_RUN			low	T12_U5588_M0	ASYNC_RFC	17	<HANDLE_RFC>	000	SPRENGER	GENERATE	
4	9495	DIA	WP_RUN			low	T0_U5565_M0	ASYNC_RFC	66	CL_SGEN_DB====	000	SPRENGER	READDIR	REPOSRC
6	9497	DIA	WP_RUN			low	T1_U5587_M0	ASYNC_RFC	25	<HANDLE_RFC>	000	SPRENGER	READDIR	REPOSRC
7	9498	DIA	WP_RUN			low	T7_U5589_M0	ASYNC_RFC	17	<HANDLE_RFC>	000	SPRENGER	GENERATE	
8	9499	DIA	WP_RUN			low	T2_U5564_M0	ASYNC_RFC	66	CL_SGEN_DB====	000	SPRENGER	READDIR	REPOSRC
12	12079	BTC	WP_HOLD	ARFC		low	T8_U5559_M0	BATCH	17		000	SPRENGER		

Found 8 active workprocesses
Total number of workprocesses is 16

a - all workprocesses
s - stop workprocess
k - kill workprocess (with core)
r - enable restart flag (only possible in wp-status "ended")
d - dump stacks
e - create snapshot
q - quit
m - menue

-->

Abbildung 1.7: Workprozessübersicht mit »dpmon«

Komfortabler als dpmon ist sicherlich die *SAP Management Console (SAP MMC)*. Sie kann z. B. mit der Portnummer »5<Instanz>13« per Browser geöffnet werden (sofern die Firewall-Einstellungen dies zulassen und der Browser Applets unterstützt).

Die Workprozessübersicht (➊) steht Ihnen unter AS ABAP WP TABLE (➋) zur Verfügung (siehe Abbildung 1.8).

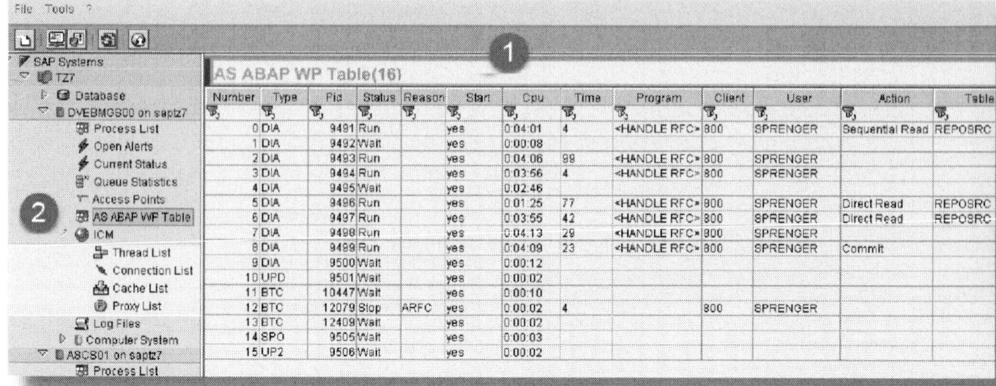

Abbildung 1.8: Workprozess in SAP MMC

2 Abbruch oder verzögerte Ausführung von Jobs

Es gibt in jedem SAP-System eine Vielzahl wiederkehrender Aufgaben, die in regelmäßigen Abständen und zu bestimmten Zeiten auszuführen sind. Diese Aufgaben werden der SAP-Hintergrundverarbeitung übertragen. Diese bietet mit der zeitgesteuerten Ausführung zudem die Möglichkeit, lang laufende Anwendungen in Zeiten zu verlagern, in denen das System über ausreichende Ressourcen verfügt. Da bei der Hintergrundverarbeitung Fehler- oder Problemmeldungen nicht an Dialoganwender gesendet werden, ist ein Monitoring außerordentlich wichtig. In diesem Kapitel erläutere ich Ihnen zunächst die Funktionsweise der SAP-Hintergrundverarbeitung und zeige Ihnen anschließend, welche typischen Probleme auftreten können und wie man diese erkennt und beseitigt.

Die im Rahmen der SAP-Hintergrundverarbeitung ausgeführten Programme laufen in *Hintergrundworkprozessen* und nicht in Dialogworkprozessen. Daraus resultieren folgende Vorteile:

- Für Hintergrundworkprozesse existiert, anders als für Dialogworkprozesse, keine Laufzeitbegrenzung, d. h. der Parameter *rdisp/max_wprun* ist irrelevant.
- Hintergrundworkprozessen steht mehr Speicher zur Verfügung, d. h., es können darin größere Datenmengen verarbeitet werden.
- Programme können zu lastarmen Zeiten gestartet werden.

Aber auch im Rahmen der Hintergrundverarbeitung können Probleme auftreten, wie etwa »Job wurde abgebrochen« oder »Job wird gar nicht oder stark verzögert gestartet«. Im Folgenden erhalten Sie zunächst nähere Informationen zur Funktionsweise der Hintergrundverarbeitung. Anschließend werden typische Fehlersituationen sowie die zur Fehleranalyse geeigneten Werkzeuge vorgestellt.

2.1 Konzept der Hintergrundverarbeitung

2.1.1 Job und Job-Step

Die SAP-Hintergrundverarbeitung führt *Jobs* aus, die aus einem oder mehreren *Job-Steps* bestehen. Die Job-Steps werden gemäß der im Job festgelegten Reihenfolge ausgeführt. Im Normalfall erfolgt die Verarbeitung synchron, d. h., erst wenn ein Step beendet wurde, wird der nächste gestartet. Bei Abbruch eines Steps bricht der gesamte Job ab.

Datenbankänderungen bei Jobabbrüchen

Beachten Sie, dass Änderungen, die von einem Step durchgeführt und mit COMMIT bestätigt wurden, durch den Abbruch nicht zurückgesetzt werden.

Ein Job-Step kann durch ein *ausführbares ABAP-Programm*, ein *externes Kommando* oder durch ein *externes Programm* realisiert werden. Daher erfahren Sie zunächst, was hinter diesen Begriffen steht, um dann zur Definition eines Jobs überzugehen.

Ausführbares ABAP-Programm

Hierbei handelt es sich um ein ABAP-Programm vom Typ 1 (siehe Abbildung 2.1).

Ungeeignete Programmtypen für Job-Steps

Dialogtransaktionen, d. h. Anwendungen, die auf ABAP-Programmen vom Typ *M = Modulpool* basieren, können – ebenso wenig wie Funktionsbausteine – nicht zur Definition eines Job-Steps verwendet werden.

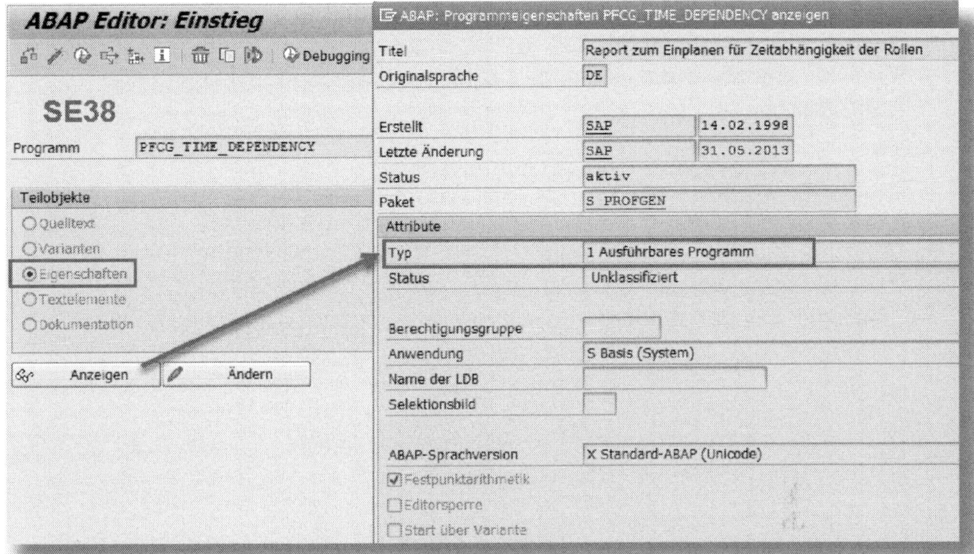

Abbildung 2.1: Ausführbares Programm

Verfügt das für einen Job-Step infrage kommende ABAP-Programm über ein Selektionsdynpro, muss zumindest eine sogenannte *Variante* vorhanden sein. Diese beinhaltet die für den Startzeitpunkt des Job-Steps relevanten Werte für die Selektionsparameter des Programms. Bei der Definition des Job-Steps sind in diesem Fall der Name des Programms sowie der Variante anzugeben.

Externes Programm

Ein externes Programm ist eine ausführbare Datei auf Hostsystemen, auf die das SAP-System zugreifen kann. Zu diesen Systemen gehören insbesondere die Applikationsserver des SAP-Systems. Externe Programme werden, wenn sie Bestandteile eines Jobs sind, normalerweise vom Betriebssystembenutzer <SAP-Systemname>adm, also z. B. *se1adm*, ausgeführt. Beachten Sie, dass externe Programme betriebssystemabhängig benannt und parametrisiert sind. Um beispielsweise das Inhaltsverzeichnis eines Dateipfades abzurufen, müssen Sie bei Windows das Kommando `dir`, bei Linux das Kommando `ls` aufrufen.

Externes Kommando

Mit einem externen Kommando bietet die SAP die Möglichkeit, unter einem einheitlichen Kommandonamen für verschiedene Betriebssysteme das passende externe Programm zuzuordnen. Die Definition solcher externen Kommandos erfolgt mithilfe der Transaktion *SM69*. Abbildung 2.2 zeigt Beispiele für externe Kommandos.

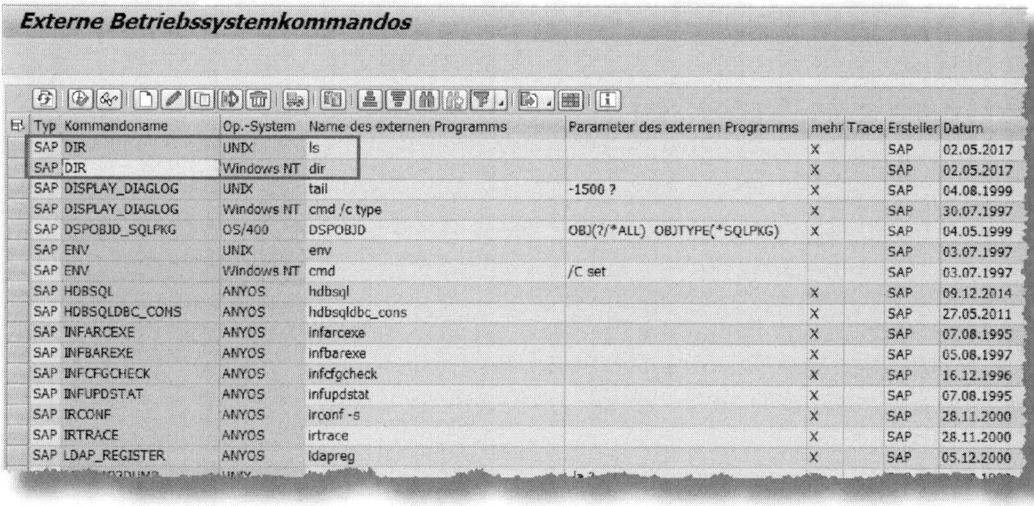

Externe Betriebssystemkommandos

Typ	Kommandoname	Op.-System	Name des externen Programms	Parameter des externen Programms	mehr	Trace	Ersteller	Datum
SAP	DIR	UNIX	ls		X		SAP	02.05.2017
SAP	DIR	Windows NT	dir		X		SAP	02.05.2017
SAP	DISPLAY_DIAGLOG	UNIX	tail	-1500 ?	X		SAP	04.08.1999
SAP	DISPLAY_DIAGLOG	Windows NT	cmd /c type		X		SAP	30.07.1997
SAP	DSPOBJD_SQLPKG	OS/400	DSPOBJD	OBJ(?/*ALL) OBJTYPE(*SQLPKG)	X		SAP	04.05.1999
SAP	ENV	UNIX	env				SAP	03.07.1997
SAP	ENV	Windows NT	cmd	/C set			SAP	03.07.1997
SAP	HDBSQL	ANYOS	hdbsql		X		SAP	09.12.2014
SAP	HDBSQLDBC_CONS	ANYOS	hdbsqldbc_cons		X		SAP	27.05.2011
SAP	INFARCEXE	ANYOS	infarcexe		X		SAP	07.08.1995
SAP	INFBAREXE	ANYOS	infbarexe		X		SAP	05.08.1997
SAP	INFCFGCHECK	ANYOS	infcfgcheck		X		SAP	16.12.1996
SAP	INFUPDSTAT	ANYOS	infupdstat		X		SAP	07.08.1995
SAP	IRCONF	ANYOS	irconf -s		X		SAP	28.11.2000
SAP	IRTRACE	ANYOS	irtrace		X		SAP	28.11.2000
SAP	LDAP_REGISTER	ANYOS	ldapreg		X		SAP	05.12.2000

Abbildung 2.2: Externe Kommandos

Definition von Jobs

Die Definition von Jobs erfolgt bevorzugt mithilfe der Transaktion *SM36*. In Abbildung 2.3 sehen Sie ein Beispiel für einen Job mit mehreren Steps.

Nr.	Programmname/Kommand	Programmtyp	Spoolliste	Parameter	Benutzer	Sprach
1	RSARFCER	ABAP		ARFC_REORG_A	BATCH_USER	DE
2	RSARFCER	ABAP		ARFC_REORG_T	BATCH_USER	DE
3	SBAL_DELETE	ABAP		WF	BATCH_USER	DE
4	ZREORG_CORE	Ext. Kommando			TOBA_ADM	

Abbildung 2.3: Beispiel Job-Steps

Die Spalte Nr. zeigt an, in welcher Reihenfolge die Steps ausgeführt werden sollen. Zusätzlich finden Sie in der Abbildung folgende Informationen:

❶ Name des ABAP-Programms bzw. des externen Kommandos

❷ Programmtyp (ABAP oder externes Kommando)

❸ Name der Variante (falls zur Ausführung erforderlich)

❹ Benutzer, unter dessen Kennung der Step gestartet wird

❺ Zu verwendende Anmeldesprache für die Ausführung

Einem auszuführenden Job muss eine Startbedingung zugeordnet werden (❶). Der wiederkehrende Start eines Jobs ist durch die Angabe eines Periodenwertes (❷) möglich (siehe Abbildung 2.4).

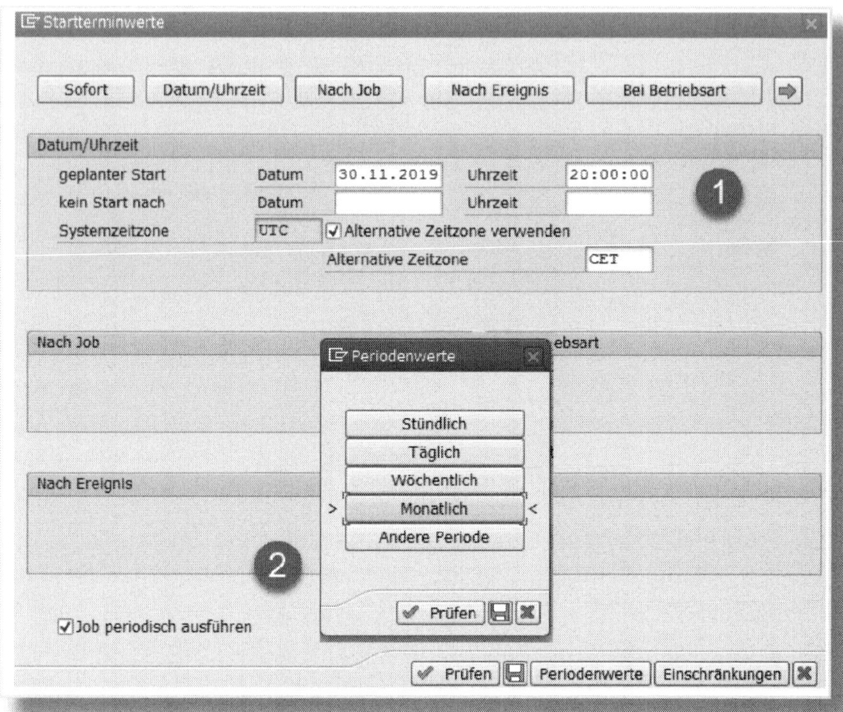

Abbildung 2.4: Startbedingung für einen Job

2.1.2 Batch-Scheduler

Der *Batch-Scheduler* ist ein in regelmäßigen Abständen in einem SAP-System ablaufendes Systemprogramm, das für jeden zur Ausführung eingeplanten Job überprüft, ob die Startbedingung erfüllt ist. Wenn das Ergebnis positiv ausfällt, erhalten diese Jobs den Status »bereit«. Der zeitliche Abstand zwischen zwei Starts des Schedulers wird durch den Parameter *rdisp/btctime* festgelegt; der Standardwert beträgt 60 Sekunden.

Der Scheduler verteilt die zur Ausführung fertigen Jobs auf die zur Verfügung stehenden Hintergrundprozesse. Ein Hintergrundprozess führt einen Job immer in Gänze aus (sofern er nicht abbricht), d. h., der Prozess steht während einer Jobausführung nicht für andere Aufgaben zur Verfügung. In der Konsequenz können nicht mehr Jobs gleichzeitig ablaufen als Hintergrundprozesse vorhanden sind. Die in einer Instanz nutzbaren Hintergrundprozesse werden durch den Parameter *rdisp/wp_no_btc* festgelegt.

Betriebsarten

Mithilfe der Definition sogenannter *Betriebsarten* ist es möglich, die Anzahl der zur Verfügung stehenden Hintergrundprozesse flexibel zu gestalten (siehe Transaktion *RZ04/SM63*). So können z. B. für den Nachtbetrieb mehr Hintergrundprozesse als für den Tagesbetrieb bereitgestellt werden.

Haben zur Ausführungszeit des Schedulers mehr Jobs den Status »bereit« als Hintergrundprozesse vorhanden sind, können nicht alle Jobs wie geplant gestartet werden. In diesem Fall bietet sich eine Priorisierung dieser Jobs mithilfe der Jobklasse an, die einem Job bei der Definition zugewiesen wird (❶) (siehe Abbildung 2.5). Bei gleicher Jobklasse werden zudem Jobs für die Startfreigabe bevorzugt, für die unter Ausführungsziel eine Instanz mit Hintergrundprozessen eingetragen ist (❷). Voraussetzung ist natürlich, dass genau die angegebene Instanz noch über freie Hintergrundprozesse verfügt.

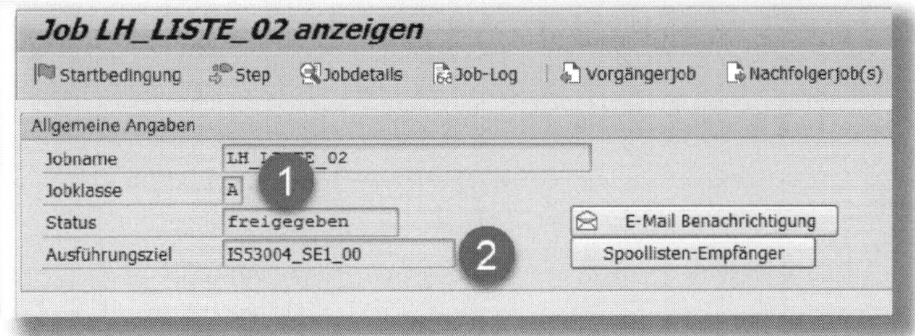

Abbildung 2.5: Jobklasse (Priorität)

Für die Vergabe der *Jobklasse* gelten die in Tabelle 2.1 aufgelisteten Empfehlungen:

Jobklasse	Empfehlung
A	Für den Betrieb unbedingt notwendige und zeitkritische Jobs. Beispiel: Job RDDIMPD für die Steuerung der Importe von Transportaufträgen.
B	Regelmäßig, mit kürzeren Wiederholungsperioden (z. B. stündlich) laufende Jobs, die nur mit geringer Verzögerung gestartet werden sollen.
C	Jobs, die keine erhöhte Priorität erfordern. Jobklasse »C« ist die Standardklasse.

Tabelle 2.1: Jobklassen

Reservierung von Hintergrundprozessen für Klasse »A«

Bei der Definition von Betriebsarten (Transaktion *RZ04*) haben Sie die Möglichkeit, Hintergrundprozesse speziell für Jobs der Klasse »A« zu reservieren (siehe ❶ in Abbildung 2.6). Beachten Sie aber unbedingt: Wird in einem auf diese Weise reservierten Prozess ein Job der Klasse »A« gestartet und ist gleichzeitig ein weiterer Hintergrundprozess verfügbar, wird dieser sofort für einen anderen Klasse-A-Job reserviert, damit der nächste anstehende Job dieser Klasse nach Möglichkeit sofort starten kann.

CCMS: Pflege von Betriebsarten und Instanzen

Konsistenzprüfung Profil-Sicht

Produktive Instanzen mit Workprozess-Aufteilung

1

Hostname	Servername	Instanz-Profil / Betriebsart	Dia	Stb	Bp	BpA	Spo	Upd	Up2	Sum	Con	Max
IS53004	IS53004_SE1_00	SE1_DC0_IS53004										
		Daymode	15	-	8	1	1	1	1	26	30	31

Abbildung 2.6: Reservierung von Hintergrundprozessen für Klasse »A«

Schlechtes Beispiel für Klasse-A-Reservierung

Ihnen stehen vier Hintergrundprozesse zur Verfügung, von denen zwei für die Klasse »A« reserviert werden. Wenn nun zeitgleich zwei Klasse-A-Jobs laufen, ist eine Ausführung von Jobs der Klassen »B« und »C« nicht mehr möglich.

2.2 Job-Monitor

Eine Übersicht über Jobs und deren aktuellen Status liefert die Transaktion *SM37*, auch *Job-Monitor* genannt. Im Startbild der Transaktion (siehe Abbildung 2.7) können Sie die Ergebnisliste nach Jobname (❶) und Kennung des Benutzers (❷), der den Job eingeplant hat, einschränken. Zusätzlich können Sie eine Eingrenzung nach der Jobstartbedingung (❸) und nach dem Jobstatus (❹) vornehmen.

Abbildung 2.7: Einfache Jobauswahl

Zusätzliche Selektionsbedingungen können Sie mit der Funktion Erweiterte Jobauswahl einblenden. Alternativ starten Sie die *erweiterte Jobauswahl* mit der Transaktion *SM37C*.

Jobauswahl

Auf einem SAP-System laufen im Normalfall mehrere Tausend Jobs pro Tag. Nutzen Sie daher bei der Jobauswahl die Möglichkeiten der Einschränkung, insbesondere über den Jobstatus und -namen. Andernfalls dauert der Aufbau der Trefferliste sehr lang, und die Liste wird schnell unübersichtlich.

Die Jobübersicht zeigt alle Jobs gemäß den gewählten Selektionskriterien (siehe Abbildung 2.8).

Folgende Informationen werden per Default angezeigt:

❶ Name des Jobs

❷ Vorhandensein einer Spool-Liste (ein Icon in dieser Spalte deutet darauf hin, dass eine Liste (Spool-Auftrag) erzeugt worden ist. Mit Doppelklick auf das Icon rufen Sie die Spool-Liste auf)

❸ Benutzerkennung des Job-Erstellers

❹ Status des Jobs (Details siehe Tabelle 2.2)

❺ Startzeitpunkt des Jobs (tatsächlicher Start)

❻ Laufzeit des Jobs in Sekunden

❼ Verzögerung des tatsächlichen Jobstarts relativ zum geplanten Starttermin. Da der Scheduler im Normalfall nur alle 60 Sekunden Jobs startet, sind Verzögerungen von bis zu 60 Sekunden absolut üblich.

```
Jobübersicht von :  12.11.2019 um :    :  :
             bis :  12.11.2019 um :    :  :
Selektierte      Jobnamen :  *
Selektierte Benutzernamen :  *

[ ] geplant   [✓] freigegeben  [✓] bereit  [✓] aktiv  [✓] fertig  [✓] abgebrochen
[ ] eventgesteuert     Eventid :
[ ] ABAP Programm    Programmname :
```

Jobname	Spoolliste	Job-Ersteller	Status	Startdatum	Startzeit	Dauer(sec.)	Verzögerung(sec.)
DBA:UPDATESTATS______@180000/0001		SCHW!	freigegeben			0	0
DEBI_DAILY		SCHW!	freigegeben			0	0
EU_PUT		ADMI!	fertig	12.11.2019	00:10:10	1	10
EU_REORG		ADMI!	fertig	12.11.2019	01:40:10	277	10
IOM_MARA_MARC_MARD		GAUS!	freigegeben			0	0
IOM_MARA_MARC_MARD		GAUS!	freigegeben			0	0
IOM_MARA_MARC_MARD		GAUS!	fertig	12.11.2019	00:27:10	4	44
IOM_MARA_MARC_MARD		GAUS!	fertig	12.11.2019	01:27:10	4	44
IOM_MARA_MARC_MARD		GAUS!	fertig	12.11.2019	02:27:10	5	44
IOM_MARA_MARC_MARD		GAUS!	fertig	12.11.2019	03:27:10	6	44
IOM_MARA_MARC_MARD		GAUS!	fertig	12.11.2019	04:27:10	4	44
IOM_MARA_MARC_MARD		GAUS!	fertig	12.11.2019	05:27:10	4	44
IOM_MARA_MARC_MARD		GAUS!	fertig	12.11.2019	06:27:11	3	45
IOM_MARA_MARC_MARD		GAUS!	fertig	12.11.2019	07:27:11	3	45
IOM_MARA_MARC_MARD		GAUS!	fertig	12.11.2019	08:27:11	3	45
IOM_MARA_MARC_MARD		GAUS!	fertig	12.11.2019	09:27:11	3	45
IOM_MARA_MARC_MARD		GAUS!	fertig	12.11.2019	10:27:11	4	45
PERIOD_CLOSING_800		OBER!	fertig	12.11.2019	00:00:10	2	9
PERIODENVERSCHIEBER_800		DDIC	fertig	12.11.2019	01:30:10	1	10
RM06BB30		TRAI!	freigegeben			0	0
RSBKCHECKBUFFER		ADMI!	freigegeben			0	0
SAP_ADS_SPOOL_CONSISTENCY_CHECK		BASI!	fertig	12.11.2019	00:30:11	0	11
SAP_BTC_TABLE_CONSISTENCY_CHECK		BASI!	fertig	12.11.2019	00:30:10	14	10
SAP_CCMS_MONI_BATCH_DP		BASI!	freigegeben			0	0
SAP_CCMS_MONI_BATCH_DP		BASI!	fertig	12.11.2019	00:05:10	29	55
SAP_CCMS_MONI_BATCH_DP		BASI!	fertig	12.11.2019	01:05:10	46	55
SAP_CCMS_MONI_BATCH_DP		BASI!	fertig	12.11.2019	02:05:10	19	55
SAP_CCMS_MONI_BATCH_DP		BASI!	fertig	12.11.2019	03:05:10	52	55
SAP_CCMS_MONI_BATCH_DP		BASI!	fertig	12.11.2019	04:05:10	23	55
SAP_CCMS_MONI_BATCH_DP		BASI!	fertig	12.11.2019	05:05:10	71	55
SAP_CCMS_MONI_BATCH_DP		BASI!	fertig	12.11.2019	06:05:10	9	55
SAP_CCMS_MONI_BATCH_DP		BASI!	fertig	12.11.2019	07:05:11	34	56
SAP_CCMS_MONI_BATCH_DP		BASI!	fertig	12.11.2019	08:05:11	27	56
SAP_CCMS_MONI_BATCH_DP		BASI!	fertig	12.11.2019	09:05:11	45	56
SAP_CCMS_MONI_BATCH_DP		BASI!	fertig	12.11.2019	10:05:11	33	56
SAP_CHECK_ACTIVE_JOBS		BASI!	freigegeben			0	0
SAP_CHECK_ACTIVE_JOBS		BASI!	fertig	12.11.2019	00:05:10	0	55
SAP_CHECK_ACTIVE_JOBS		BASI!	fertig	12.11.2019	01:05:10	0	55
SAP_CHECK_ACTIVE_JOBS		BASI!	fertig	12.11.2019	02:05:10	0	55
SAP_CHECK_ACTIVE_JOBS		BASI!	fertig	12.11.2019	03:05:10	0	55

Abbildung 2.8: Jobübersicht

Es fällt auf, dass der geplante Startzeitpunkt in der Liste nicht angezeigt wird. Sie können jedoch die dargestellten Informationen durch Veränderung der Anzeigevariante beeinflussen (siehe Abbildung 2.9).

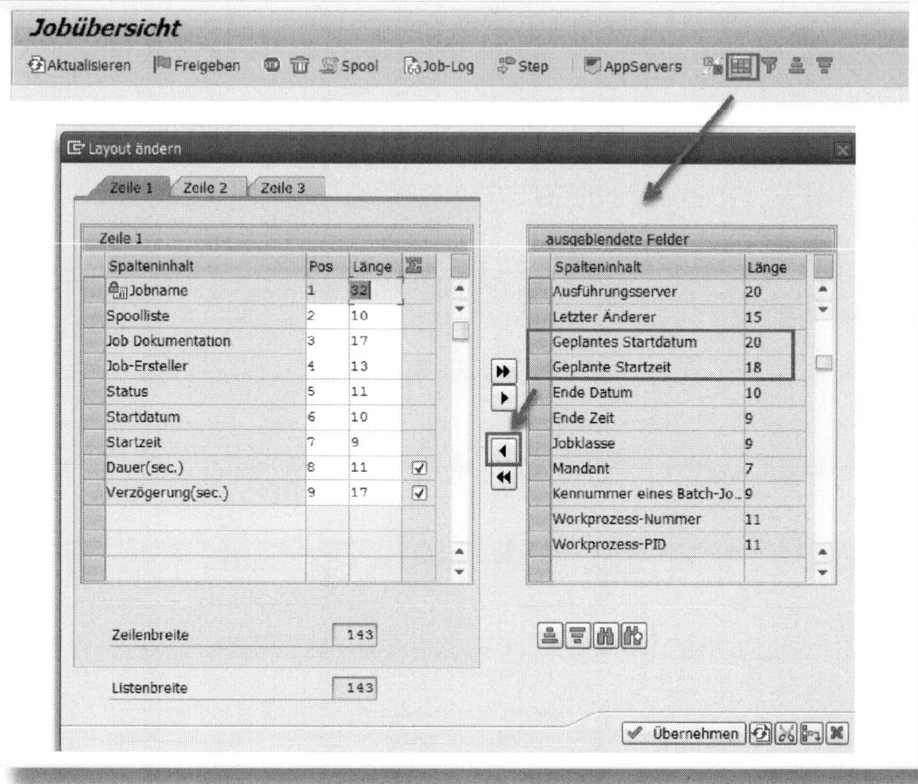

Abbildung 2.9: Anzeigevariante für Jobübersicht

Beachten Sie, dass die zur Verfügung stehenden Felder vom SAP-Release abhängig sind. Das Feld VERZÖGERUNGSGRUND fehlt z. B. in klassischen ERP-Systemen.

Das für das Monitoring wichtigste Feld stellt der STATUS dar. Mögliche Statuswerte und deren Bedeutung finden Sie in Tabelle 2.2.

Status	Bedeutung
geplant	Der Job wurde definiert, es fehlt aber noch die Startbedingung. Der Job wird nicht ausgeführt.
freigegeben	Die Startbedingung des Jobs ist (noch) nicht erfüllt. Wie oben beschrieben können Sie die geplante Startzeit in der Jobübersicht einblenden. Sollte trotzdem keine Startzeit angezeigt werden, handelt es sich um einen eventgesteuerten Job, d. h. er startet beim Eintreten eines Ereignisses. Das auslösende Ereignis wird Ihnen mit Doppelklick auf den Jobnamen angezeigt.
bereit	Die Startbedingung des Jobs ist erfüllt, ein Start jedoch nicht möglich, weil aktuell keine Hintergrundprozesse zur Verfügung stehen.
aktiv	Der Job wird aktuell ausgeführt. Beachten Sie, dass dieser Status manchmal fälschlicherweise angezeigt wird, z. B. wenn der Hintergrundprozess hart abgebrochen oder die SAP-Instanz neu gestartet wurde. Nutzen Sie in diesen Fällen unter JOB die Funktion STATUS PRÜFEN, um ggf. den korrekten Jobstatus zu ermitteln.
fertig	Der Job wurde (technisch) fehlerfrei ausgeführt. Dies bedeutet aber nur, dass der Job nicht aufgrund von Ausnahmesituationen abgebrochen wurde. Erst ein Blick in das Job-Log zeigt, ob tatsächlich keine Fehler aufgetreten sind.
abgebrochen	Der Job wurde aufgrund eines Fehlers abgebrochen. Erste Informationen zur Abbruchursache liefert das Job-Log.
freig./susp.	Dieser Status kann durch den Report *BTCTRNS1* für alle freigegebenen Jobs gesetzt werden. Diese werden dann so lange nicht ausgeführt, bis der Status »freigegeben« durch Starten des Reports *BTCTRNS2* wiederhergestellt wird. Die Reports werden genutzt, um z. B. bei Wartungsarbeiten (Patch/Durchstarten des Systems) die Ausführung freigegebener Jobs temporär zu verhindern.

Tabelle 2.2: Jobstatus

Für Jobs mit dem Status »abgebrochen« ist es wichtig, nähere Informationen zur Abbruchursache zu erhalten. Diese können Sie durch die Analyse des *Job-Logs* (Protokoll) ermitteln, dessen Aufruf Abbildung 2.10 zeigt. Wählen Sie dazu einen Job (❶) und klicken Sie die Funktion Job-Log (❷) an.

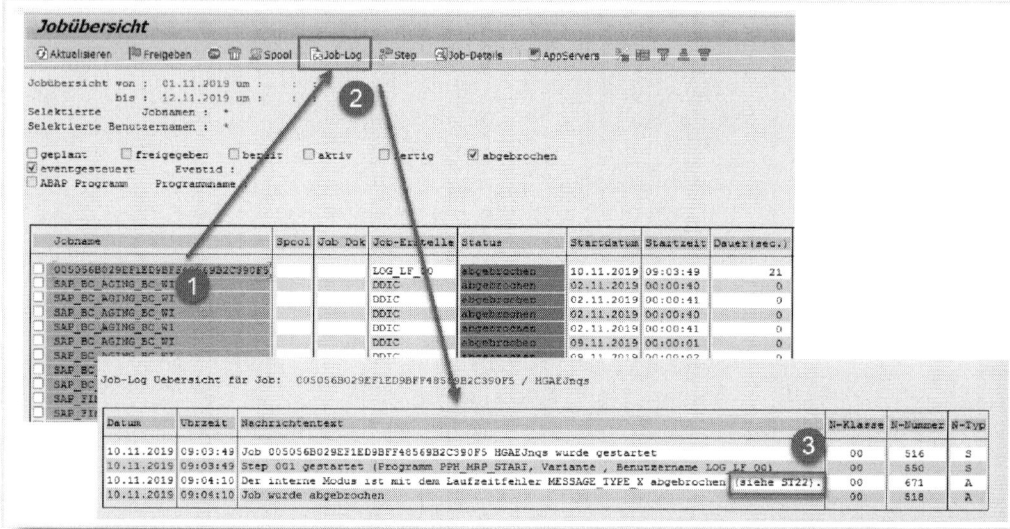

Abbildung 2.10: Anzeige Job-Log

In einigen Fällen liefert das erscheinende Job-Log bereits Hinweise zur weiteren Fehleranalyse, im konkreten Fall etwa »(siehe ST22)« im Nachrichtentext (❸).

Können Sie dem Job-Log keine ausreichenden Informationen entnehmen, sollten Sie wie folgt vorgehen:

- Suchen Sie mithilfe der Transaktion *ST22* nach Laufzeitfehlern, die zum Zeitpunkt der Jobausführung aufgetreten sind. Details zur Analyse von Laufzeitfehlern finden Sie in Abschnitt 6.2.
- Werten Sie für den infrage kommenden Zeitraum das Anwendungslog aus (siehe Abschnitt 11.2).
- Suchen Sie nach Einträgen im Systemlog (siehe Abschnitt 11.1).

- Werten Sie die Workprozess-Tracedateien aus (siehe Abschnitt 11.3). Die zum Auffinden der richtigen Tracedatei notwendige Nummer des Hintergrundprozesses erhalten Sie z. B. durch Einblenden des Feldes Workprozess-Nummer in der Jobübersicht (siehe Abbildung 2.9). Alternativ wird sie Ihnen angezeigt, wenn Sie zu einem Eintrag in der Jobübersicht die Funktion Job-Details aufrufen.
- Im Job-Log werden zu den eingetragenen Nachrichten auch die Klasse und die Nummer ausgegeben (siehe N-Klasse und N-Nummer in Abbildung 2.10). Suchen Sie mit diesen Angaben im SAP Support Portal nach Hinweisen.

Im folgenden Abschnitt wollen wir einige typische Abbruchsituationen näher untersuchen.

2.3 Beispiele für Probleme in der Jobausführung bis hin zum Abbruch

2.3.1 Ungültige oder fehlende Variante

Abbildung 2.11 zeigt das Job-Log zu einem regelmäßig abbrechenden Job.

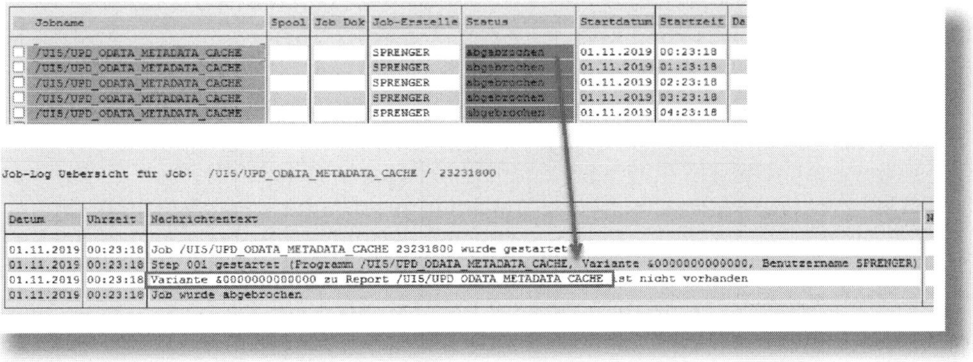

Jobname	Spool	Job Dok	Job-Erstelle	Status	Startdatum	Startzeit	Da
/UI5/UPD_ODATA_METADATA_CACHE			SPRENGER	abgebrochen	01.11.2019	00:23:18	
/UI5/UPD_ODATA_METADATA_CACHE			SPRENGER	abgebrochen	01.11.2019	01:23:18	
/UI5/UPD_ODATA_METADATA_CACHE			SPRENGER	abgebrochen	01.11.2019	02:23:18	
/UI5/UPD_ODATA_METADATA_CACHE			SPRENGER	abgebrochen	01.11.2019	03:23:18	
/UI5/UPD_ODATA_METADATA_CACHE			SPRENGER	abgebrochen	01.11.2019	04:23:18	

Job-Log Uebersicht fur Job: /UI5/UPD_ODATA_METADATA_CACHE / 23231800

Datum	Uhrzeit	Nachrichtentext
01.11.2019	00:23:18	Job /UI5/UPD_ODATA_METADATA_CACHE 23231800 wurde gestartet
01.11.2019	00:23:18	Step 001 gestartet (Programm /UI5/UPD_ODATA_METADATA_CACHE, Variante &0000000000000, Benutzername SPRENGER)
01.11.2019	00:23:18	Variante &0000000000000 zu Report /UI5/UPD_ODATA_METADATA_CACHE ist nicht vorhanden
01.11.2019	00:23:18	Job wurde abgebrochen

Abbildung 2.11: Jobabbruch aufgrund fehlender Variante

Wie in Abschnitt 2.1.1 geschildert, muss jedem Job-Step, der durch ein ABAP-Programm mit Selektionsdynpro realisiert wird, eine Variante zugeordnet werden. Fehlt diese zum Zeitpunkt der Jobausführung, bricht der Job sofort ab. Varianten zu Reports, die Bestandteile eines Job-Steps sind, können von einem Anwender nicht einfach gelöscht werden. Doch manchmal verschwinden sie unvermutet und ganz ohne manuelles Zutun. Dazu ein Beispiel: Wird ein Job mit der Transaktion *SA38* und der Funktion »Im Hintergrund ausführen« eingeplant, ist die Angabe einer explizit definierten Variante nicht erforderlich. Vielmehr generiert das System in diesem Fall automatisch eine Variante, die den aktuellen Inhalt des Selektionsbildes enthält. Sie erkennen solche Varianten an dem Und-Zeichen (»&«) zu Beginn des Namens. Sie sind nicht über die Transaktion *SE38* änderbar und eigentlich nur zur einmaligen Nutzung für einen Job vorgesehen. Aber sie können eben verlorengehen, und zwar z. B. durch Mandantenkopien. Nähere Hinweise zu Problemen mit den Und-Varianten finden Sie im SAP-Supportsystem unter dem Stichwort »Variant does not exist«.

Um das Problem zu beseitigen, müssen Sie eine geeignete neue Variante definieren und diese in den Job-Step eintragen.

Wenn die Variante noch nicht gelöscht wurde, können Sie die Werte, die Sie in die neue Variante eintragen müssen, bestimmen, indem Sie sich zunächst die Step-Liste zum Job (❶) und anschließend die Variante zum Step (❷) anzeigen lassen. Die Werte für die Selektionskriterien finden Sie dann in der Variantendefinition (❸) (siehe Abbildung 2.12).

Jobs können auch abbrechen, weil eine Variante nicht mehr gültig ist. Dies kann z. B. dadurch passieren, dass das Selektionsdynpro des ABAP-Programms grundlegend geändert wurde, so etwa durch Hinzufügen weiterer obligatorischer Selektionsparameter. Werden daraufhin die bereits existierenden Varianten nicht angepasst, fehlen ihnen die notwendigen Informationen für die Pflichtparameter. Ein Job mit einer nicht aktualisierten Variante bricht daher ab. Abbildung 2.13 zeigt die im Jobfehler eingetragene Fehlermeldung.

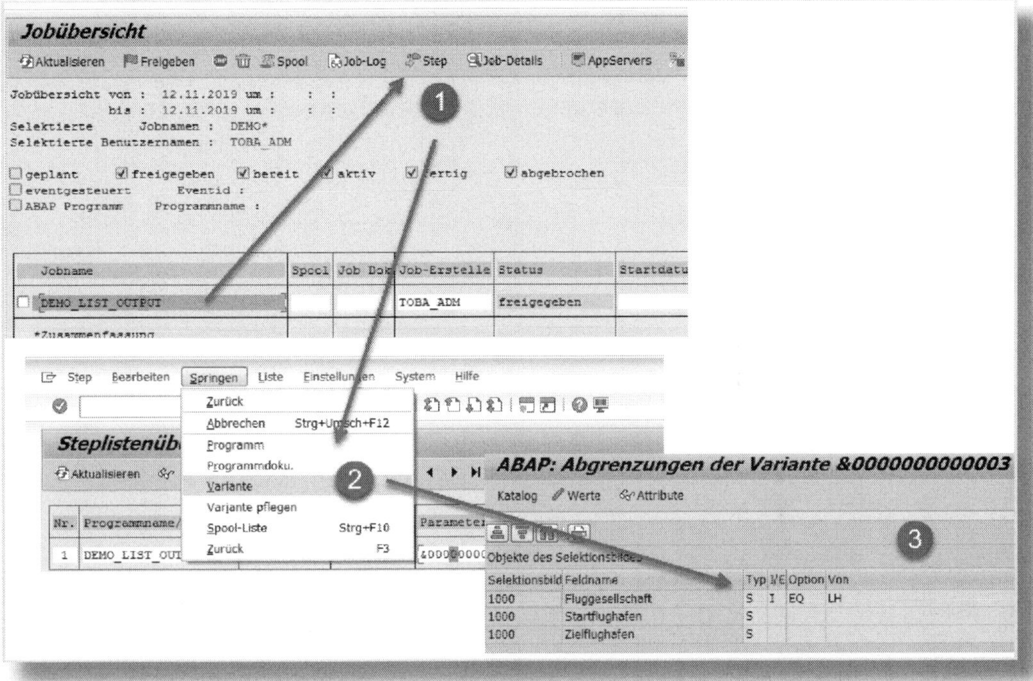

Abbildung 2.12: Variante zu einem Step anzeigen

Job-Log Uebersicht für Job: ZAA_TEST / 14474900

Datum	Uhrzeit	Nachrichtentext	N-Klasse	N-Nummer	N-Typ
13.11.2019	14:50:56	Job ZAA_TEST 14474900 wurde gestartet	00	516	S
13.11.2019	14:50:56	Step 001 gestartet (Programm ZAA_TEST, Variante TEST, Benutzername TOBA_ADM)	00	550	S
13.11.2019	14:50:56	Füllen Sie alle Mußfelder aus	00	055	E
13.11.2019	14:50:56	Job wurde nach System-Exception ERROR_MESSAGE abgebrochen	00	564	A

Abbildung 2.13: Jobabbruch bei ungültiger Variante

2.3.2 Step-Benutzer gesperrt oder gelöscht

Bei der Definition eines Jobs müssen Sie für jeden Step die Kennung des Benutzers angeben, in dessen Kontext der Step ausgeführt werden soll.

Benutzerkontext

Im Benutzerkontext sind beispielsweise Informationen zu den Berechtigungen eines Benutzers wie auch Werte für »Benutzerparameter« und »Defaultdrucker« abgelegt (siehe Transaktion *SU3*).

Bei der Realisierung des Steps erfolgt ein implizites Login des Benutzers, d. h., der Step wird z. B. mit den Berechtigungen des Benutzers ausgeführt. Ist dessen Anmeldung nicht möglich, weil der Benutzer gesperrt ist oder zwischenzeitlich gelöscht wurde, ist der Step nicht ausführbar und der Job bricht ab. Dies trifft auch zu, wenn im Benutzerstammsatz ein abgelaufener Gültigkeitszeitraum vermerkt ist. Im Job-Log wird eine passende Meldung eingetragen (siehe Abbildung 2.14).

	Uhrzeit	Nachrichtentext	N-Klasse	N-Nummer	N-Typ
19	00:27:11	Job wurde gestartet	00	516	S
19	00:27:11	Anmelden des Benutzers FRITSCH im Mandant 850 beim Starten eines Steps mißlungen	00	560	A
19	00:27:11	Job wurde abgebrochen	00	518	A

Abbildung 2.14: Jobabbruch bei gesperrtem/gelöschtem Benutzer

Jobs mit gelöschten Benutzern identifizieren

Mithilfe des Reports BTCAUX09 können Sie die Jobs bestimmen, die als Step-User einen gelöschten oder gesperrten Benutzer verwenden. Der Report erlaubt es Ihnen, für die gefundenen Jobs bei Bedarf die Einplanung zurückzunehmen. Dieser Report findet jedoch in der aktuellen Version keine Jobs, die einen ungesperrten Benutzer verwenden, für den der Gültigkeitszeitraum abgelaufen ist.

Benutzer vom Typ »System«

Verwenden Sie für die Ausführung von Job-Steps nach Möglichkeit Benutzer vom Typ »System«. Für sie gelten beispielsweise nicht die Regeln hinsichtlich der Gültigkeitsdauer eines Kennworts. Da mit einem solchen Benutzer eine Anmeldung im Dialog nicht möglich ist, besteht auch keine Gefahr, dass er z. B. durch wiederholte Falschanmeldungen gesperrt wird.

2.3.3 Spätester Starttermin überschritten

Einem Job kann zusätzlich zum geplanten Starttermin auch ein *Spätester Starttermin* zugeordnet werden. Auf diese Weise können Sie z. B. erreichen, dass ein Job – aufgrund von zum geplanten Startzeitpunkt nicht ausreichend verfügbaren Hintergrundprozessen – erst am Folgetag gestartet wird und dann u. U. auf die Daten des falschen Tages zugreift, weil etwa in der verwendeten Variante ein Selektionskriterium wie »Buchungsdatum = Aktuelles Datum« hinterlegt ist. Abbildung 2.15 zeigt das Beispiel eines Jobs mit einer Angabe im Feld SPÄTESTER STARTTERMIN.

Detailinformationen des Jobs DBA:UPDATESTATS____@050000/0001

Jobinformationen

Klasse	A			
Priorität	0			
	Datum	Uhrzeit		
Einplanung	12.11.2019	10:06:12	durch	ADMIN
Letzte Änderung	12.11.2019	10:59:58	durch	ADMIN
Freigabe	12.11.2019	10:06:12	durch	SAPSYS
Geplanter Start	13.11.2019	05:00:00		
Spätester Starttermin	13.11.2019	05:30:00		
Ausführung von	13.11.2019	14:46:07		
bis	13.11.2019	14:46:07		

Abbildung 2.15: Job mit »Spätester Starttermin«

Im konkreten Fall sollte der Job um 05:00 Uhr gestartet werden. Aufgrund von Wartungsarbeiten wurde das System jedoch noch vor dem Starttermin gestoppt und erst nach dem spätesten Starttermin wieder gestartet. Das Überschreiten des spätesten Starttermins führte dazu, dass der Job vom Job-Scheduler nicht ausgeführt, sondern sein Status sofort auf »abgebrochen« gesetzt wurde. Abbildung 2.16 zeigt das zum Job gehörige Log.

Job-Log Uebersicht für Job: DBA:UPDATESTATS_____@050000/0001 / 10061200

Datum	Uhrzeit	Nachrichtentext	N-Klasse	N-Nummer	N-Typ
13.11.2019	14:46:07	Job wurde gestartet	00	516	S
13.11.2019	14:46:07	Job hat seinen spätesten Starttermin überschritten	BT	513	E
13.11.2019	14:46:07	Job wurde nach System-Exception ERROR_MESSAGE abgebrochen	00	564	A

Abbildung 2.16: Spätester Starttermin überschritten

2.3.4 Stark verzögerte Jobausführung

Wie bereits mehrfach erwähnt, können zu einem Zeitpunkt immer nur so viele Jobs gleichzeitig ausgeführt werden, wie Hintergrundprozesse zur Verfügung stehen. Solange die zu einem Zeitpunkt zu absolvierenden Jobs nur kurze Laufzeiten haben, werden nach deren Fertigstellung wieder Hintergrundprozesse bereitstehen – die Verzögerung für die wartenden Jobs sollte also gering sein.

Generell können Verzögerungen aber dadurch reduziert werden, dass Jobs gemäß ihrer zu erwartenden Laufzeit und der verfügbaren Anzahl an Hintergrundprozessen in geeigneter Weise zeitlich terminiert werden. In Abschnitt 2.1.2 wurde erläutert, wie durch die Zuweisung von Jobklassen und Prozessreservierungen Einfluss auf die Startreihenfolge von Jobs genommen werden kann.

Insbesondere für die Einplanung periodisch wiederkehrender Jobs ist es hilfreich zu wissen, wie häufig diese gestartet werden und wie lang ihre durchschnittliche Laufzeit sowie die bisher aufgetretene Startverzögerung sind. Gute Dienste leistet in diesem Zusammenhang der Report *BTCAUX14*. Im Startbild können Sie zunächst auf den zu untersuchenden Zeitraum und die währenddessen erforderliche Mindestanzahl an Starts eines Jobs eingrenzen. Zusätzlich ist eine Selektion nach Jobname möglich (siehe Abbildung 2.17).

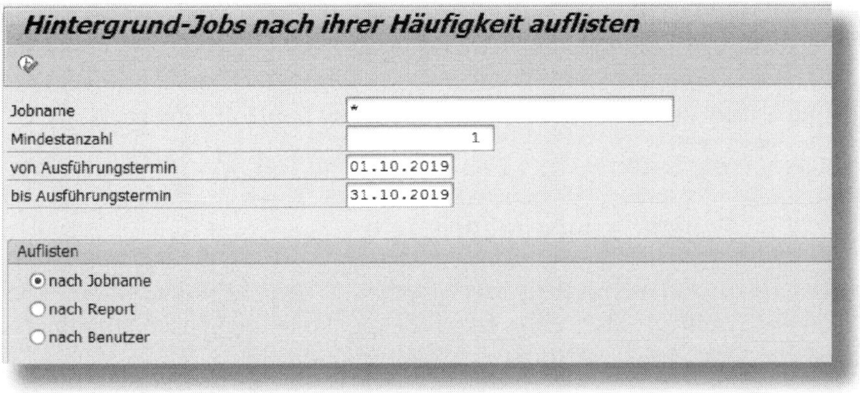

Hintergrund-Jobs nach ihrer Häufigkeit auflisten

Jobname	*
Mindestanzahl	1
von Ausführungstermin	01.10.2019
bis Ausführungstermin	31.10.2019

Auflisten

- (●) nach Jobname
- ( ) nach Report
- ( ) nach Benutzer

Abbildung 2.17: Jobstatistik (Report BTCAUX14)

Die Ergebnisliste (siehe Abbildung 2.18) zeigt je Job u. a. die Wiederholungsperiode (❶), die durchschnittliche Joblaufzeit (❷) und die durchschnittliche Verzögerung an (❸).

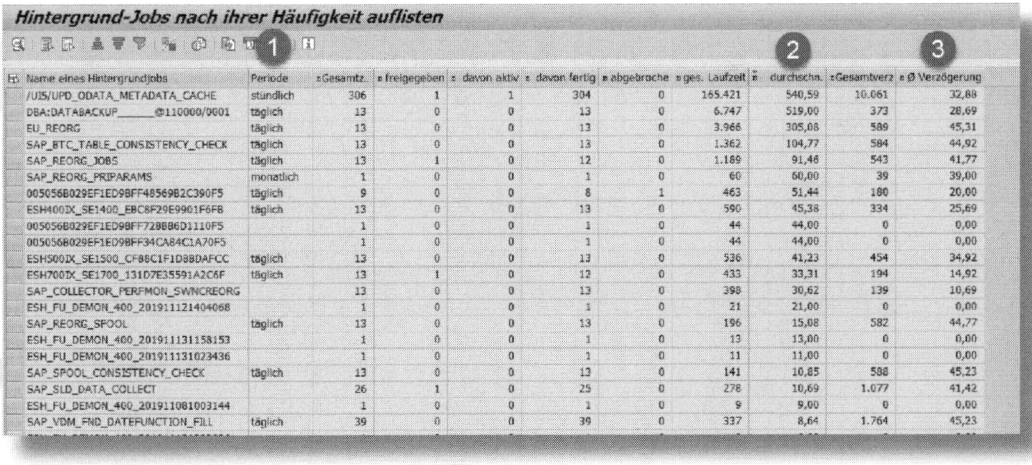

Hintergrund-Jobs nach ihrer Häufigkeit auflisten

Name eines Hintergrundjobs	Periode (1)	Gesamtz.	freigegeben	davon aktiv	davon fertig	abgebroche	ges. Laufzeit	durchschn. (2)	Gesamtverz	Ø Verzögerung (3)
/UI5/UPD_ODATA_METADATA_CACHE	stündlich	306	1	1	304	0	165.421	540,59	10.061	32,88
DBA:DATABACKUP______@110000/0001	täglich	13	0	0	13	0	6.747	519,00	373	28,69
EU_REORG	täglich	13	0	0	13	0	3.966	305,08	589	45,31
SAP_BTC_TABLE_CONSISTENCY_CHECK	täglich	13	0	0	13	0	1.362	104,77	584	44,92
SAP_REORG_JOBS	täglich	13	1	0	12	0	1.189	91,46	543	41,77
SAP_REORG_PRIPARAMS	monatlich	1	0	0	1	0	60	60,00	39	39,00
005056B029EF1ED9BFF48569B2C390F5	täglich	9	0	0	8	1	463	51,44	180	20,00
ESH400IX_SE1400_EBC8F29E9901F6FB	täglich	13	0	0	13	0	590	45,38	334	25,69
005056B029EF1ED9BFF728BB6D1110F5		1	0	0	1	0	44	44,00	0	0,00
005056B029EF1ED9BFF34CA84C1A70F5		1	0	0	1	0	44	44,00	0	0,00
ESH500IX_SE1500_CF88C1F1D88DAFCC	täglich	13	0	0	13	0	536	41,23	454	34,92
ESH700IX_SE1700_131D7E35591A2C6F	täglich	13	1	0	12	0	433	33,31	194	14,92
SAP_COLLECTOR_PERFMON_SWNCREORG		13	0	0	13	0	398	30,62	139	10,69
ESH_FU_DEMON_400_20191121404068		1	0	0	1	0	21	21,00	0	0,00
SAP_REORG_SPOOL	täglich	13	0	0	13	0	196	15,08	582	44,77
ESH_FU_DEMON_400_20191131158153		1	0	0	1	0	13	13,00	0	0,00
ESH_FU_DEMON_400_20191131023436		1	0	0	1	0	11	11,00	0	0,00
SAP_SPOOL_CONSISTENCY_CHECK	täglich	13	0	0	13	0	141	10,85	588	45,23
SAP_SLD_DATA_COLLECT		26	1	0	25	0	278	10,69	1.077	41,42
ESH_FU_DEMON_400_20191081003144		1	0	0	1	0	9	9,00	0	0,00
SAP_VDM_FND_DATEFUNCTION_FILL	täglich	39	0	0	39	0	337	8,64	1.764	45,23

Abbildung 2.18: Übersicht Jobstatistik

Beachten Sie noch einmal, dass, bedingt durch die Startfrequenz des Job-Schedulers, Verzögerungen von bis zu 60 Sekunden normal sind.

Stellen Sie fest, dass die Verzögerung für einen bestimmten Job nicht tolerierbar ist, könnten Sie, sofern es überhaupt sinnvoll ist, diesen Job auf einen Zeitpunkt mit geringerer Hintergrundlast legen. Alternativ könnten Sie dafür sorgen, dass zum ursprünglich geplanten Startzeitpunkt nicht zu viele andere Jobs mit langer Laufzeit aktiv sind.

2.3.5 Fehlende Jobausführung

Bei einem Job mit periodischer Einplanung kann es vorkommen, dass dieser nicht zu allen erwarteten Zeitpunkten tatsächlich ausgeführt wurde. Betrachten wir dazu das folgende Beispiel:

Der Job *DEMO_PERIODIC_15* soll alle *15 Minuten* gestartet werden. Eine entsprechende Wiederholungsperiode wurde dem Job bei der Definition zugeordnet (siehe Abbildung 2.19).

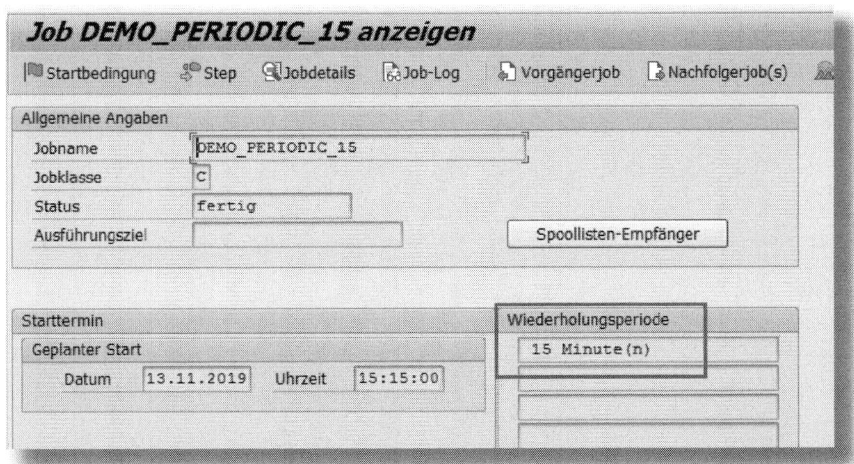

Abbildung 2.19: Beispiel periodischer Job

Die Jobübersicht zeigt aber, dass der Job für den Zeitraum zwischen 15:15 Uhr und 16:30 Uhr nicht wie erwartet im 15-Minuten-Rhythmus ausgeführt wurde (siehe Abbildung 2.20).

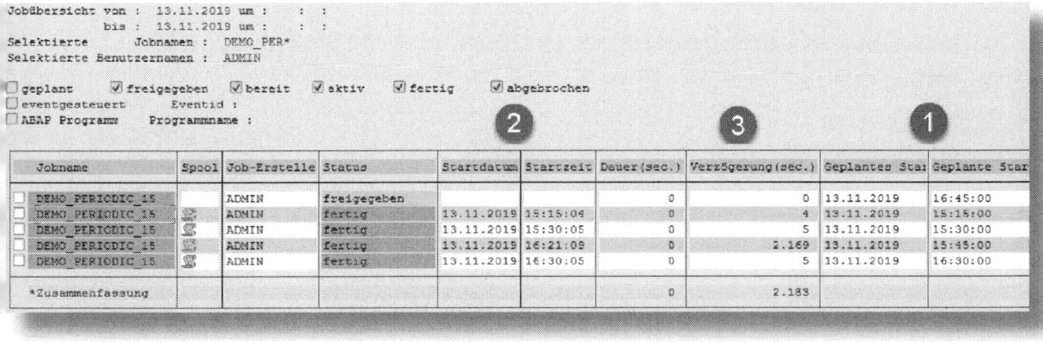

```
Jobübersicht von :  13.11.2019 um :    :  :
             bis :  13.11.2019 um :    :  :
Selektierte      Jobnamen :  DEMO_PER*
Selektierte Benutzernamen :  ADMIN

[ ] geplant   [x] freigegeben   [x] bereit   [x] aktiv   [x] fertig   [x] abgebrochen
[ ] eventgesteuert      Eventid :
[ ] ABAP Programm    Programmname :
```


Jobname	Spool	Job-Erstelle	Status	Startdatum	Startzeit	Dauer(sec.)	Verzögerung(sec.)	Geplantes Sta	Geplante Star
DEMO_PERIODIC_15		ADMIN	freigegeben			0	0	13.11.2019	16:45:00
DEMO_PERIODIC_15		ADMIN	fertig	13.11.2019	15:15:04	0	4	13.11.2019	15:15:00
DEMO_PERIODIC_15		ADMIN	fertig	13.11.2019	15:30:05	0	5	13.11.2019	15:30:00
DEMO_PERIODIC_15		ADMIN	fertig	13.11.2019	16:21:09	0	2.169	13.11.2019	15:45:00
DEMO_PERIODIC_15		ADMIN	fertig	13.11.2019	16:30:05	0	5	13.11.2019	16:30:00
*Zusammenfassung						0	2.183		

Abbildung 2.20: Jobübersicht zu Job DEMO_PERIODIC_15

Ursache für die Verzögerung der für 15:45 Uhr geplanten Ausführung: Laut Systemlog (Transaktion *SM21*) stand das System zwischen 15:40 Uhr und 16:20 Uhr nicht zur Verfügung.

Die für 15:45 Uhr (❶) geplante Ausführung des Jobs wurde kurz nach dem Wiederanlaufen des Systems (16:20 Uhr) um 16:21 Uhr (❷) mit einer VERZÖGERUNG von *2169* Sekunden (❸) ausgeführt. Diese Verzögerung entspricht der Differenz zwischen geplantem Startzeitpunkt und tatsächlicher Ausführung. Wie das Job-Log allerdings zeigt, wurden die eigentlich für 16:00 Uhr und 16:15 Uhr zu erwartenden Starts nicht eingeplant, folglich wurden sie auch nicht verzögert ausgeführt. Mit dem Start des Jobs um 16:21 wurde der ursprünglich geplante Startrhythmus, beginnend mit 16:30, wiederhergestellt (siehe Abbildung 2.21).

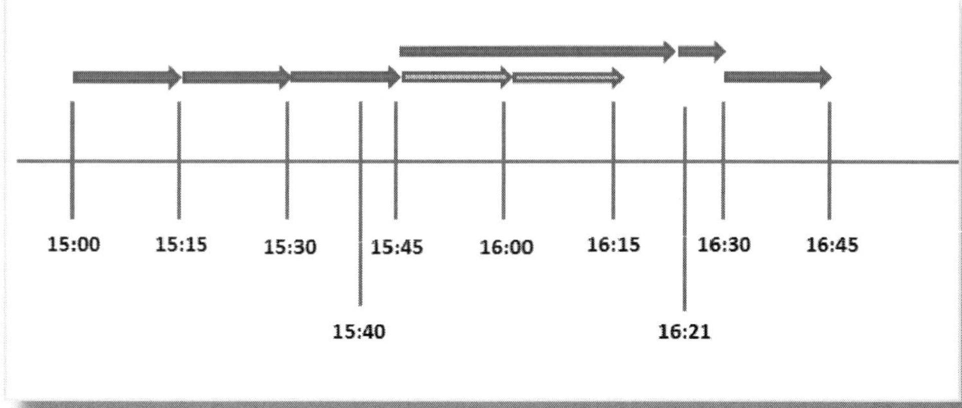

Abbildung 2.21: Jobstart nach Systemausfall

Dieses Verhalten des Job-Schedulers ist genauso vorgesehen: Erst mit dem Vollzug eines Jobs erfolgt die Einplanung der nächsten Ausführung gemäß der gewählten Startperiode. Dies kann natürlich dazu führen, dass nicht alle notwendigen Läufe eines Jobs – wie im Beispiel oben illustriert – erfolgt sind. Wenn der Job zum Startzeitpunkt beispielsweise genau die in den zurückliegenden 15 Minuten erzeugten Daten auswerten soll, wäre das Ergebnis im beschriebenen Beispiel nicht mehr vollständig.

Ein möglicher Ausweg wäre z. B., nicht nur einen Job zur vollen Stunde und mit stündlicher Periode, sondern entsprechend viele Jobkopien (es wären 24 erforderlich!) jeweils zur vollen Stunde und mit täglicher Wiederholung einzuplanen. Bei einem mehrstündigen Systemausfall wäre in diesem Fall garantiert, dass die ausgefallenen Jobs zumindest verzögert erledigt würden.

2.4 Hilfsprogramme für die Jobverwaltung

Die SAP bietet für die Verwaltung und Analyse von Jobs eine Reihe von Reports an. Deren Name beginnt jeweils mit »BTCAUX« (siehe Tabelle 2.3).

Report	Verwendung
BTCAUX01	Jobs mit fehlenden Druckparametern anzeigen und reparieren
BTCAUX02	Jobs mit gelöschtem Drucker anzeigen
BTCAUX03	Hilfsprogramm zum Archivieren von Job-Logs
BTCAUX04	Mehrfach eingeplante periodische Jobs identifizieren
BTCAUX05	Jobs zu Spool-Aufträgen selektieren
BTCAUX06	Protokollierung für Joblöschung einschalten
BTCAUX07	Status von aktiven Jobs überprüfen
BTCAUX08	Anfang oder Ende eines Job-Logs anzeigen
BTCAUX09	Jobs mit gelöschten Benutzern identifizieren
BTCAUX10	Jobs mit letztem Ausführungstermin bzw. mit Zeitfenster einplanen
BTCAUX11	Beispielprogramm zum Erzeugen eines Jobs mit Spool-Listenempfänger
BTCAUX14	Hintergrund-Jobs nach ihrer Häufigkeit auflisten
BTCAUX18	Verschiedene Überprüfungen von Jobs und ihren Protokollen
BTCAUX20	Löschen obsoleter Einträge aus BTCOPTIONS
BTCAUX21	Nach Jobprotokollen mit nur einer Meldung suchen

Tabelle 2.3: Hilfsprogramme für die Jobverwaltung

Verfügbarkeit der Reports

Beachten Sie bitte, dass die SAP sukzessive weitere Reports für die Jobverwaltung entwickelt. In älteren SAP-Releases sind nicht unbedingt alle in der Tabelle aufgeführten Reports verfügbar.

Die Wirkungsweise der Reports BTCAUX09 und BTCAUX14 wurde bereits in den vorangehenden Abschnitten erläutert.

Leider sind diese Hilfsprogramme oft gar nicht oder nur rudimentär dokumentiert. Informationen zu den Reports erhalten Sie aber im SAP Support Portal, wenn Sie dort nach dem Namen des Reports suchen.

2.5 Reorganisation von Job-Logs und Vermeidung trivialer Job-Logs

Sie werden schnell feststellen, dass auf einem SAP-System in kürzester Zeit eine erhebliche Anzahl von Job-Logs entsteht, bedingt durch eine Vielzahl an Jobs mit kurzen Wiederholungsperioden. Zum einen wirkt sich dies negativ auf die Performance der Transaktion *SM37* aus, der Aufbau der Jobübersicht ist sehr zeitintensiv. Zum anderen sollten Sie bedenken, dass für jeden Job auch ein Protokoll geschrieben wird. Dieses Protokoll wird – je nach SAP-Release und Kernel-Stand – in Dateien auf Betriebssystemebene (Pfad: DIR_GLOAL) oder in DB-Tabellen (TBTCJOBLOG4) geschrieben.

Speicherung von Job-Logs

Nähere Informationen zur Konfiguration der Speicherung von Job-Logs liefert der SAP-Hinweis 2360818.

Eine regelmäßige Reorganisation der Job-Logs ist unbedingt zu empfehlen, um nicht mehr benötigte Protokolle vom System zu entfernen. Diese Aufgabe können Sie mithilfe des Reports *RSBTCDEL2* erledigen. In den meisten SAP-Systemen läuft infolge der Einplanung der sogenannten *Standardjobs* täglich ein Job mit dem Namen SAP_REORG_JOBS. Dieser Job verwendet im Step den genannten Report in Verbindung mit der Variante *SAP&001*, die für das Löschen aller Protokolle sorgt, die älter als 14 Tage sind. Dies reicht jedoch bei Weitem nicht aus.

Eine stärkere Reduktion der sich im System anhäufenden Job-Logs können Sie etwa dadurch erreichen, dass Sie den Report RSBTCDEL2 zusätzlich mit weiteren Varianten einplanen, um insbesondere Logs von Jobs mit sehr kurzer Wiederholungsperiode schneller zu löschen. Das Selektionsbild des Reports bietet Ihnen die Möglichkeit, z. B. über den Jobnamen oder den Jobstatus geeignete Varianten zu definieren. Der Report BTCAUX14 hilft Ihnen dabei, besonders häufig gestartete Jobs zu finden (siehe Abbildung 2.18).

Eine Vielzahl an Jobs erzeugt *triviale Job-Logs*. Dies sind Logs, in denen lediglich der Start, die Ausführung des Steps und das Ende des Jobs vermerkt sind. Triviale Logs können daher automatisch mit dem Job-Ende gelöscht werden, indem Sie den Parameter *rdisp/del_triv_joblog* auf »1« setzen.

Löschen trivialer Job-Logs

Detailliertere Informationen liefert Ihnen zu diesem Thema der SAP-Hinweis 1468596. Beachten Sie unbedingt die an dieser Stelle aufgeführten Voraussetzungen!

In der Praxis fällt weiterhin auf, dass recht viele Jobs zwar keine trivialen Logs erzeugen, im Log dann aber nur eine zusätzliche Meldung steht (z. B. »Es wurden keine Sätze verarbeitet«). Solche Logs sind eigentlich irrelevant, sie können (mit etwas Programmieraufwand) in triviale Logs umgewandelt werden, indem der im Step genutzte Report angepasst wird. Kandidaten für eine solche Überarbeitung entnehmen Sie dem Report BTCAUX21.

3 Verbuchungsabbrüche

Startet ein Anwender eine Transaktion, wird diese in einem Workprozess ausgeführt, innerhalb dessen die Benutzerkennung des Anwenders bekannt ist. Kommuniziert nun dieser Workprozess zum Lesen bzw. Ändern von Datensätzen mit der Datenbank, verwenden alle SAP-Workprozesse statt dieser Benutzerkennung eine einheitliche Login-Kennung für die Datenbank. Als Konsequenz folgt daraus: Die Datenbank sieht nicht, welcher SAP-Anwender gerade aktiv ist, und sie ist auch nicht in der Lage zu erkennen, welche Datenbankoperationen zu einer Datenbanktransaktion (*Datenbank-LUW*) gehören. Um hier Abhilfe zu schaffen, hat die SAP die *Verbuchungstechnik (Verbucher)* realisiert, die im Folgenden genauer beschrieben werden soll. Anschließend werden die Werkzeuge zum Monitoring und Administrieren des Verbuchers vorgestellt.

3.1 Anforderungen an den Verbucher

Wie eingangs erwähnt, verwendet die SAP eine einheitliche Datenbankkennung für die Kommunikation aller Workprozesse mit der Datenbank. Zusätzlich wird zum Ende eines Dialogschritts vom Workprozess immer ein *DB-Commit* an die Datenbank geschickt. Somit ist die Datenbank nicht in der Lage, Datenbankänderungen, die über mehrere Dialogschritte hinweg von einer Anwendung angestoßen werden, als eine Einheit zu behandeln, die als *Datenbank-LUW* (LUW = Logical Unit of Work) bezeichnet wird. Da dies aber aus Sicht der Anwendungsentwicklung grundsätzlich notwendig ist, hat die SAP mit dem *Verbucher* eine Lösung geschaffen (für die technische Realisierung siehe Abschnitt 3.2).

Der Verbucher übernimmt noch weitere Aufgaben: Bricht beispielsweise ein Workprozess hart ab oder kommt es sogar zu einem Ausfall der Datenbankprozesse, werden laufende Datenbank-LUWs unterbrochen; es wird so ein zunächst nicht mehr konsistenter Zustand der Datenbank erzeugt. Jedes Datenbanksystem ist beim Wiederanlaufen in der Lage, durch einen Rollback-Mechanismus unvollständige Datenbank-LUWs komplett zurückzusetzen. Jedoch ist es mit Datenbankmitteln nicht möglich, den vom Rollback betroffenen SAP-Benutzer zu ermitteln, da dieser der Datenbank nicht bekannt ist. Die notwendige Protokollierung, welcher SAP-Anwender welche Datenbankänderungen beauftragt hat, kann stattdessen der Verbucher übernehmen.

Eine weitere Zielsetzung bei der Entwicklung des Verbuchers war, die Dialogverarbeitung zu beschleunigen. Erfasst etwa ein Anwender über eine SAP-Transaktion einen umfangreichen Beleg und sichert diesen, könnte er seine Arbeit erst fortsetzen, wenn alle zum Sichern des Beleges erforderlichen Datenbankbefehle durchgeführt worden sind. Zusätzlich wäre der betreffende SAP-Workprozess in dieser Zeit auch für andere Anwender nicht verfügbar. Dieses Problem wird vom Verbucher mithilfe der Delegation von Datenbankänderungen an spezielle Workprozesse gelöst.

Zusammengefasst soll der Verbucher also folgende Anforderungen übernehmen:

- Die Bündelung von Datenbankoperationen über mehrere Dialogschritte hinweg.
- Informationen zu betroffenen SAP-Anwendern und Transaktionen im Falle eines Prozessabbruchs bzw. eines Wiederanlaufens der Datenbank liefern.
- Verkürzung der Wartezeiten beim Sichern.

3.2 Funktionsweise des Verbuchers

Grundsätzliche Voraussetzung zum Einsatz der Verbuchungstechnik ist es, dass alle ändernden Datenbankanweisungen, die eine Anwendung ausführen möchte, vom Entwickler in Funktionsbausteine ausgelagert werden. Diese Funktionsbausteine werden dann wiederum im Coding in der Form `CALL FUNCTION .... IN UPDATE TASK` an geeigneter Stelle aufgerufen. Der Zusatz `IN UPDATE TASK` bewirkt, dass die Bausteine nicht sofort ausgeführt, sondern nur für eine spätere Ausführung vorgemerkt werden. Sind im Programm alle notwendigen Vormerkungen erfolgt, kann die Ausführung der Funktionsbausteine mit der Anweisung `COMMIT WORK` gestartet werden. Ein eventuell im Programm abgesetztes `ROLLBACK WORK` würde die Vormerkungen stornieren. Die Bausteine selbst werden nicht in dem Workprozess ausgeführt, in dem die Anweisung `COMMIT WORK` erfolgt. Stattdessen werden die Bausteine an eigens dafür im Hintergrund aktive sogenannte *Verbuchungsworkprozesse* übergeben. Der eigentliche Workprozess setzt seine Verarbeitung nach dem `COMMIT WORK` umgehend fort und wartet nicht darauf, dass die Ausführung in den Verbuchungsworkprozessen abgeschlossen ist.

Bevor ich den genauen Ablauf einer Dialogverarbeitung mit Verbuchereinsatz beschreibe, gebe ich Ihnen zunächst einige Informationen, welche Voraussetzungen ein Funktionsbaustein erfüllen muss, um per Verbuchung ausgeführt werden zu können. Betrachten wollen wir dazu einfache Beispiele, die wir später zum Test des Verbuchungsablaufs einsetzen können.

Der Entwickler, der die Bausteine für die Verbuchungstechnik definiert, muss diese im *Function Builder* (Transaktion *SE37*) als VERBUCHUNGSBAUSTEIN (❶) kennzeichnen (siehe Abbildung 3.1).

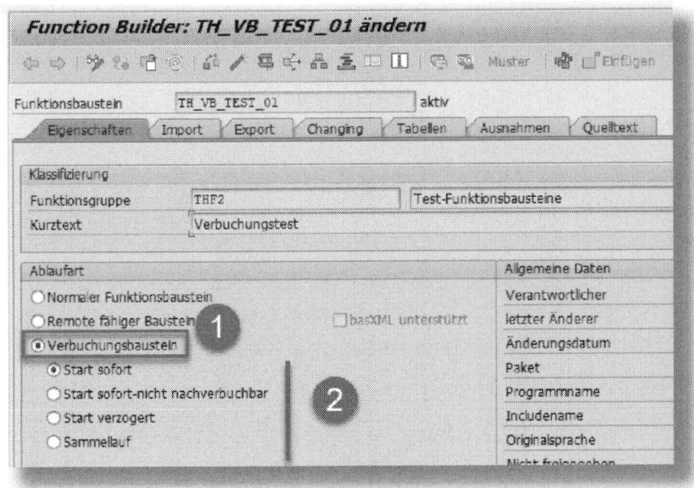

Abbildung 3.1: Verbuchungsbaustein

Zudem muss er festlegen, mit welcher Priorität die Ausführung des Bausteins nach einem COMMIT WORK in einem der Verbuchungsworkprozesse erfolgen soll (❷). Die Auswahl legt fest, welche Nachbehandlung nach fehlerhafter Ausführung des Bausteins möglich ist (Tabelle 3.1).

Option	Bedeutung
START SOFORT	Die Ausführung des Bausteins wird nach dem COMMIT WORK sofort im nächsten freien Verbuchungsprozess gestartet. Wird diese Ausführung durch einen Fehler abgebrochen, ist ein Neustart im *Verbuchungsmonitor* (Transaktion *SM13*) möglich.
START SOFORT – NICHT NACHBUCHBAR	Ausführung wie bei der Option »Start sofort«. Bei fehlerhafter Ausführung ist jedoch kein Restart im Verbuchungsmonitor möglich. Diese Option ist zu wählen, wenn durch einen Restart die Gefahr besteht, dass in der Zwischenzeit aktuellere Daten entstanden sind, die dadurch überschrieben werden.
START VERZÖGERT	Der Baustein wird erst dann in einem Verbuchungsprozess gestartet, wenn keine anderen Bausteine mehr zur Ausführung anstehen, die mit »Start sofort« klassifiziert sind.
SAMMELLAUF	Es erfolgt ausschließlich die Vormerkung für die Ausführung der Bausteine. COMMIT WORK gibt nicht die Verarbeitung der Bausteine in den Verbuchungsprozessen frei. Die Ausführung muss explizit, z. B. durch den Report RSM13005, gestartet werden.

Tabelle 3.1: Verbuchungspriorität

Bausteine mit der Option START SOFORT werden unabhängig von ihrer Nachbuchbarkeit auch als *V1-Komponenten* bezeichnet, solche mit START VERZÖGERT als *V2-Komponenten* und diejenigen mit SAMMELLAUF als *V3-Komponenten*.

Funktionsbausteine, die zeitversetzt (asynchron) zum Aufruf mit CALL FUNCTION ... IN UPDATE TASK und außerdem in den eigens dafür vorgesehenen Verbuchungsprozessen ausgeführt werden, können keine Rückgabewerte an die Anwendung liefern, in der die Vormerkung erfolgte. Daher besitzen verbuchungsfähige Funktionsbausteine keine Export- oder Changing-Parameter.

Für die nachfolgende detaillierte Erläuterung und den anschließenden konkreten Test des Verbuchungsablaufs sollen die in Tabelle 3.2 ausgewiesenen Funktionsbausteine verwendet werden.

Baustein	Priorität
TH_VB_TEST_01	Start sofort
TH_VB_TEST_02	Start verzögert
TH_VB_TEST_03	Start sofort nicht nachbuchbar
TH_VB_TEST_04	Sammellauf
TH_VB_TEST_06	Sammellauf
TH_VB_TEST_07	Sammellauf
TH_VB_TEST_08	Sammellauf

Tabelle 3.2: Musterbausteine für einen Verbuchungstest

Abbildung 3.2 zeigt (stark vereinfacht) das Coding einer Anwendung, die Datenbankänderungen über die in der Tabelle aufgeführten Verbuchungsbausteine durchführt.

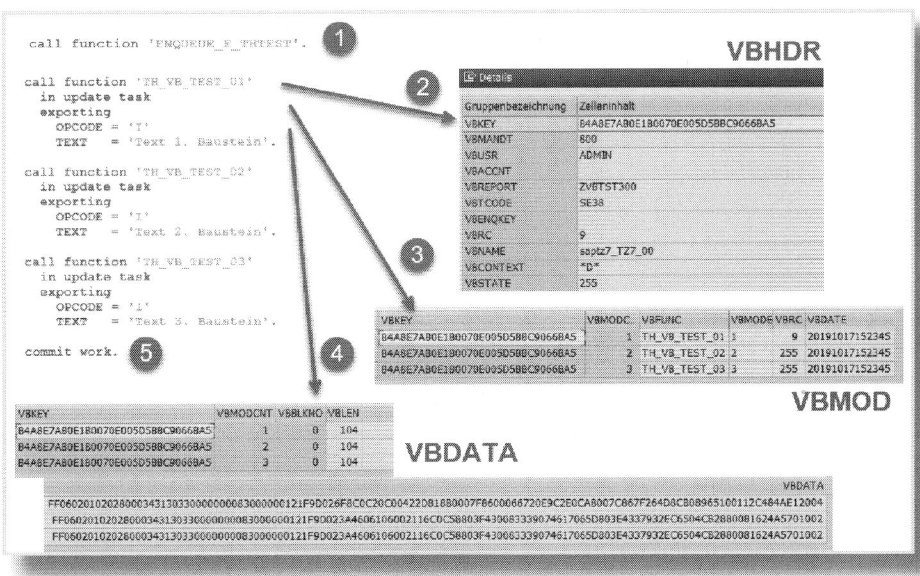

Abbildung 3.2: Beispiel Verbuchungsauftrag (Teil 1)

Vormerkung der Verbuchungsbausteine

Mit dem Start der Anwendung beginnt eine neue Verarbeitungseinheit, die sogenannte *SAP-LUW*. Zunächst werden alle notwendigen Sperren gesetzt (❶), um konkurrierende Zugriffe auf Daten zu verhindern. Mit der ersten Verbuchungsvormerkung (`CALL FUNCTION TH_VB_TEST_01`) wird ein eindeutiger Schlüssel (VBKEY) für die Verbuchungseinheit gebildet und zusammen mit Informationen z. B. zur gestarteten Transaktion, dem SAP-Benutzer und dem Startzeitpunkt in die Tabelle VB-HDR geschrieben (❷). Zusätzlich werden der Name des Funktionsbausteins in die Tabelle VBMOD (❸) und die Übergabeparameter des Bausteins als binäre Zeichenfolge zusammengesetzt in die Tabelle VBDATA (❹) übertragen. Beim Aufruf weiterer Verbuchungsbausteine werden die Schritte (❷) bis (❹) wiederholt.

Freigabe zur Verbuchung

Sind alle erforderlichen Bausteine für die Verbuchung vorgemerkt (und der Anwender führt eine Funktion wie beispielsweise »Sichern« aus), gibt die Anweisung `COMMIT WORK` (❺) den Verbuchungsauftrag frei. Dabei wird die von der Anwendung gesetzte Sperre an den Verbucher vererbt; dieser ist somit der neue Sperreigentümer. Gleichzeitig beginnt mit dem `COMMIT WORK` eine neue SAP-LUW. Im Normalfall erhält der User nach dem `COMMIT WORK` von der Anwendung eine Meldung, die beispielsweise lauten könnte: »Daten wurden gesichert!« Diese Meldung ist eigentlich so nicht ganz korrekt, denn der Verbuchungsauftrag ist in diesem Moment nur zur Ausführung freigegeben.

Verarbeitung im Verbuchungsprozess

`COMMIT WORK` informiert den Verbucher über den freigegebenen Verbuchungsauftrag, der daraufhin mit der Verarbeitung im nächsten freien Verbuchungsworkprozess beginnt (siehe Abbildung 3.3).

Der Verbucher liest zunächst Informationen zum Verbuchungsauftrag aus der Tabelle VBHDR (❶), so u. a. den VBKEY und die Kennung des Benutzers, mit dessen Berechtigungen und Spracheinstellungen die Ausführung der Bausteine erfolgen soll. Danach werden alle Funktionsbausteine aufgerufen, die in der Tabelle VBMOD zum angegebenen VBKEY abgelegt und mit der Option START SOFORT versehen sind (❷). Man spricht hier vom *V1-Teil* des Verbuchungsauftrags. Anschließend werden die Werte für die Übergabeparameter der Funktionsbausteine aus der Tabelle VBDATA gelesen (❸). Bei fehlerfreier Ausführung all dieser Funktionsbausteine veranlasst der Verbucher ein `COMMIT WORK` (❹), welches dazu führt, dass alle bis dahin in den Bausteinen ausgeführten Datenbankänderungen unwiderruflich festgeschrieben werden. Zusätzlich werden die an den Verbucher vererbten Sperren aufgehoben und der Verbuchungsworkprozess für die Bearbeitung weiterer Aufträge freigegeben. Der Verbucher überprüft noch einmal den aktuellen Auftrag. Sind hier weitere Bausteine mit der Option START VERZÖGERT auszuführen (wie im Beispiel der Abbildung 3.2), werden die betreffenden Funktionsbausteine in einem Verbuchungsworkprozess – analog dem beschriebenen Ablauf – nacheinander gestartet (❺).

Nach erfolgreicher Ausführung werden alle Änderungen auf der Datenbank mit einem `COMMIT WORK` bestätigt (❻). Dies ist der sogenannte *V2-Teil*. Sofern keine weiteren Bausteine mit der Option SAMMELLAUF zu starten sind, wird der Verbuchungsauftrag abgeschlossen, und die Daten zum Auftrag werden aus den Tabellen VBHDR, VBMOD und VBDATA gelöscht.

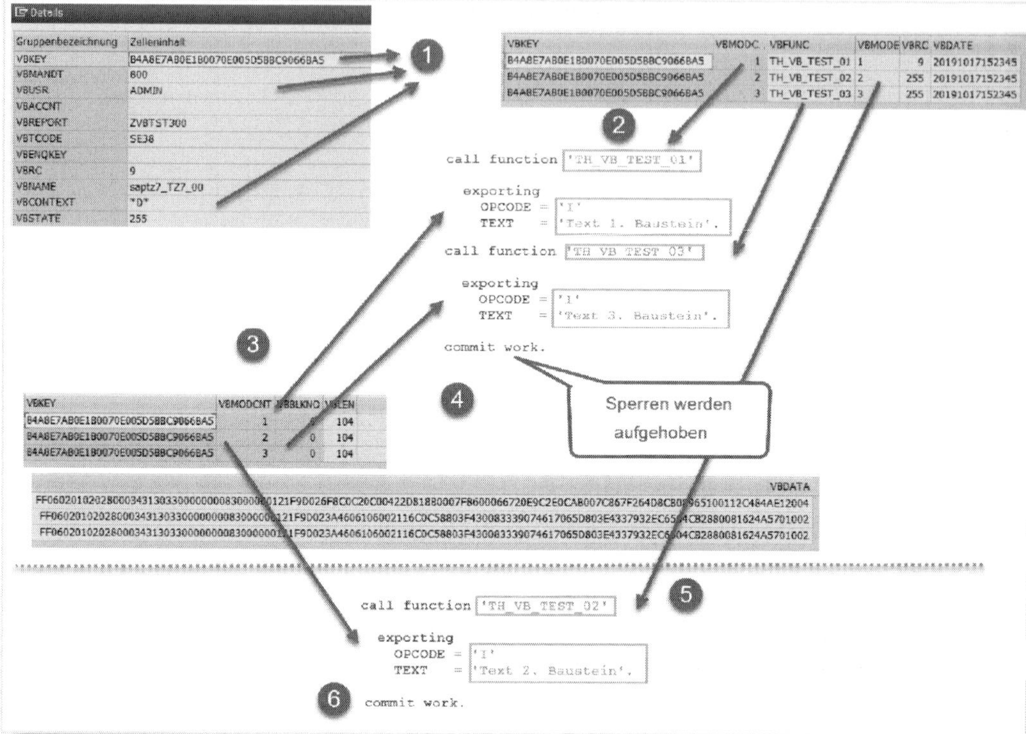

Abbildung 3.3: Beispiel Verbuchungsauftrag (Teil 2)

Zusammenfassung

Fassen wir die wesentlichen Schritte noch einmal zusammen:

1. Der Entwickler ruft an passender Stelle im Coding Funktionsbausteine mit dem Zusatz `IN UPDATE TASK` auf. Bei jedem Funktionsbaustein ist hinterlegt, ob ein sofortiger Start unmittelbar erfolgen soll. Diese Bausteine werden zur Ausführung durch den Verbucher vorgemerkt.

2. Ein `COMMIT WORK` im Anwendungsprogramm gibt die Ausführung der Bausteine durch den Verbucher frei. Gesetzte Sperren werden an den Verbucher übergeben.

3. Der nächste freie Verbuchungsworkprozess übernimmt die Verarbeitung aller Bausteine mit »Start sofort«. War die Ausführung erfolgreich, wird ein `COMMIT WORK` durchlaufen, das die gesetzten Sperren aufhebt und die bisher durchgeführten Änderungen auf der Datenbank festschreibt.
4. Der Verbucher überprüft, ob Bausteine mit »Start verzögert« vorliegen. Ist dies der Fall, werden auch diese Bausteine in einem Verbuchungsworkprozess nacheinander ausgeführt, und nach gelungenem Abschluss erfolgt erneut ein `COMMIT WORK`.
5. Sind alle Bausteine eines Verbuchungsauftrags ausgeführt, wird der gesamte Auftrag automatisch aus den Verbuchungstabellen entfernt.

Soweit der Ablauf, wenn der Prozess fehlerfrei absolviert wird.

Verbucher liefert kein Änderungsprotokoll

Da Verbuchungsaufträge nach erfolgreichem Ende aus den Verbuchungstabellen gelöscht werden, können sie z. B. nicht mehr zur Feststellung herangezogen werden, welche Datenbankänderungen von welchem Benutzer wann durchgeführt wurden.

Fehler bei der Ausführung im Verbucher

Doch wie verhält sich das System, wenn bei der Ausführung der Bausteine Fehler auftreten?

Betrachten wir zunächst einmal den Fall, dass es während der Verarbeitung der Bausteine mit der Option START SOFORT im V1-Teil zu einem Abbruch kommt (die potenziellen Ursachen hierfür erläutere ich weiter unten). In diesem Fall führt der Verbucher automatisch ein `ROLLBACK WORK` aus, d. h., alle bis dahin von den bereits gestarteten Bausteinen ausgeführten Datenbankänderungen werden rückgängig gemacht und gesetzte Sperren aufgehoben. Eventuell noch anstehende Bausteine mit der Option START VERZÖGERT oder SAMMELL-

AUF bleiben unbearbeitet. Der Verbuchungsauftrag erhält den Status »error«, und der Anwender, der den Verbuchungsauftrag erstellt hat, wird durch eine SAP-Express-Mail über den Abbruch informiert. Der Auftrag kann u. U. mithilfe des Verbuchungsmonitors (siehe Abschnitt 3.5) erneut gestartet werden.

Kritischer sind Abbrüche im V2-Teil. Hier wird zwar auch ein ROLLBACK WORK für die in dieser Phase durchgeführten Änderungen veranlasst, doch ist zu bemerken, dass die bereits im V1-Teil durchgeführten Änderungen auf der Datenbank durch ein COMMIT WORK festgeschrieben wurden. Wenn also eine Nachbearbeitung durch den Verbuchungsmonitor nicht möglich ist, ist der Verbuchungsauftrag unvollständig durchgeführt. Wie schwerwiegend die Konsequenzen in diesem Fall sind, hängt entscheidend davon ab, welche Änderungen durch die Bausteine des V2-Teils vorgenommen werden sollten. Prinzipiell sollten in dieser Phase nur Funktionen ausgeführt werden, die weder für die Konsistenz des Systems noch hinsichtlich betriebswirtschaftlicher Gesichtspunkte relevant sind. Berücksichtigt werden müssen u. U. auch gesetzliche Anforderungen oder Revisionsaspekte. In den SAP-Anwendungen werden im V2-Teil zumeist Aufgaben wie »Schreiben von Änderungsbelegen«, »Anpassung von Statistiken für das Berichtswesen« oder »Aufbereitung von Daten für nachgelagerte Systeme« erledigt.

3.3 Verbuchungsworkprozesse

Wie beschrieben, wird ein Verbuchungsauftrag nach der Freigabe mit COMMIT WORK in Verbuchungsworkprozessen ausgeführt. Damit es bei der Ausführung der Verbuchungskomponenten nicht zu Engpässen kommt und insbesondere Prozesse mit der Priorität »Start sofort« zu Recht so genannt werden können, ist dafür Sorge zu tragen, dass genügend Verbuchungsworkprozesse bereitstehen. Die Anzahl kann durch den Instanz-Profilparameter *rdisp/wp_no_vb* festgelegt werden.

Systemverhalten bei zu wenigen Verbuchungsprozessen

Ein Anwender hat einen neuen Beleg erstellt und diesen gesichert. Möchte er diesen Beleg sofort wieder bearbeiten, erhält er eine Meldung, z. B. »Beleg existiert nicht« oder »Beleg wird noch bearbeitet«. Ein weiterer Bearbeitungsversuch kurze Zeit später ist aber erfolgreich.

Der Grund für das »merkwürdige« Verhalten: Im Programm wurde ein `COMMIT WORK` abgesetzt, wodurch die Anwendung für den Anwender scheinbar beendet wurde, obwohl der Verbucher mit der Bearbeitung der Komponenten noch nicht fertig war.

Die V2-Komponenten eines Verbuchungsauftrags werden erst nach der Fertigstellung der V1-Komponenten gestartet, und auch nur dann, wenn keine weiteren V1-Komponenten anderer Aufträge auf ihre Verarbeitung warten. Dies kann natürlich bei einer hohen Anzahl von Verbuchungsaufträgen dazu führen, dass die V2-Komponenten erst mit großer Verzögerung ausgeführt werden. Um dem zu begegnen, können Verbuchungsprozesse für die Bearbeitung ausschließlich von V2-Komponenten reserviert werden. Die genaue Anzahl kann durch den Parameter *rdisp/wp_no_vb2* bestimmt werden. Beachten Sie aber Folgendes: Gesetzte Sperren werden vom Verbucher schon mit dem Abschluss des V1-Teils aufgehoben. Es besteht also ein, wenn auch geringes Risiko, dass die gleichzeitige Bearbeitung von V2-Komponenten aus verschiedenen Verbuchungsaufträgen zu Sperrsituationen führt, die den Abbruch der Verbuchung verursachen. Verhindern ließe sich das Ganze einfach, indem nur ein Verbuchungsworkprozess für V2-Komponenten reserviert wird, was dann möglicherweise zu einer stark verzögerten Ausführung dieser Komponenten führt.

Eine schnelle Übersicht über die Anzahl der Verbuchungsprozesse Ihres SAP-Systems liefert Ihnen die Transaktion *SM66*: Verbuchungsprozesse sind mit dem Typ *UPD* (❶) gekennzeichnet, Verbuchungsprozesse für V2-Komponenten mit dem Typ *UPD2* (❷) (siehe Abbildung 3.4).

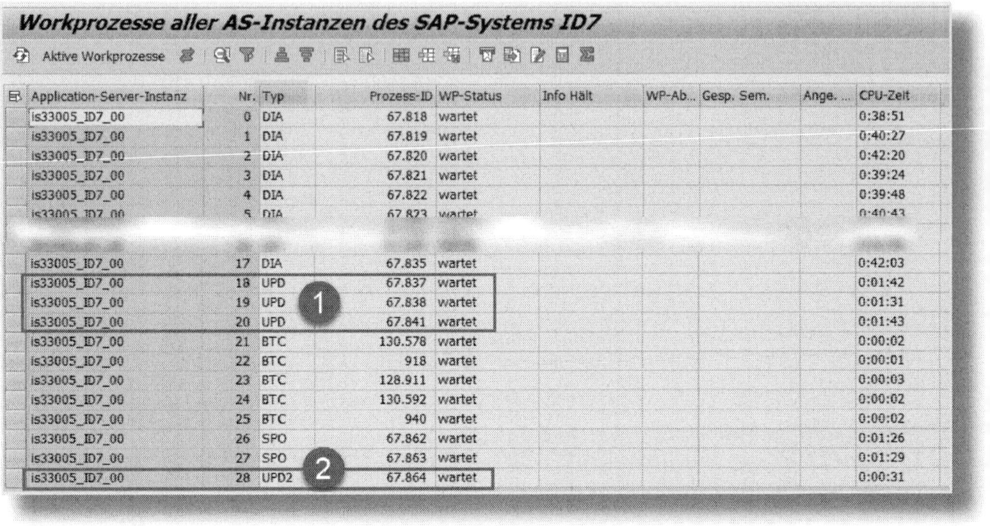

Workprozesse aller AS-Instanzen des SAP-Systems ID7

Aktive Workprozesse

Application-Server-Instanz	Nr.	Typ	Prozess-ID	WP-Status	Info Hält	WP-Ab...	Gesp. Sem.	Ange. ...	CPU-Zeit
is33005_ID7_00	0	DIA	67.818	wartet					0:38:51
is33005_ID7_00	1	DIA	67.819	wartet					0:40:27
is33005_ID7_00	2	DIA	67.820	wartet					0:42:20
is33005_ID7_00	3	DIA	67.821	wartet					0:39:24
is33005_ID7_00	4	DIA	67.822	wartet					0:39:48
is33005_ID7_00	5	DIA	67.823	wartet					0:40:43
is33005_ID7_00	17	DIA	67.835	wartet					0:42:03
is33005_ID7_00	18	UPD	67.837	wartet					0:01:42
is33005_ID7_00	19	UPD	67.838	wartet					0:01:31
is33005_ID7_00	20	UPD	67.841	wartet					0:01:43
is33005_ID7_00	21	BTC	130.578	wartet					0:00:02
is33005_ID7_00	22	BTC	918	wartet					0:00:01
is33005_ID7_00	23	BTC	128.911	wartet					0:00:03
is33005_ID7_00	24	BTC	130.592	wartet					0:00:02
is33005_ID7_00	25	BTC	940	wartet					0:00:02
is33005_ID7_00	26	SPO	67.862	wartet					0:01:26
is33005_ID7_00	27	SPO	67.863	wartet					0:01:29
is33005_ID7_00	28	UPD2	67.864	wartet					0:00:31

Abbildung 3.4: Prozessübersicht (Verbuchungsprozesse)

3.4 Verbuchungsabbrüche

Da Verbuchungsabbrüche in jedem Fall als kritisch einzuschätzen sind, ist ein Monitoring der Verbuchung unabdingbar. Um das Handling üben zu können, stellt die SAP das Testprogramm *VBTST300* bereit. Damit lassen sich Verbuchungsabbrüche provozieren, die keine Relevanz für die Konsistenz des SAP-Systems haben. Die vom Programm verwendeten Verbuchungsbausteine bearbeiten die Tabellen TCPIC und TTHTEST, die ohne praktische Bedeutung sind.

Zugegebenermaßen ist die Benutzeroberfläche des Testprogramms alles andere als selbsterklärend.

Ein Beispiel soll Ihnen zeigen, wie man das Programm einsetzen kann, um typische Fälle von Verbuchungsabbrüchen zu erzeugen.

Um einen definierten Ausgangszustand für einen Test zu erhalten, sollten Sie vorab die Tabellen TCPIC und TTHTEST leeren. Starten Sie dazu den Report VBTST300 mit dem Wert »D« für den Parameter FUNC (siehe Abbildung 3.5).

update test program
func (Insert, Update, Delete)
D
get help about vbtst300
No. of COMMIT WORKS
1
No. of func per update request
1

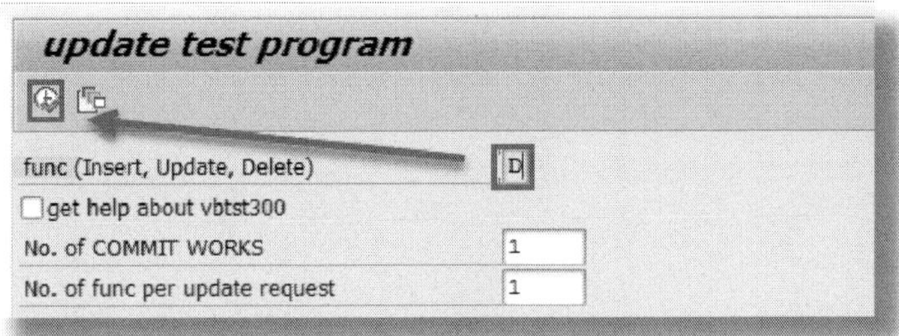

Abbildung 3.5: Leeren der Testtabellen

Erzeugen wir nun einen Verbuchungsauftrag mit nur einem Baustein im V1-Teil. Starten Sie dazu das Testprogramm erneut mit den in Abbildung 3.6 markierten Vorgaben.

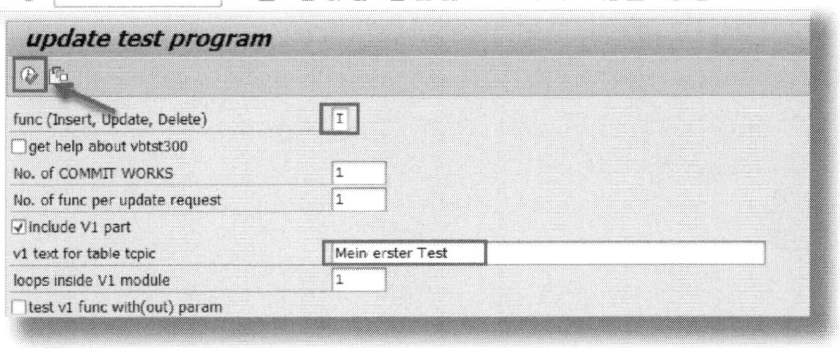

update test program
func (Insert, Update, Delete)
I
get help about vbtst300
No. of COMMIT WORKS
1
No. of func per update request
1
include V1 part
v1 text for table tcpic
Mein erster Test
loops inside V1 module
1
test v1 func with(out) param

Abbildung 3.6: Verbuchungsauftrag erzeugen

Für alle anderen Parameter übernehmen Sie bitte die Vorschlagswerte.

Als Ergebnis gibt das Testprogramm die Meldung »update test finished« aus. In der Tabelle TCPIC werden Sie jetzt eine Zeile finden, die im ersten Feld Ihre Benutzerkennung und im letzten den eingegebenen Text (»Mein erster Test«) enthält.

Wiederholen Sie die Ausführung nun noch einmal mit denselben Angaben. Wieder erhalten Sie die Meldung »update test finished«, doch wenn Sie nun einen beliebigen weiteren Dialogschritt starten (z. B. das Programm beenden), informiert Sie ein Pop-up über den Verbuchungsabbruch (siehe Abbildung 3.7).

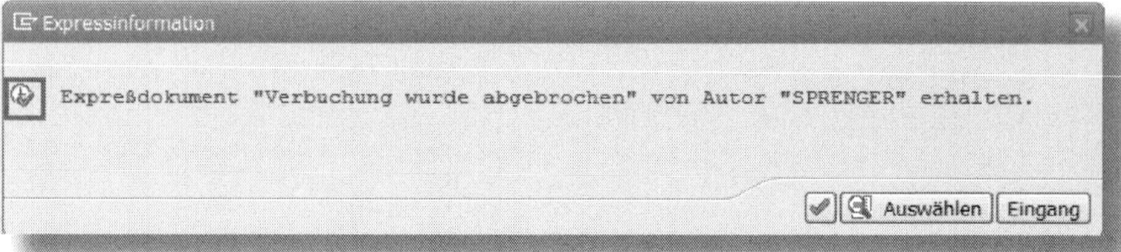

Abbildung 3.7: Meldung zum Verbuchungsabbruch

Mit Klick auf das in der Abbildung markierte Icon erhalten Sie weitere Informationen zum Abbruch (siehe Abbildung 3.8).

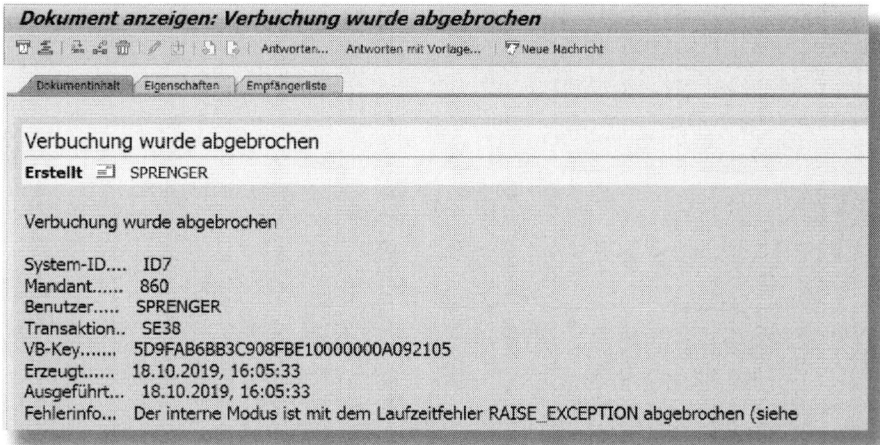

Abbildung 3.8: Detailinformationen zum Verbuchungsabbruch

Für den durchschnittlichen SAP-Benutzer ist die angezeigte Information wenig hilfreich; er sollte bei Verbuchungsabbrüchen besser gleich den Anwendungssupport kontaktieren.

3.5 Verbuchungsmonitor

Der *Verbuchungsmonitor* (Transaktion *SM13*) listet alle Verbuchungsaufträge mit ihrem aktuellen Status. Wundern Sie sich nicht, wenn die Trefferliste leer ist. Sofern der Verbucher immer störungsfrei gelaufen ist, sollten die Verbuchungstabellen leer sein, weil erfolgreich abgeschlossene Verbuchungen sofort gelöscht werden.

Im Einstiegsbild des Monitors können Sie die gewünschten Selektionskriterien wie den STATUS oder den zu betrachtenden Zeitraum eingeben (siehe Abbildung 3.9).

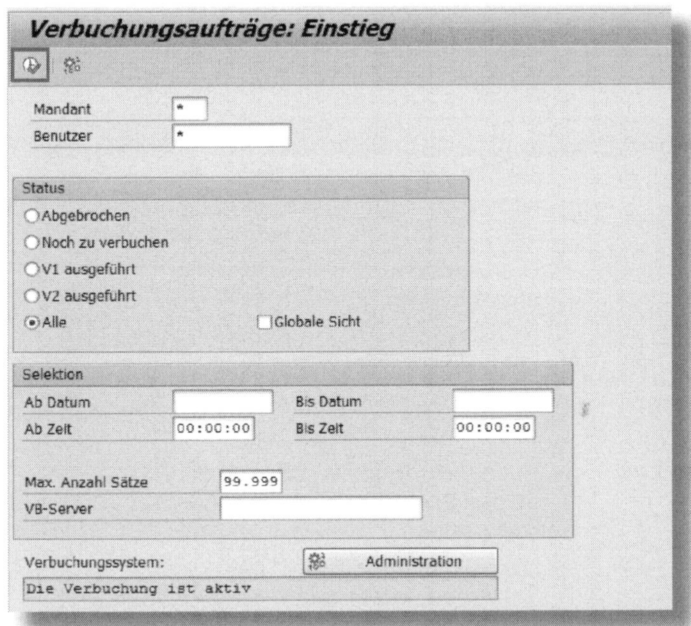

Abbildung 3.9: Einstiegsbild Verbuchungsmonitor

Die ausgegebene Trefferliste (siehe Abbildung 3.10) ist nach dem Zeitpunkt (DATUM/ZEIT), zu dem der Verbuchungsauftrag erzeugt wurde, absteigend sortiert. Zusätzlich angezeigt werden der BENUTZER, der TRANSAKTIONSCODE der ausgeführten Anweisungen, der aktuelle Status (ZUSTAND) und einige weitere Informationen (INFO).

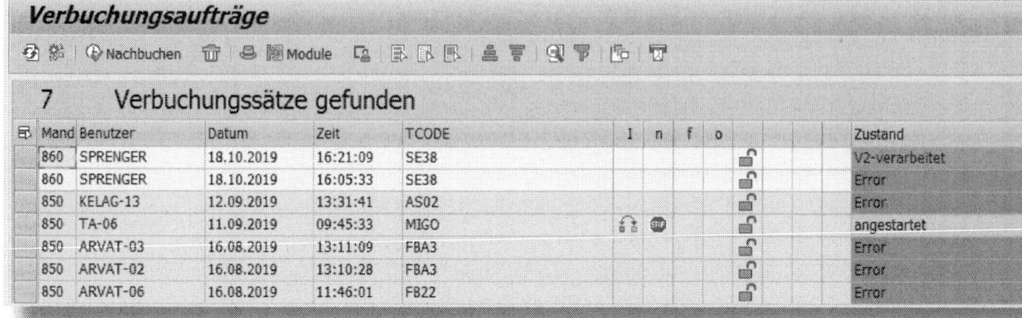

Verbuchungsaufträge

Nachbuchen Module

7 Verbuchungssätze gefunden

Mand	Benutzer	Datum	Zeit	TCODE	I	n	f	o	Zustand
860	SPRENGER	18.10.2019	16:21:09	SE38					V2-verarbeitet
860	SPRENGER	18.10.2019	16:05:33	SE38					Error
850	KELAG-13	12.09.2019	13:31:41	AS02					Error
850	TA-06	11.09.2019	09:45:33	MIGO					angestartet
850	ARVAT-03	16.08.2019	13:11:09	FBA3					Error
850	ARVAT-02	16.08.2019	13:10:28	FBA3					Error
850	ARVAT-06	16.08.2019	11:46:01	FB22					Error

Abbildung 3.10: Übersicht Verbuchungsaufträge

Beachtung sollten Sie dem ZUSTAND schenken. Dessen wichtigste Werte sind in Tabelle 3.3 aufgeführt.

Zustand	Bedeutung
INIT	Der Verbuchungsauftrag ist erzeugt, aber noch nicht fertig abgearbeitet. Es fehlt noch der COMMIT im Verbuchungsprozess.
ERROR	Die Verbuchung wurde mit einem Fehler abgebrochen.
ERROR (NO RETRY)	Es ist ein Fehler aufgetreten, eine Nachbuchung ist nicht möglich.
V1-VERARBEITET	Der V1-Teil ist fertig verarbeitet, der V2-Teil steht noch zur Verbuchung an.
V2-VERARBEITET	Auch der V2-Teil wurde korrekt verarbeitet, es gibt aber noch Komponenten für den Sammellauf.
ANGESTARTET	Die Verbuchung ist im Status »init« hängengeblieben, ein erneuter Versuch läuft.

Tabelle 3.3: Verbuchungsstatus

3.5.1 Ursachen für einen Verbuchungsabbruch

Untersuchen wir zunächst den Verbuchungsabbruch, den wir in Abschnitt 3.4 gezielt erzeugt haben und der uns in Abbildung 3.10 in der zweiten Zeile angezeigt wird.

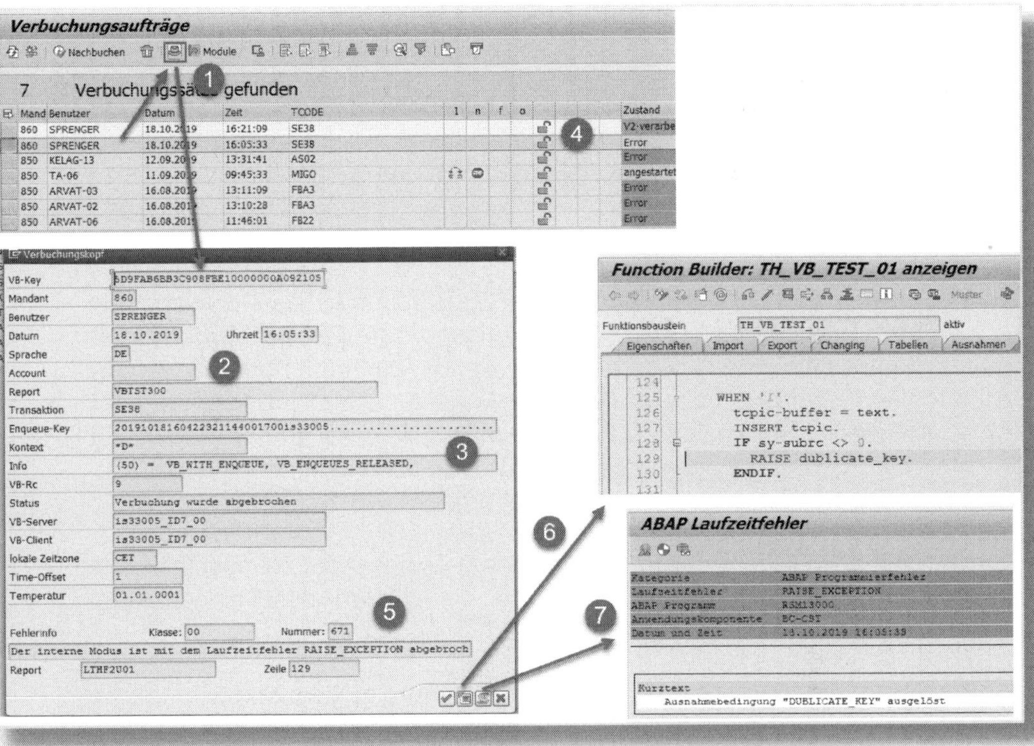

Abbildung 3.11: Anzeige Verbuchungskopf

Markieren Sie den Verbuchungseintrag und starten Sie die Funktion VERBUCHUNGSKOPF (siehe Abbildung 3.11 (❶)). In dem nun angezeigten Fenster sehen Sie alle zum Verbuchungsauftrag in der Tabelle VBHDR gespeicherten Daten, u.a. den BENUTZER und die TRANSAKTION zum Auftrag (❷). Wie in der Abbildung am Eintrag VB_ENQUEUES_RELEASED zu erkennen ist, wurden alle von der Transaktion gesetzten Sperren bereits aufgehoben (❸). Dieselbe Information finden Sie in der Verbuchungsübersicht (❹). Den direkten Auslöser für den Verbuchungsabbruch sehen Sie unter FEHLERINFO (❺) – im konkreten Beispiel war ein Laufzeitfehler (RAISE_EXCEPTION) verantwortlich. Details zur Auslösestelle im Coding erhalten Sie durch einen Klick auf das Icon (❻) und auf das Icon zum Laufzeitfehler rechts daneben (❼). Konkret brach die Anweisung `INSERT TCPIC` ab, weil die einzufügende Tabellenzeile bereits vorhanden war (DUPLICATE_KEY).

Auch ein Blick in die Verbuchungstabellen VBMOD und VBDATA kann weiteren Aufschluss geben, etwa darüber, welche Verbuchungsbausteine zum Verbuchungsauftrag gehören und welche Daten als Übergabeparameter an die Bausteine weitergereicht wurden (siehe Abbildung 3.12).

Starten Sie zum markierten Verbuchungsauftrag die Funktion VERBUCHUNGSMODULE (❶). Sie erhalten eine Übersicht der Verbuchungsbausteine mit den jeweils aktuellen Status. Zu Ihrem Baustein werden Ihnen über das Icon (❷) die Werte für die Übergabeparameter angezeigt. Im konkreten Fall erkennen Sie, dass an den Parameter *TEXT* genau die beim Erzeugen des Verbuchungsauftrags angegebene Zeichenfolge *Mein erster Test* übergeben wurde (❸).

Gerade die Information zu den Verbuchungsdaten ist sehr hilfreich, um bei Verbuchungsabbrüchen z. B. die Nummer des Beleges zu ermitteln, bei dessen Verbuchung der Fehler auftrat.

Nachdem wir nun die Ursache für den Verbuchungsabbruch geklärt haben, bleibt die Frage, wie mit dem Abbruch umzugehen ist.

Eine pauschale, immer gültige Vorgehensweise gibt es hier nicht. Sie sollten aber immer damit beginnen, sich zunächst einmal, wie oben gezeigt, Informationen z. B. zum betroffenen Anwender, der auslösenden Transaktion und zu gemeldeten Fehlern zu beschaffen. Dringend empfehlen möchte ich, anschließend Kontakt zum Anwender oder dem zuständigen Modulbetreuer aufzunehmen, um zu klären, welche Konsequenz der Verbuchungsabbruch hat und wie weiter verfahren werden soll (Löschen des Verbuchungsauftrags, Nachbuchen etc.).

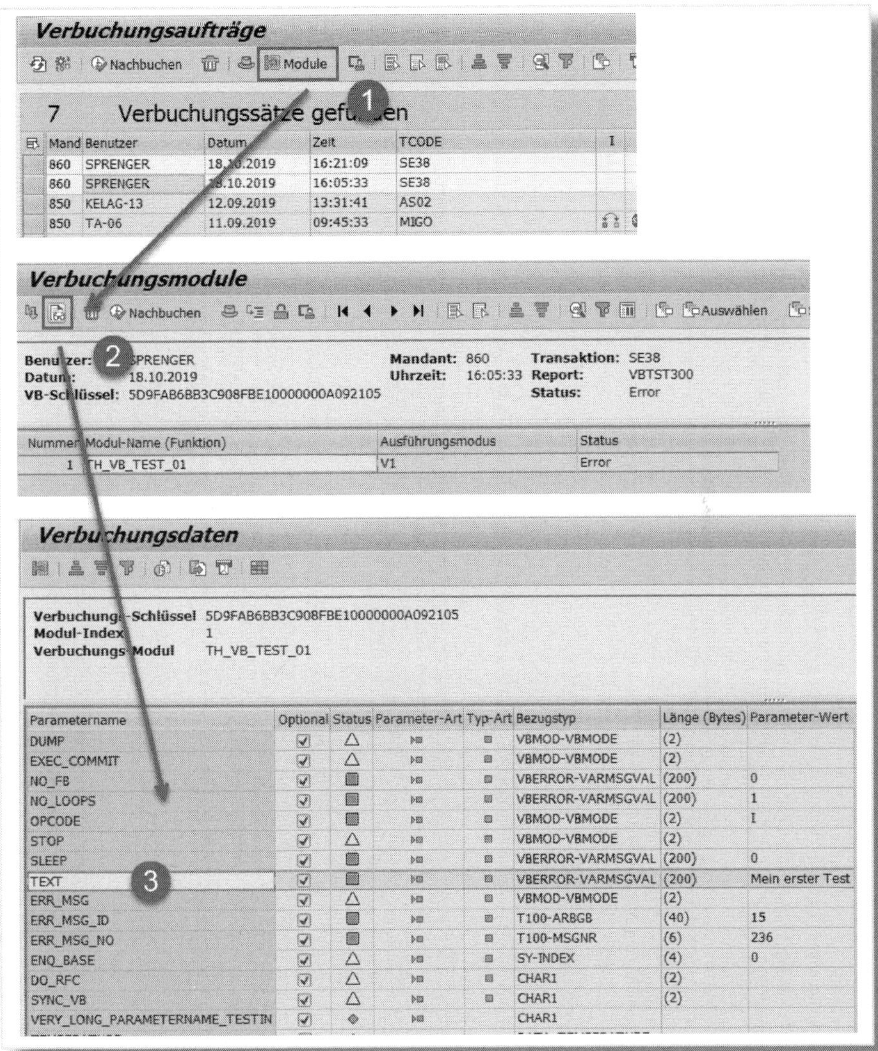

Abbildung 3.12: Anzeige Verbuchungsbausteine und Daten

Erst dann sollte der Verbuchungsfehler mit den im Folgenden beschriebenen Werkzeugen behandelt werden.

3.5.2 Werkzeuge für Verbuchungsfehler

Einzeltest

Diese Funktion startet den Verbuchungsauftrag, führt aber nach fehlerfreiem Aufruf der Bausteine statt eines COMMIT WORK am Ende ein ROLLBACK WORK aus. Datenbankänderungen werden also nicht vorgenommen. Abbildung 3.13 zeigt, zu welchem Ergebnis der EINZELTEST (❶) führte, bevor die Fehlerursache beseitigt wurde (❷) (Fehler bei INSERT in Tabelle TCPIC) und nach Bereinigung der Tabelle (❸).

Der Einzeltest sollte immer dann zum Erfolg führen, wenn die Ursache des Verbuchungsabbruchs in nicht anwendungsspezifischen Systemproblemen liegt, die zwischenzeitlich beseitigt werden konnten (z. B. unzureichender Speicherplatz in der DB-Tabelle, fehlerhafte Customizing-Einstellungen, fehlende Stammdaten).

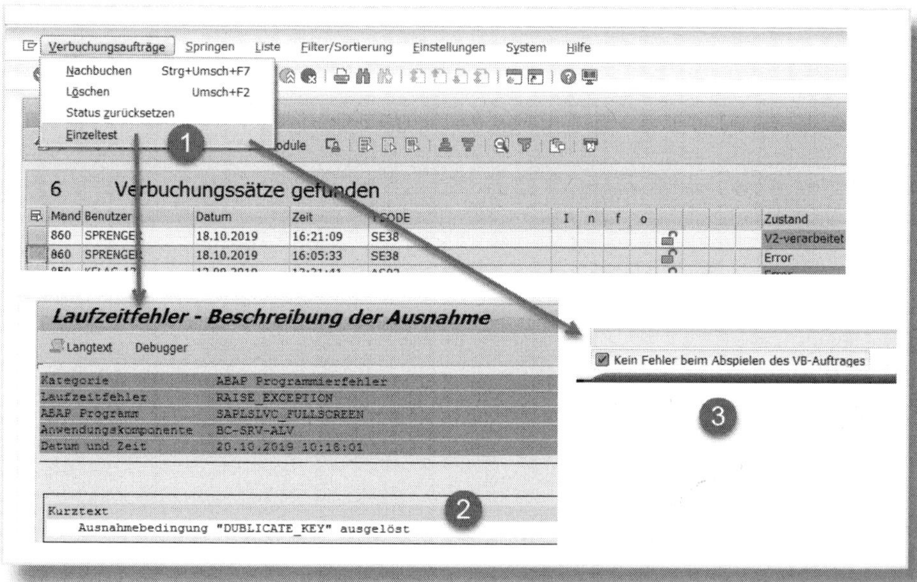

Abbildung 3.13: Einzeltest im Verbuchungsmonitor

Einzeltest kann zum Echtfall werden

Bei einem »Einzeltest« werden die Verbuchungsbausteine gestartet und am Ende des Tests wird ein ROLLBACK WORK ausgeführt. Auf diesem Wege werden durch den Test vorgenommene Datenbankänderungen rückgängig gemacht. Prinzipiell können in Verbuchungsbausteinen aber auch andere Anweisungen erfolgt sein, wie z. B. das Senden von Daten per Schnittstelle an weitere Systeme oder das Schreiben von Daten in Dateien. Diese Anweisungen werden durch ein ROLLBACK WORK nicht wieder zurückgesetzt! In diesem Fall ist also der Einzeltest kein Test, sondern ein Echtfall.

Nachbuchen

Für abgebrochene Verbuchungsaufträge kann unter bestimmten Voraussetzungen ein erneuter Verbuchungsversuch gestartet werden. Es werden dann alle Bausteine mit dem Status Error oder Init ausgeführt. Der Verbuchungsauftrag darf allerdings keine noch auszuführenden Komponenten vom Typ »Start sofort – nicht nachbuchbar« enthalten. Abbildung 3.14 zeigt ein Beispiel mit einer nicht nachbuchbaren Komponente (❶). Die Funktion Nachbuchen (❷) wird abgelehnt (❸).

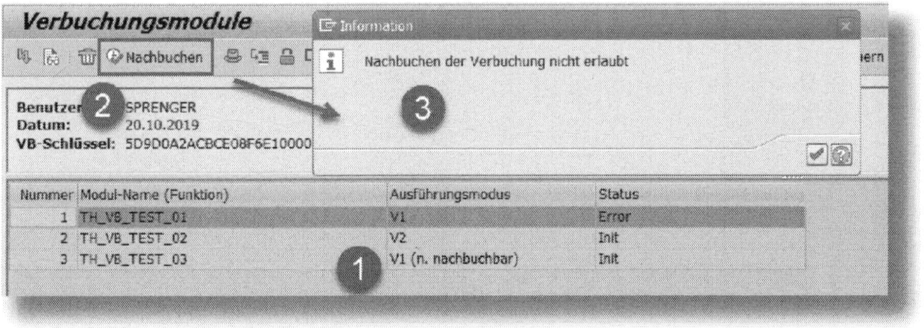

Abbildung 3.14: Nachbuchen nicht erlaubt

Für einen Verbuchungsauftrag ohne »nicht nachbuchbare« Komponenten, können Sie über NACHBUCHEN (❶) einen erneuten Verbuchungsversuch vornehmen (❷). Ist dieser erfolgreich, wird der Verbuchungsauftrag gelöscht (❸), andernfalls bleibt der Auftrag in der Übersicht erhalten (siehe Abbildung 3.15).

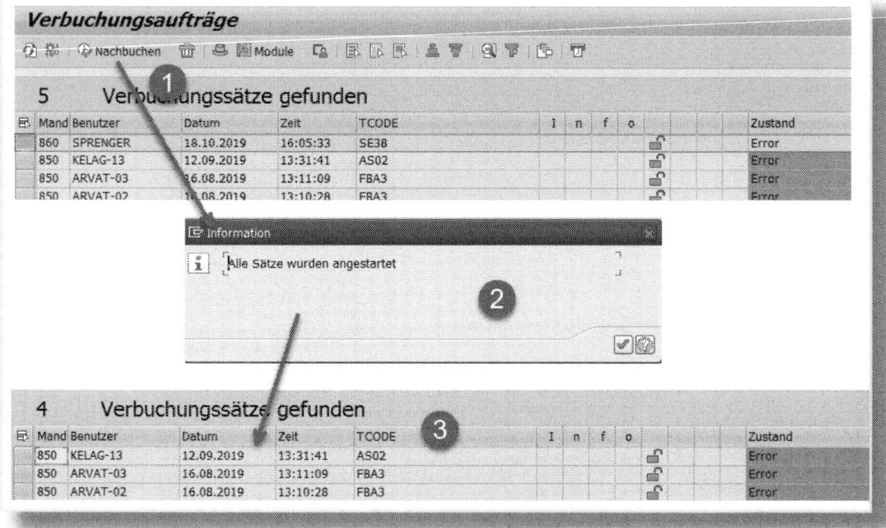

Abbildung 3.15: Erfolgreiches Nachbuchen

Nachbuchen kann Daten überschreiben

Die Funktion »Nachbuchen« sollte nur mit Vorsicht eingesetzt werden. Nach einem Verbuchungsabbruch sind im Normalfall alle von der betreffenden Anwendung gesetzten Sperren bereits aufgehoben. Es besteht die Gefahr, dass zwischenzeitlich andere Anwender in die für den Auftrag relevanten Tabellen schreiben konnten. Ein Nachbuchen birgt dann das Risiko, dass aktuelle Daten überschrieben werden.

Löschen

Ist ein Nachbuchen nicht möglich oder wenig sinnvoll, muss der Verbuchungsauftrag gelöscht werden. Vor dem Löschen sollten Sie aber unbedingt, wie in Abbildung 3.12 gezeigt, Informationen zum Verbuchungsauftrag (Transaktion, Zeitpunkt, eventuelle Belegnummern) sammeln und in geeigneter Form in einem Fehlerlog protokollieren. Vergessen Sie nicht, dass durch das Löschen von Verbuchungsaufträgen u. U. Datenverluste auftreten können, die im Zuge von Revisionen nachzuweisen sind.

Zum Löschen eines Verbuchungsauftrags gehen Sie wie folgt vor (siehe Abbildung 3.16).

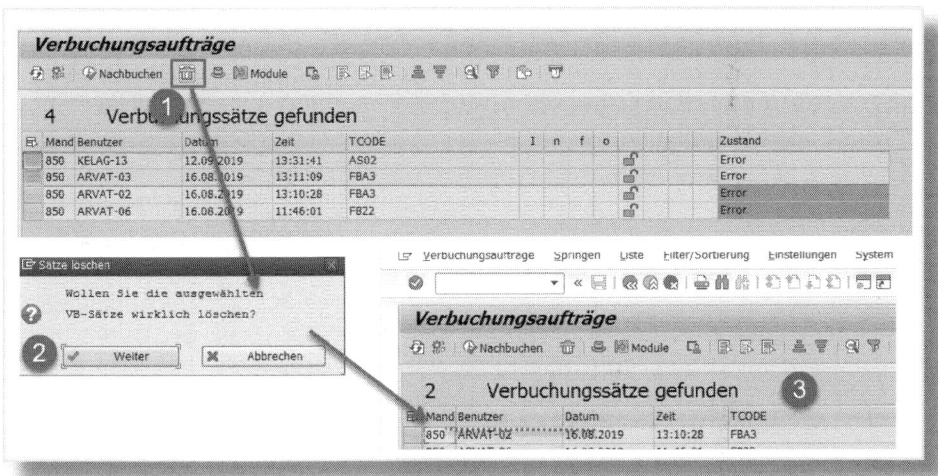

Abbildung 3.16: Löschen von Verbuchungsaufträgen

❶ Markieren Sie einen oder mehrere zu löschende Aufträge und wählen Sie das Icon 🗑.

❷ Bestätigen Sie den Löschvorgang mittels WEITER.

❸ In der anschließenden Übersicht sind die gelöschten Aufträge nicht mehr sichtbar.

Protokollierung der Verbuchungsaufträge

Das Nachbuchen und Löschen von Verbuchungsaufträgen wird im Systemlog protokolliert.

3.6 Verbucheradministration

In Ausnahmesituationen, z.B. bei massiven Problemen des Verbuchers beim Zugriff auf das Datenbanksystem, stoppt das SAP-System automatisch die Verbuchung. Zu erkennen ist dies daran, dass alle Anwendungen, die Verbuchungsaufträge erzeugt haben und diese mit COMMIT WORK freigeben möchten, einfach mit der Fehlermeldung »Verbuchung wurde angehalten; Warten« suspendiert werden.

Die Transaktion *SM14 (Verbucheradministration)* gibt Auskunft über den aktuellen Zustand der Verbuchung und gestattet es zudem, den Verbucher wieder zu aktivieren bzw. zu deaktivieren. Eine manuelle Deaktivierung kann beispielsweise dann sinnvoll sein, wenn Speicherplatzengpässe im Datenbanksystem ein Schreiben weiterer Daten in Tabellen verhindern. In diesem Fall wären unweigerlich Verbuchungsabbrüche die Folge. Nach einer Erweiterung des Datenbankspeicherplatzes könnte der Verbucher wieder aktiviert werden (siehe Abbildung 3.17).

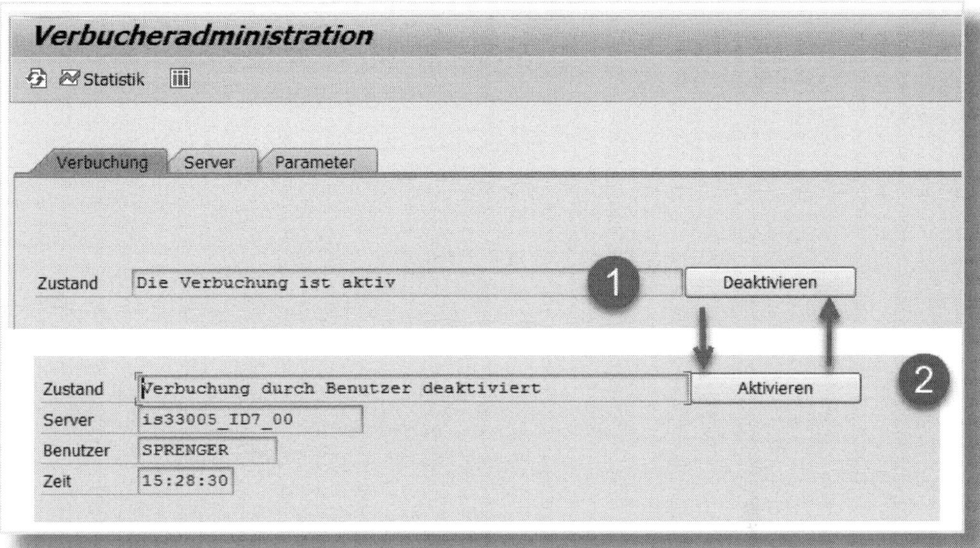

Abbildung 3.17: Verbucher aktivieren/deaktivieren

Interessante Informationen liefert die Verbucheradministration zudem mit der Verbuchungsstatistik (siehe Abbildung 3.18), die Sie über den Button STATISTIK oder über den Menüpfad SPRINGEN • STATISTIK erreichen. Sie zeigt u. a., wie viele Verbuchungsaufträge mit welchen Antwortzeiten bearbeitet wurden.

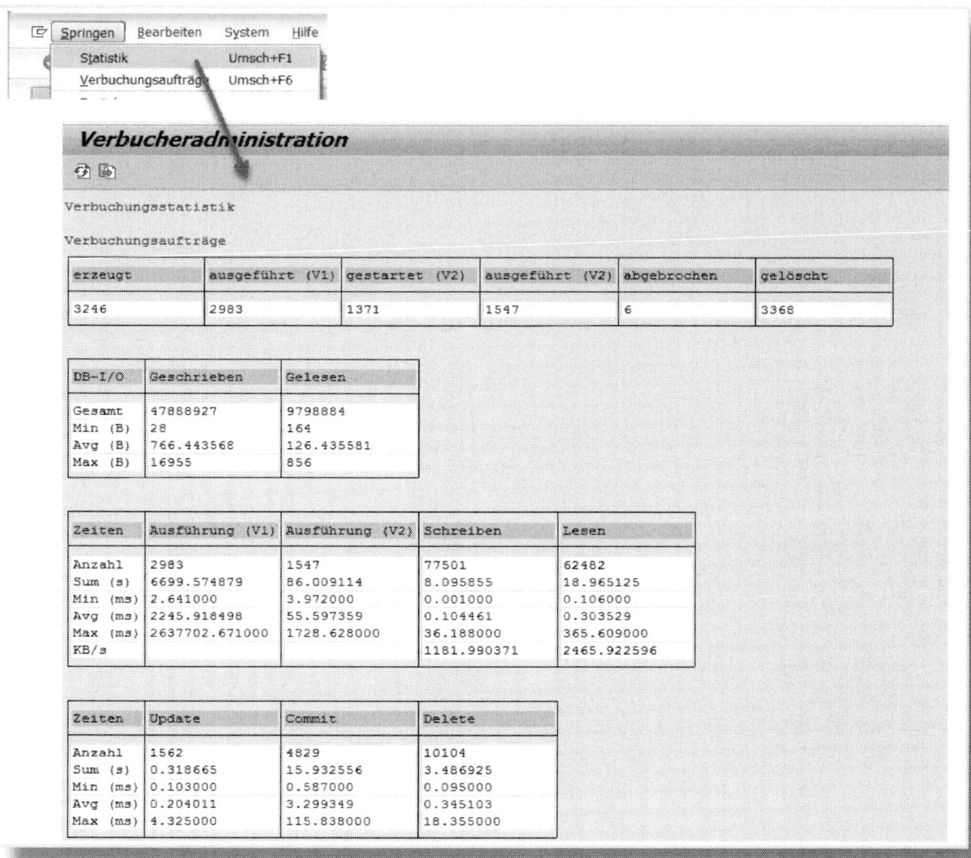

Verbuchungsstatistik

Verbuchungsaufträge

erzeugt	ausgeführt (V1)	gestartet (V2)	ausgeführt (V2)	abgebrochen	gelöscht
3246	2983	1371	1547	6	3368

DB-I/O	Geschrieben	Gelesen
Gesamt	47888927	9798884
Min (B)	28	164
Avg (B)	766.443568	126.435581
Max (B)	16955	856

Zeiten	Ausführung (V1)	Ausführung (V2)	Schreiben	Lesen
Anzahl	2983	1547	77501	62482
Sum (s)	6699.574879	86.009114	8.095855	18.965125
Min (ms)	2.641000	3.972000	0.001000	0.106000
Avg (ms)	2245.918498	55.597359	0.104461	0.303529
Max (ms)	2637702.671000	1728.628000	36.188000	365.609000
KB/s			1181.990371	2465.922596

Zeiten	Update	Commit	Delete
Anzahl	1562	4829	10104
Sum (s)	0.318665	15.932556	3.486925
Min (ms)	0.103000	0.587000	0.095000
Avg (ms)	0.204011	3.299349	0.345103
Max (ms)	4.325000	115.838000	18.355000

Abbildung 3.18: Verbuchungsstatistik

Die Werte werden beim Neustart des Systems zurückgesetzt.

4 Sperrverwaltung

In diesem Kapitel erläutere ich das Sperrkonzept für ein SAP-System und stelle Ihnen Werkzeuge vor, mit denen Sie gesetzte Sperren überwachen und verwalten können.

In einem SAP-System muss der konkurrierende Zugriff auf Daten reglementiert werden. Es sollte also z. B. ausgeschlossen sein, dass zwei Anwender gleichzeitig denselben Materialstammsatz bearbeiten können.

Prinzipiell wäre es natürlich möglich, durch Sperren der betreffenden Tabellenzeilen (beim Materialstammsatz z. B. in der Tabelle MARA) gleichzeitige Zugriffe zu verhindern. In der Praxis ist dies aber nicht ausreichend, da am Ende jedes Dialogschritts eines Workprozesses, in dem dieser Schritt gerade ausgeführt wird, ein DB COMMIT an die Datenbank gesendet wird, was zur Aufhebung der gesetzten Datenbanksperre führt. Somit ist es also nicht möglich, mit Datenbankmitteln Sperren über mehrere Dialogschritte hinweg zu setzen. Die SAP muss daher ein eigenes Sperrkonzept verwenden, damit Sperren über einen längeren Zeitraum bestehen bleiben.

4.1 Das SAP-Sperrkonzept

Die SAP verwendet sogenannte *logische Sperren*, um konkurrierende Zugriffe auf Daten zu koordinieren. »Logisch« bedeutet hierbei, dass die betroffenen Tabellenzeilen nicht mit Datenbankmitteln gesperrt, sondern in einer zentralen Liste im Hauptspeicher (Details dazu weiter unten) als »gesperrt« eingetragen werden. Jede SAP-Anwendung ist dann selbst dafür »verantwortlich«, vor einem Zugriff auf Daten zu prüfen, ob die zu bearbeitenden Daten bereits in der zentralen Liste eingetragen sind. Ist dies der Fall, sollte die Anwendung die Bearbeitung der Daten aussetzen.

Als technische Grundlage für logische Sperren dienen die im ABAP Dictionary definierten *Sperrobjekte*. Ein solches Sperrobjekt beschreibt

- welche Zeilen
- von welcher Datenbanktabelle
- als (gegen Lesen oder Schreiben) gesperrt zu kennzeichnen sind.

Sperrobjekte werden von Anwendungsentwicklern mithilfe der Transaktion *SE11* definiert. Betrachten wir dazu ein Beispiel:

Für eine Sperre der Grunddaten eines Materialstammsatzes kann das Sperrobjekt *EMMARAE* verwendet werden (siehe Abbildung 4.1).

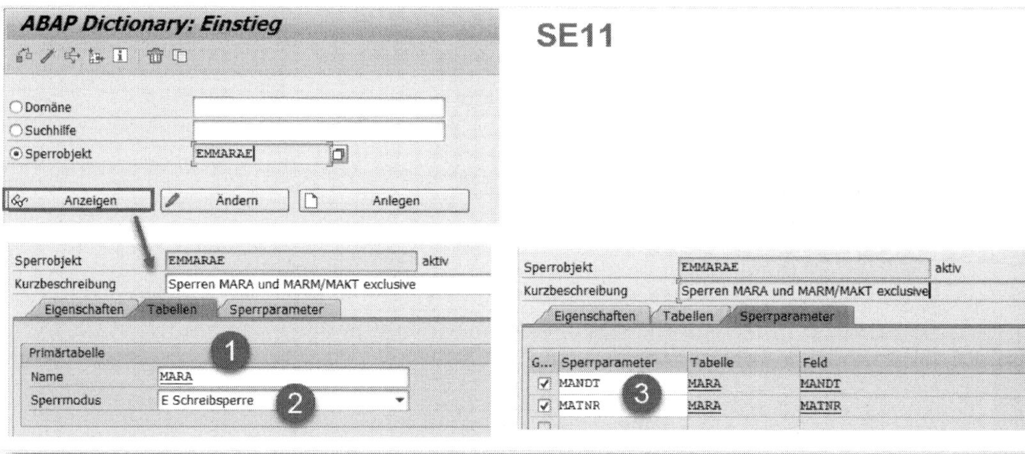

Abbildung 4.1: Definition Sperrobjekt EMMARAE

Die Definition von EMMARAE legt in diesem Fall fest, dass eine Sperre für die Tabelle *MARA* (❶) erfolgt. Der SPERRMODUS *Schreibsperre* verhindert ein gleichzeitiges Ändern (❷). Eine Festlegung auf eine konkret zu sperrende Tabellenzeile können Sie durch die Angabe einer Materialnummer im SPERRPARAMETER *MATNR* (❸) erreichen.

Weitere Informationen zu den verschiedenen Sperrmodi gibt Tabelle 4.1.

Sperrmodus	Bedeutung
E Schreibsperre	Die gesperrten Daten können ausschließlich von einem Anwender gelesen oder bearbeitet werden. Die Anforderung jeder weiteren Sperre durch andere Anwender wird abgewiesen.
S Lesesperre	Mehrere Anwender können gleichzeitig auf dieselben Daten zugreifen. Die Anforderung einer Schreibsperre durch einen anderen Anwender wird abgewiesen.
O Optimistische Sperre	Optimistische Sperren verhalten sich zunächst wie Lesesperren. Sie können aber von genau **einem** Anwender in eine Schreibsperre umgewandelt werden.

Tabelle 4.1: Auswahlmöglichkeiten für den Sperrmodus

Sperrmodus

Die Darstellung des Sperrmodus in obiger Tabelle spiegelt den genauen Sachverhalt etwas vereinfacht wider. So gibt es z. B. noch andere Sperrmodi, die für die nachfolgenden Ausführungen aber nicht relevant sind. Weitere Informationen liefert beispielsweise die [F1]-Hilfe zum Feld SPERRMODUS.

Hat der Entwickler die Definition des Sperrobjekts abgeschlossen, werden automatisch vom System zwei Funktionsbausteine generiert. Mit dem passenden Aufruf dieser Bausteine kann der Entwickler in seiner Anwendung eine Sperre an der richtigen Stelle setzen bzw. wieder aufheben.

Konkret werden bei der Anforderung einer Sperre durch den Aufruf des passenden Funktionsbausteins die Informationen zum Sperrobjekt, dem Sperrmodus und den Sperrargumenten an den in jedem SAP-System vorhandenen *Enqueue-Workprozess* übertragen. Dieser prüft, ob die Sperre schon in der entsprechenden, im Hauptspeicher gehaltenen Tabelle eingetragen ist oder ob sie mit anderen bereits gesetzten Sperren kollidiert. Liegen keine Kollisionen vor, wird die Sperre gesetzt und eine positive Rückmeldung über den Funktionsbaustein geliefert. Im Falle einer Kollision gibt der Funktionsbaustein eine negative Rückmeldung aus, und der Entwickler muss dann entscheiden, wie die Anwendung zu reagieren hat (z. B. durch Ausgabe einer Fehlermeldung).

Eine gesetzte Sperre bleibt im Normallfall so lange bestehen, bis sie wieder aufgehoben wird. Dies kann zu bestimmten, häufig beobachteten Problemen führen, wie etwa dem Folgenden: Ein Anwender belegt über seine Applikation einen Materialstammsatz mit einer Schreibsperre und setzt die Bearbeitung dann nicht weiter fort. Dadurch können alle anderen Anwender diesen Stammsatz nicht mehr bearbeiten.

Sperrkonzept

Es ist wichtig zu betonen, dass die korrekte Funktionsweise des Sperrkonzepts entscheidend davon abhängt, wie das Setzen und Aufheben von Sperren vom Entwickler in den Anwendungen verwirklicht wurde. Sperrt z. B. die Anwendung »A1« korrekt die Bearbeitung eines einzelnen Materialstamms, die Anwendung »A2« ignoriert das Sperrkonzept aber vollständig, kann über die Anwendung »A2« konkurrierend zur Anwendung »A1« die Pflege desselben Materialstammsatzes vorgenommen werden. Es gilt in diesem Fall: Wer zuletzt schreibt, schreibt am besten!

4.2 Monitoring und Verwaltung von Sperren

In der täglichen SAP-Praxis war sicher jeder Anwender schon einmal mit einer Fehlermeldung ähnlich derjenigen in Abbildung 4.2 konfrontiert.

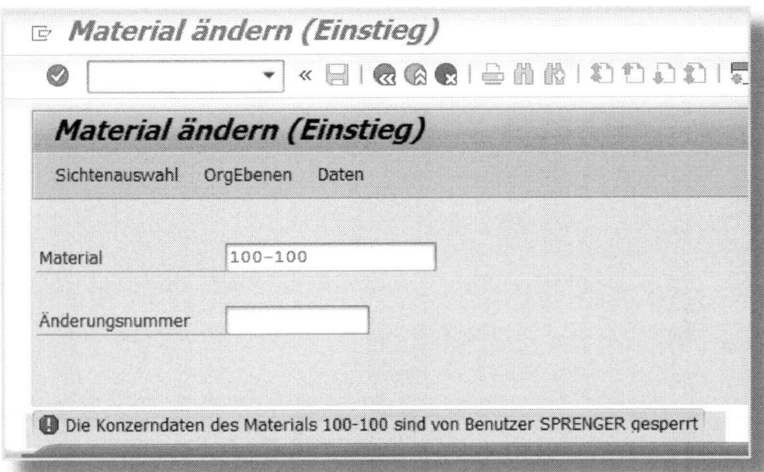

Abbildung 4.2: Fehlermeldung bei gesetzter Sperre

Hier wurde von einem Anwender versucht, ein Material zu bearbeiten, für das ein anderer Anwender bereits eine Sperre gesetzt hat. Im konkreten Fall gibt die Fehlermeldung sogar die Benutzerkennung des anderen Anwenders an. Das ist aber nicht immer der Fall. Wie kommt man andernfalls an diese Information?

Abhilfe schafft hier die Transaktion *SM12*, die einen Blick in die vom Enqueue-Workprozess verwaltete Sperrtabelle ermöglicht (siehe Abbildung 4.3).

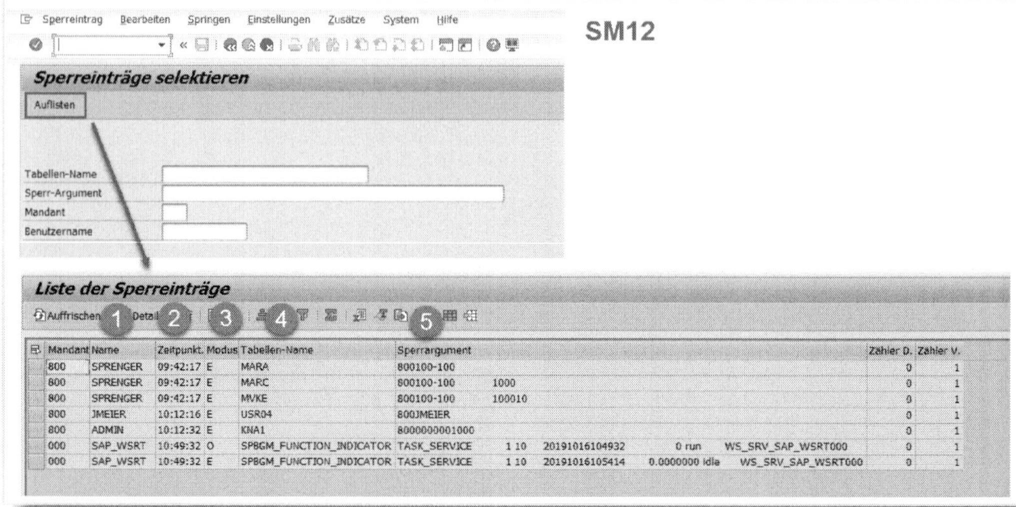

Abbildung 4.3: Liste der Sperreinträge

Die wichtigsten in der Liste angezeigten Informationen sind:

❶ Benutzer (NAME), der die Sperre gesetzt hat

❷ ZEITPUNKT, zu dem die Sperre gesetzt wurde – das Datum wird leider nicht mitangezeigt

❸ SperrMODUS

❹ TABELLE, für welche die Sperre gesetzt wurde

❺ SPERRARGUMENT – hier sind die Werte aller Sperrargumente zu einem String zusammengefasst

Die Liste verdeutlicht, dass der in obiger Fehlermeldung angegebene Benutzer SPRENGER insgesamt drei Sperren gesetzt hat. Der Sperrmodus »E« deutet an, dass die Sperren auch ein Lesen von Daten der Tabellen MARA, MARC und MVKE verhindern. Das für die erste Zeile der Liste angegebene Sperrargument lässt erahnen, dass das Material mit der Nummer »100-100« gesperrt ist (im Mandanten 800).

Zu jeder in der Liste angezeigten Sperre können Sie Detailinformationen über die Funktion DETAILS (❶) abrufen (siehe Abbildung 4.4).

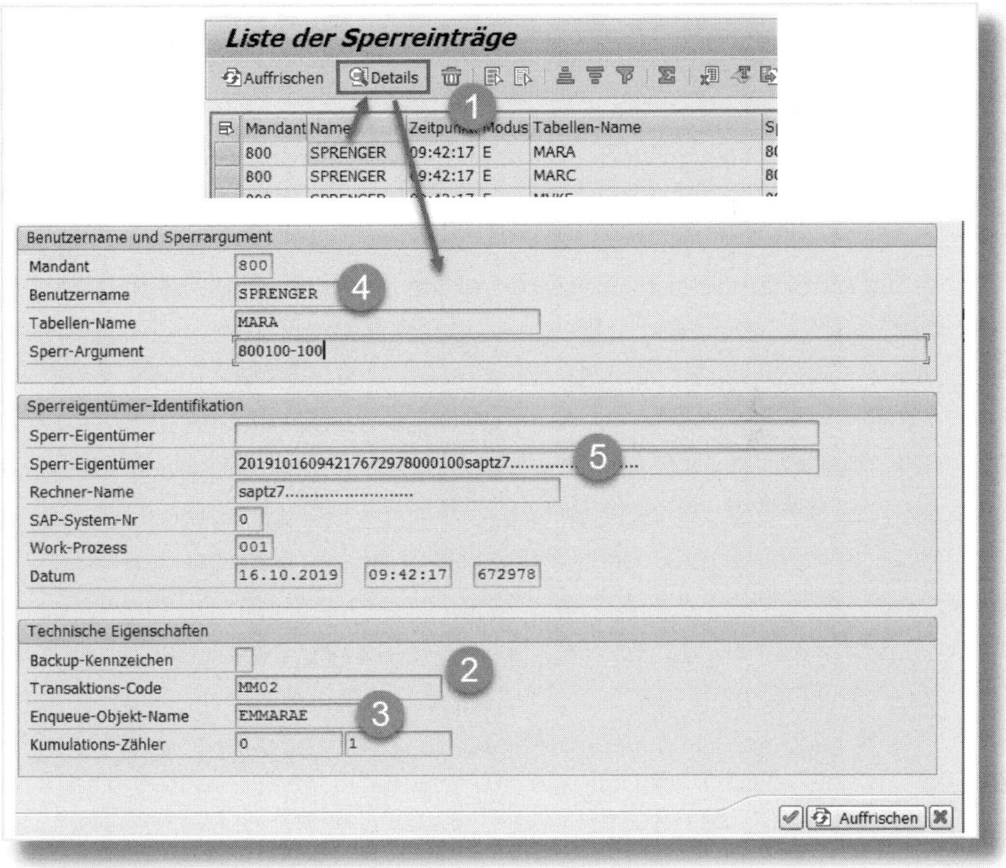

Abbildung 4.4: Detailinformation zum Sperreintrag

Angezeigt wird an dieser Stelle auch der Name der Transaktion (❷), über die die Sperre verhängt wurde, und das in der Anwendung verwendete Sperrobjekt (❸). Ebenso ist der BENUTZERNAME sichtbar (❹). Eigentümer der Sperre ist de facto allerdings nicht der Benutzer, sonst wäre es u. U. möglich, dass ein Benutzer Daten über verschiedene Modi in der SAP GUI mehrfach parallel bearbeiten kann. Die Identifikation des Sperreigentümers wird vom System automatisch

z. B. beim Start der Anwendung festgelegt und setzt sich u. a. aus einem Zeitstempel (DATUM), dem RECHNER-NAMEN und der Nummer des WORK-PROZESSES zusammen.

Die Transaktion *SM12* bietet des Weiteren die Möglichkeit, in der Sperrtabelle eingetragene Sperren zu löschen. Doch dies sollte immer die letzte verbleibende Option sein, denn das Löschen einer Sperre beendet nicht automatisch die Anwendung, die die Sperre gesetzt hat. Somit besteht wieder die Gefahr, dass mehrere Anwender gleichzeitig auf die nun durch das Löschen ungesperrten Daten zugreifen.

Die korrekte Vorgehensweise zur Aufhebung einer Sperre ist die folgende:

Zunächst stellen Sie mithilfe der Transaktion *SM12* fest, welcher Benutzer die Sperre gesetzt hat, die Probleme verursacht.

1. Nehmen Sie Kontakt zum Anwender auf und bitten Sie ihn, die Sperre aufzuheben (z. B. durch Beenden der Anwendung).

2. Sollte dies nicht möglich sein, melden Sie den Benutzer über die Funktion »Benutzer abmelden« der Transaktion *SM04* (Benutzerübersicht) aus dem System ab. Dies führt im Normalfall dazu, dass alle Sperren, die dieser Benutzer gesetzt hat, aus der Sperrtabelle entfernt werden.

3. Zuweilen reicht aber auch das Abmelden des Benutzers nicht aus. Dies passiert erfahrungsgemäß etwa dann, wenn eine Benutzersitzung wegen Netzwerkproblemen vom System automatisch gestoppt wird. Der betroffene Anwender ist in diesem Fall in der Benutzerübersicht u. U. nicht mehr sichtbar, seine Sperren sind aber nach wie vor vorhanden. In diesem Falle bleibt dann Ihnen tatsächlich nichts anderes übrig, als die Sperren manuell zu löschen.

Zum manuellen Löschen einer Sperre rufen Sie die Transaktion *SM12* auf (siehe Abbildung 4.5) und lassen sich die Liste der Sperreinträge anzeigen. Markieren Sie den zu löschenden Eintrag und wählen Sie das Icon für die Funktion »Sperreintrag löschen« (❶).

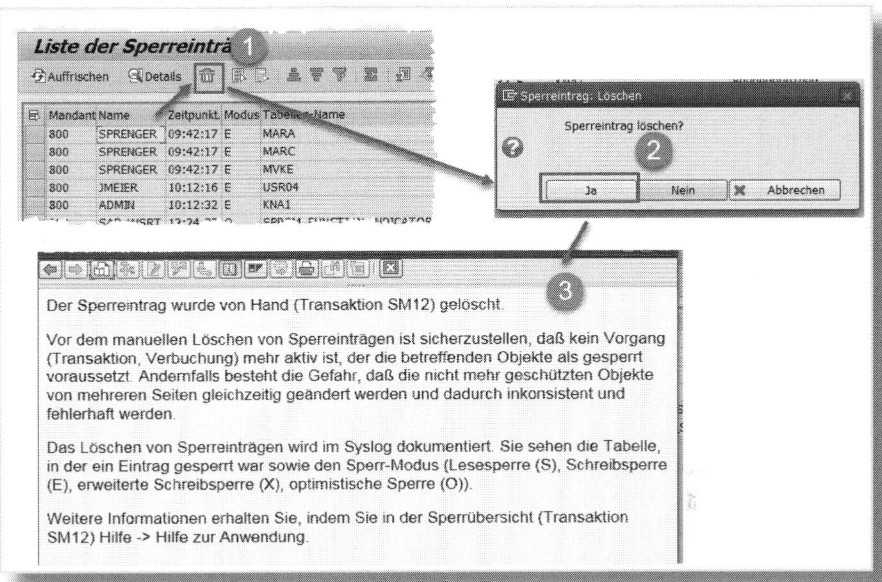

Abbildung 4.5: Löschen eines Sperreintrags

Wenn Sie die Bestätigungsmeldung (❷) mit Klick auf JA beantworten, wird die Sperre sofort aus der Liste entfernt. Wiederholen Sie nun bei Bedarf den Löschvorgang für weitere Sperren des betreffenden Anwenders.

Das Informationsfenster (❸), das Ihnen die Konsequenzen des Löschens vor Augen führt, wird erst nach dem Löschen angezeigt. Hier können Sie nachlesen, dass das manuelle Löschen von Sperren automatisch im Systemlog protokolliert wird. Anhand einer SysLog-Meldung wie in Abbildung 4.6 kann bei später auftretenden Problemen beispielsweise nachvollzogen werden, wer manuelle Löschungen vorgenommen hat.

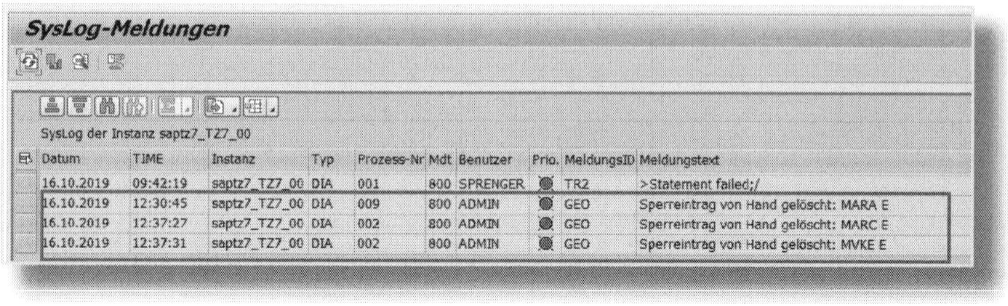

SysLog-Meldungen

SysLog der Instanz saptz7_TZ7_00

Datum	TIME	Instanz	Typ	Prozess-Nr	Mdt	Benutzer	Prio.	MeldungsID	Meldungstext
16.10.2019	09:42:19	saptz7_TZ7_00	DIA	001	800	SPRENGER		TR2	>Statement failed;/
16.10.2019	12:30:45	saptz7_TZ7_00	DIA	009	800	ADMIN		GEO	Sperreintrag von Hand gelöscht: MARA E
16.10.2019	12:37:27	saptz7_TZ7_00	DIA	002	800	ADMIN		GEO	Sperreintrag von Hand gelöscht: MARC E
16.10.2019	12:37:31	saptz7_TZ7_00	DIA	002	800	ADMIN		GEO	Sperreintrag von Hand gelöscht: MVKE E

Abbildung 4.6: SysLog-Eintrag für manuell gelöschte Sperren

4.3 Überlaufen der Sperrtabelle

Wie oben ausgeführt, bleiben gesetzte Sperreinträge so lange in der Sperrtabelle erhalten, bis sie wieder aufgehoben werden. Im Normalfall stellt dies kein Problem dar. Man sollte allerdings bedenken, dass die Sperrtabelle eine endliche (aber einstellbare) Größe hat. In der Praxis kann eine Sperrtabelle bei ungünstigen Konstellationen tatsächlich »überlaufen«, was vermehrt Programmabbrüche zur Folge haben kann.

Dieser »Überlauf« kann z. B. eintreten, weil die Größe der Tabelle, gemessen an der Anzahl gleichzeitig aktiver Anwender, einfach zu klein ist. Darüber hinaus treten zeitweilig aber auch (unvermutete) Störungen selbst bei einer groß dimensionierten Sperrtabelle auf. Auslöser dafür sind meist Schnittstellenanwendungen (Stichwort: IDOC/ALE), die hinsichtlich der Sperrthematik eine ungünstige Wechselwirkung entfalten.

Wenn ein solches Schnittstellenprogramm beispielsweise aus einer Übergabedatei Datensätze liest, um diese im SAP-System einzubuchen, dann erfolgt dies oft nach dem Verfahren: »Satz lesen, Sperre setzen, Daten speichern, nächsten Satz lesen, Sperre setzen usw.« Alle Sperren werden gemeinsam am Ende der Verarbeitung wieder freigegeben. Was bei kleinen Dateien mit wenigen Datensätzen unproblematisch ist, kann zu Überläufen der Sperrtabelle führen, wenn die Datei viele Tausend Sätze enthält.

Wollen Sie die Sperrtabelle nicht vergrößern, bleibt Ihnen als Lösung nur, die Datenübernahme mit kleineren Dateien auszuführen.

Informationen über die maximale Größe der Sperrtabelle und den aktuellen wie maximalen Füllstand liefert die Transaktion *SM12* (siehe Abbildung 4.7).

Rufen Sie dazu unter dem Menüpunkt ZUSÄTZE die Funktion STATISTIK (❶) auf. Wichtige Angabe sind MAX. ANZAHL SPERREINTRÄGE, FÜLLSTAND MAXIMAL und eventuell FÜLLSTAND AKTUELL (❷).

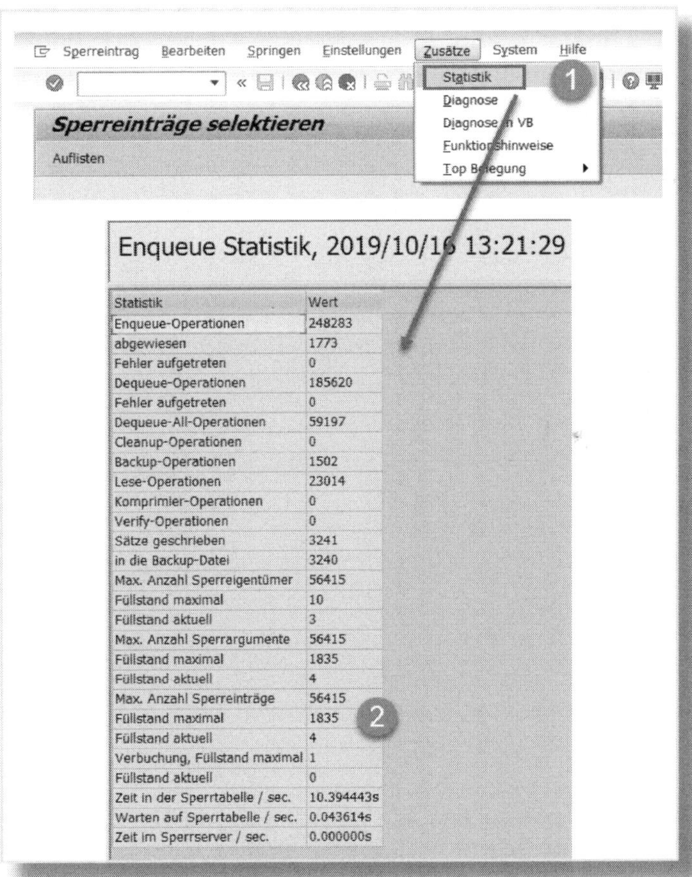

Statistik	Wert
Enqueue-Operationen	248283
abgewiesen	1773
Fehler aufgetreten	0
Dequeue-Operationen	185620
Fehler aufgetreten	0
Dequeue-All-Operationen	59197
Cleanup-Operationen	0
Backup-Operationen	1502
Lese-Operationen	23014
Komprimier-Operationen	0
Verify-Operationen	0
Sätze geschrieben	3241
in die Backup-Datei	3240
Max. Anzahl Sperreigentümer	56415
Füllstand maximal	10
Füllstand aktuell	3
Max. Anzahl Sperrargumente	56415
Füllstand maximal	1835
Füllstand aktuell	4
Max. Anzahl Sperreinträge	56415
Füllstand maximal	1835
Füllstand aktuell	4
Verbuchung, Füllstand maximal	1
Füllstand aktuell	0
Zeit in der Sperrtabelle / sec.	10.394443s
Warten auf Sperrtabelle / sec.	0.043614s
Zeit im Sperrserver / sec.	0.000000s

Abbildung 4.7: Enqueue Statistik

Kritisch wird es natürlich, wenn sich der maximale Füllstand der maximalen Anzahl nähert (bei SAP gilt dies ab 80 Prozent). Sollten Sie diesen Wert in Ihrem System häufiger erreichen, sollten Sie die Sperrtabelle vergrößern. Beeinflusst wird die Größe durch den Profilparameter *enque/table_size*.

4.4 Transaktion SMENQ

Die Transaktion *SM12* wird in neueren SAP-Releaseständen (z. B. S/4HANA 1809) von der Transaktion *SMENQ (Enqueue-Administration)* abgelöst. Mit ihrer Hilfe können Sie zunächst einmal völlig analog zur SM12 Einträge der Sperrtabellen listen (❶) und bei Bedarf auch löschen (❷) (siehe Abbildung 4.8).

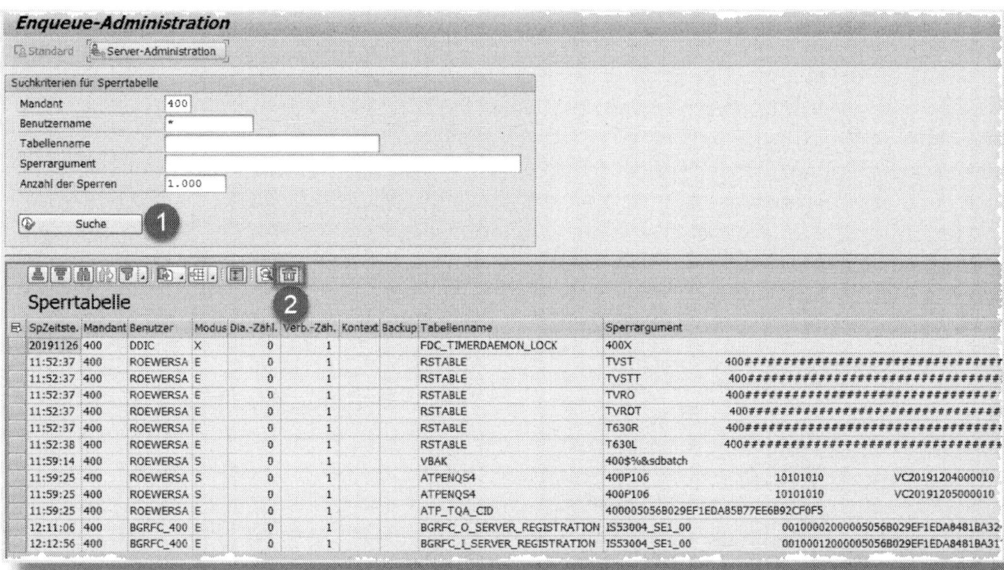

Abbildung 4.8: Transaktion SMENQ

Im Vergleich zur SM12 komplett neu gestaltet ist der Bereich »Server-Administration« (siehe Abbildung 4.9). Insbesondere der Informationsgehalt zur Top-Belegung ❶ der Sperrtabelle und den aktuell relevanten Konfigurationsparametern ❷ wurde deutlich verbessert.

Zusätzlich haben Sie jetzt die Möglichkeit, bei Bedarf einen SYSTEM-TRACE für den Enqueue-Prozess zu aktivieren oder aber aufgetretene ÜBERLÄUFE der Sperrtabellen zu analysieren ❸.

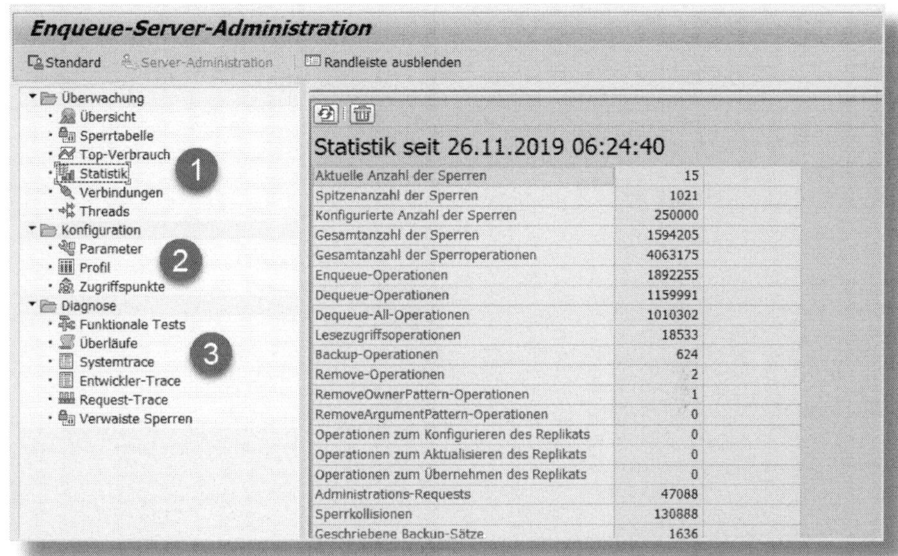

Abbildung 4.9: Sperrverwaltung – Server-Administration

5 Probleme mit Nummernkreisen

In vielen SAP-Transaktionen werden eindeutige Zählerstände benötigt, etwa für die automatische Nummerierung von Belegen. In einigen Fällen muss jedoch der Anwender eine Nummer festlegen, für die dann zu prüfen ist, ob sie in einem vorgegebenen Intervall liegt. Im Folgenden erfahren Sie, wie die Nummernvergabe in einem SAP-System organisiert ist und welche Probleme damit im laufenden Betrieb entstehen können.

5.1 Nummernkreisobjekte und Nummernkreisintervalle

Zählerstände werden SAP-seitig in *Nummernkreisintervallen* verwaltet, die themenbezogen zu sogenannten *Nummernkreisobjekten* zusammengefasst werden.

Betrachten wir als Beispiel das Nummernkreisobjekt *RV_BELEG*, das für die Nummerierung von Vertriebsbelegen verwendet wird. Die Definition bzw. Anzeige eines Nummernkreisobjekts geschieht in der Transaktion *SNRO*. Zunächst werfen wir einen Blick auf die dem Nummernkreisobjekt zugeordneten Intervalle (siehe Abbildung 5.1).

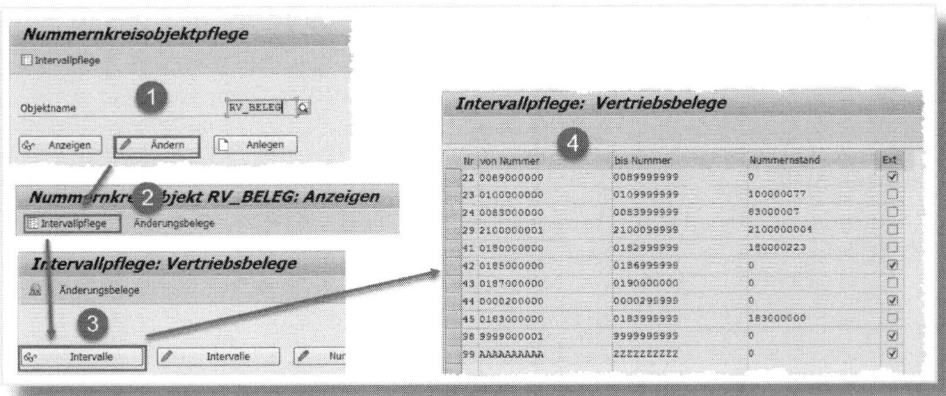

Abbildung 5.1: Intervalle zum Nummernkreisobjekt

Jedes Intervall wird durch eine eindeutig zuordenbare Nummer (Spalte Nr) und seine Intervallgrenzen (von Nummer, bis Nummer) charakterisiert. Zusätzlich wird für jedes Intervall festgelegt, ob es sich um einen *externen* oder einen *internen* Nummernkreis handelt (Spalte Ext.).

Bei einem internen Nummernkreisintervall erfolgt die Nummernvergabe über den Aufruf spezieller Funktionsbausteine, die aus dem angegebenen Intervall die nächste freie Nummer ermitteln und den korrigierten Zählerstand im angezeigten Feld Nummernstand vermerken.

Bei externer Nummernvergabe gibt der Nutzer in der Anwendung die gewünschte Nummer vor, und das System prüft, ob diese Nummer innerhalb der vorgegebenen Intervallgrenzen liegt.

Wie Sie in Abbildung 5.1 sehen, ist für das Nummernkreisobjekt RV_BELEG eine Vielzahl von Intervallen definiert. Welches Intervall für welche Art von Beleg Anwendung findet, wird durch entsprechendes Customizing in der jeweiligen Vertriebsanwendung bestimmt.

Für alle Intervalle eines Nummernkreisobjekts wird einheitlich festgelegt, ob ein *Rollieren* beim Erreichen der oberen Intervallgrenze erlaubt ist (siehe Abbildung 5.2). Rollieren bedeutet, dass beim Erreichen der oberen Intervallgrenze die Nummerierung wieder mit einem Wert an der unteren Intervallgrenze fortgesetzt wird.

Ist für ein Nummernkreisobjekt eingestellt, dass Intervalle nicht Rollieren sollen (❶), kann es passieren, dass beim Erreichen der oberen Intervallgrenze keine freie Nummer mehr vergeben werden kann. In diesem Fall wird jede Transaktion, die nun eine freie Nummer anfordert, abbrechen.

Ist »Rollieren« vorgesehen, wird beim Erreichen der oberen Intervallgrenze wieder mit der Neuvergabe ab der unteren Grenze begonnen. Dieses kann aber u. U. zur Folge haben, dass eine bereits schon einmal vergebene Nummer nochmals verwendet wird. Typische Folgefehler sind Dumps mit der Ausnahme »DUP_RECORD«.

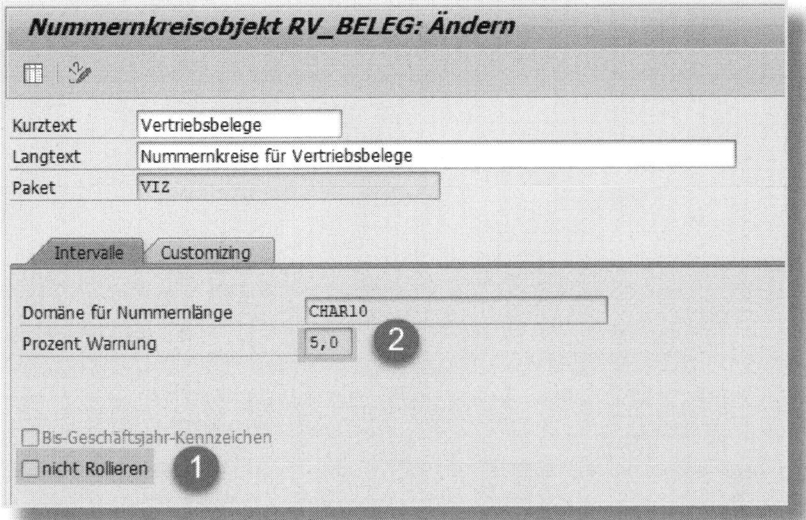

Abbildung 5.2: Eigenschaften Nummernkreisobjekt

Prinzipiell können Sie für ein Nummernkreisobjekt eine Warnschwelle (❷) angeben, ab der beim Anfordern einer neuen Nummer ein entsprechender Returncode gesetzt wird, sobald sich die freien Nummern dem Ende zuneigen, d. h. weniger als der im Feld PROZENT WARNUNG angegebene Anteil an freien Nummern im Intervall verfügbar ist. Leider wird diese Warnung in sehr vielen Anwendungsprogrammen ignoriert.

5.2 Pufferung von Nummernkreisen

Die Intervalle zu einem Nummernkreisobjekt sind in der Tabelle *NRIV* abgelegt.

In SAP-Systemen ist in der *Prozessübersicht* (Transaktion *SM50*) häufiger zu beobachten, dass die AKTION *Direktes Lesen* für die Tabelle NRIV recht lange dauert (siehe Abbildung 5.3).

Nr	Typ	PID	Status	Grund	Start	Err	Se...	CPU	Zeit	Report	Man	Benutzer	Aktion	Tabelle
1	DIA	3176	wartet		ja									
2	DIA	3184	wartet		ja									
3	DIA	3192	wartet		ja									
4	DIA	3204	läuft		ja				10	SAPLSAL2	800	ADMIN		
5	DIA	192	läuft		ja					SAPLTHFB	800	ADMIN		
6	DIA	3228	wartet		ja									
7	DIA	3236	läuft		ja				7	SAPLSNR3	800	ADMIN	Direktes Lesen	NRIV
8	DIA	3244	wartet		ja									
9	DIA	3252	wartet		ja									
10	DIA	1944	läuft		ja				8	SAPLSNR3	800	ADMIN	Direktes Lesen	NRIV
11	DIA	3280	wartet		ja									
12	DIA	3288	läuft		ja		7			SAPMSSY2	000	SAPSYS		
13	DIA	3296	läuft		ja				9	SAPLSNR3	800	ADMIN	Direktes Lesen	NRIV
14	UPD	3312	wartet		ja									

Abbildung 5.3: Konkurrierende Zugriffe auf Tabelle NRIV

Folgende Ursache ist hierfür verantwortlich: Wenn eine Anwendung eine neue Nummer aus einem nicht gepufferten Nummernkreisintervall anfordert, wird das Intervall hart auf der Datenbank gesperrt, bis die Transaktion die Sperre wieder aufhebt. Dies passiert normalerweise dann, wenn alle Daten durch ein `COMMIT WORK` gesichert sind. Zwischen der Anforderung einer Nummer und dem Aufheben der Sperre können durchaus einige Sekunden vergehen. Greifen in dieser Zeit mehrere Anwendungen parallel auf dasselbe Intervall zu, kann es zu Wartesituationen kommen, die sich in der gerade dargestellten Weise äußern.

Abhilfe kann hier eine Pufferung der Nummernkreisintervalle schaffen. Diese lässt sich in den Eigenschaften des Nummernkreisobjekts festlegen (siehe Abbildung 5.4).

Für das hier gezeigte Beispiel wurde die HAUPTSPEICHERPUFFERUNG ❶ aktiviert und die ANZAHL NUMMERN IM PUFFER auf *100* gesetzt ❷. Die Konsequenzen aus diesen Einstellungen sind:

1. Bei der erstmaligen Anforderung einer freien Nummer wird
   - die unter ANZAHL genannte Menge an nächsten freien Nummern im Hauptspeicher des Applikationsservers hinterlegt
   - der Zählerstand in der Tabelle NRIV für das Intervall um 100 erhöht

2. Nachfolgende Anforderungen freier Nummern zu diesem Intervall erfolgen über Hauptspeicherzugriff.

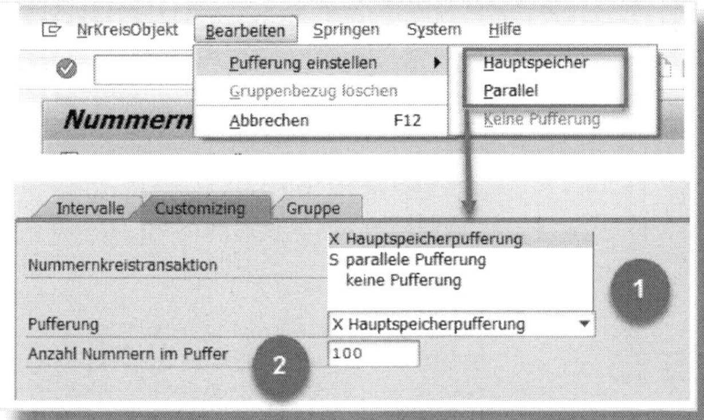

Abbildung 5.4: Pufferung von Nummernkreisintervallen

Auf diese Weise muss die Tabelle NRIV nicht mehr angesprochen oder gar kurzzeitig gesperrt werden. Der Performancegewinn ist beträchtlich (durchaus Faktor 1000). Erst wenn der Puffer »leer gelesen« ist, wird er durch einen Zugriff auf die Tabelle NRIV wieder aufgefüllt.

Nebenwirkungen der Nummernkreispufferung

- Die Pufferung kann nur für alle Intervalle eines Objekts in übereinstimmender Weise eingestellt werden.
- Durch die Pufferung können Lücken in der Nummerierung entstehen, z. B. wenn der Server heruntergefahren wird oder eine Transaktion ein ROLLBACK ausführt.
- Gehören zu einem SAP-System mehrere Applikationsserver (genauer Instanzen), erteilt jede Instanz die Nummern unabhängig von den anderen. Somit ist nicht mehr sichergestellt, dass Nummern in aufsteigender Folge vergeben werden.

5.3 Monitoring von Nummernkreisintervallen

Im letzten Abschnitt habe ich bereits darauf verwiesen, dass die Intervalle zu einem Nummernkreisobjekt in der Tabelle NRIV abgelegt werden. Mithilfe der Transaktion *SE16* können Sie überprüfen, wie weit sich der aktuelle Zählerstand (NRLEVEL) schon der oberen Intervallgrenze (TONUMBER) angenähert hat (siehe Abbildung 5.5).

Data Browser: Tabelle NRIV 32 Treffer

Prüftabelle...

CLIE...	OBJECT	SUBOBJECT	NRRANGENR	TOYEAR	FROMNUMBER	TONUMBER	NRLEVEL	EXTERNIND
800	RV_BELEG		01	0000	0000000001	0000199999	00000000000000020156	
800	RV_BELEG		02	0000	0005000000	0005999999	00000000000000000000	X
800	RV_BELEG		03	0000	0010000000	0014999999	00000000000010000079	
800	RV_BELEG		04	0000	0015000000	0019999999	00000000000000000000	X
800	RV_BELEG		05	0000	0020000000	0024999999	00000000000020000171	
800	RV_BELEG		06	0000	0025000000	0029999999	00000000000000000000	X
800	RV_BELEG		07	0000	0030000000	0034999999	00000000000030000051	
800	RV_BELEG		08	0000	0035000000	0039999999	00000000000000000000	X
800	RV_BELEG		09	0000	0040000000	0044999999	00000000000040000213	

Abbildung 5.5: Kontrolle Nummernkreise mit SE16

Alternativ bietet die Transaktion *SM56* eine Anzeige des aktuellen Zählerstands für alle Hauptspeicher-gepufferten Intervalle (siehe Abbildung 5.6). Die für dasselbe Intervall erkennbaren Unterschiede hinsichtlich des jeweiligen Zählerstands zu den Werten in der Tabelle NRIV ergeben sich daraus, dass dieser Wert bei gepufferten Nummernkreisen in der Tabelle in größeren Schritten steigt (nämlich entsprechend der für die Pufferung gewählten Paketgröße) und die Anforderung weiterer Nummern seitens der Anwendung nur solange aus dem Puffer erfolgt, wie dort noch freie Nummern verfügbar sind.

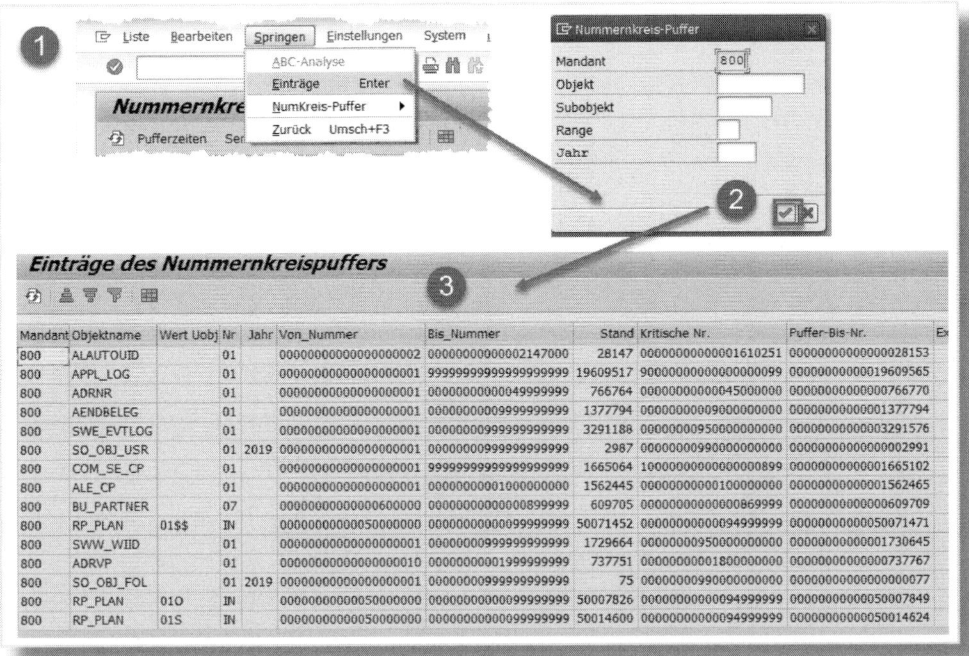

Mandant	Objektname	Wert Uobj	Nr	Jahr	Von_Nummer	Bis_Nummer	Stand	Kritische Nr.	Puffer-Bis-Nr.	Ex
800	ALAUTOUID		01		00000000000000000002	00000000000002147000	28147	00000000000001610251	00000000000000028153	
800	APPL_LOG		01		00000000000000000001	99999999999999999999	19609517	90000000000000000099	00000000000019609565	
800	ADRNR		01		00000000000000000001	00000000000049999999	766764	00000000000045000000	00000000000000766770	
800	AENDBELEG		01		00000000000000000001	00000000009999999999	1377794	00000000009000000000	00000000000001377794	
800	SWE_EVTLOG		01		00000000000000000001	00000000999999999999	3291188	00000000950000000000	00000000000003291576	
800	SO_OBJ_USR		01	2019	00000000000000000001	00000000999999999999	2987	00000000990000000000	00000000000000002991	
800	COM_SE_CP		01		00000000000000000001	99999999999999999999	1665064	10000000000000000899	00000000000001665102	
800	ALE_CP		01		00000000000000000001	00000000001000000000	1562445	00000000000100000000	00000000000001562465	
800	BU_PARTNER		07		00000000000000600000	00000000000000899999	609705	00000000000000869999	00000000000000609709	
800	RP_PLAN	01$$	IN		00000000000050000000	00000000000099999999	50071452	00000000000094999999	00000000000050071471	
800	SWW_WIID		01		00000000000000000001	00000000999999999999	1729664	00000000950000000000	00000000000001730645	
800	ADRVP		01		00000000000000000010	00000000001999999999	737751	00000000001800000000	00000000000000737767	
800	SO_OBJ_FOL		01	2019	00000000000000000001	00000000999999999999	75	00000000990000000000	00000000000000000077	
800	RP_PLAN	01O	IN		00000000000050000000	00000000000099999999	50007826	00000000000094999999	00000000000050007849	
800	RP_PLAN	01S	IN		00000000000050000000	00000000000099999999	50014600	00000000000094999999	00000000000050014624	

Abbildung 5.6: Einträge im Nummernkreispuffer – Anzeige mittels SM56

Die Transaktion *SM56* (siehe Abbildung 5.7) liefert zudem weitere Informationen zum Füllstand des Puffers (MAX. ANZAHL EINTRÄGE/AKT. ANZAHL EINTRÄGE) (❶) und zur Performance der Nummernvergabe (PUFFERZEITEN und SERVERZEITEN). Die Werte für die Serverzeiten (❷) zeigen im Wesentlichen die Dauer der Zugriffe auf die Tabelle NRIV, die Pufferzeiten (❸) verdeutlichen die Performance des Zugriffs auf gepufferte Nummernkreisintervalle.

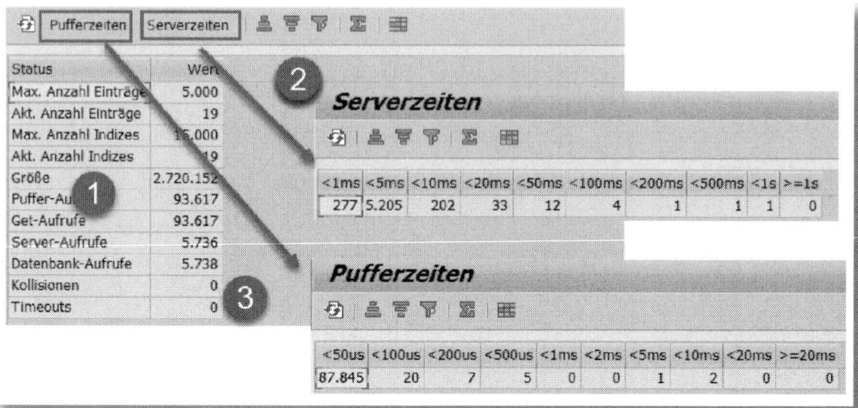

Abbildung 5.7: Informationen zum Nummernpreispuffer

Wie bereits erwähnt, sollten Sie die Nummernkreise regelmäßig prüfen, um rechtzeitig Engpässe bei der Vergabe der nächsten freien Nummern zu erkennen. Gute Dienste leistet hier der Report *RSNUMHOT*. Dort können Sie sich z. B. schnell alle Intervalle anzeigen lassen, deren Füllgrad ein bestimmtes Level überschritten hat (siehe Abbildung 5.8).

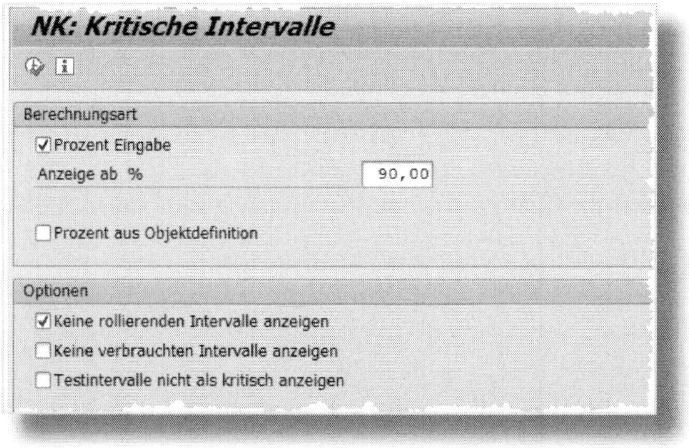

NK: Kritische Intervalle

Berechnungsart

☑ Prozent Eingabe

Anzeige ab % 90,00

☐ Prozent aus Objektdefinition

Optionen

☑ Keine rollierenden Intervalle anzeigen

☐ Keine verbrauchten Intervalle anzeigen

☐ Testintervalle nicht als kritisch anzeigen

Abbildung 5.8: Kritische Intervalle finden mit RSNUMHOT

Fehlermeldung bei der Prozentangabe

Geben Sie in Abbildung 5.8 für ANZEIGE AB % einen Wert ohne Nachkommastellen ein und drücken Sie [Enter], so erhalten Sie die Fehlermeldung, dass die Eingabe falsch formatiert sei. Starten Sie hingegen den Report direkt mit AUSFÜHREN ohne vorheriges [Enter], bleibt die Fehlermeldung aus.

Rollierende Intervalle

Sie sollten zusätzlich immer auch die »rollierenden Intervalle« kontrollieren. Insbesondere für das Nummernkreisobjekt SPO_NUM ist zu beachten, dass das für die Vergabe von Spool-Auftragsnummern definierte Intervall »01« oft zu restriktive Intervallgrenzen aufweist. Sobald die obere Grenze erreicht und durch das Rollieren wieder ein Wert von der unteren Grenze beginnend vergeben wird, kann es passieren, dass eine Spool-Auftragsnummer ausgegeben wird, unter der noch ein älterer Spool-Auftrag existiert. Die Folge sind Abbrüche bei der Erstellung von Spool-Aufträgen, dies bedingt folglich eine große Anzahl von Laufzeitfehlern – im Worst Case sogar mehrere Tausend pro Tag!

Wählen Sie unbedingt einen hinreichend großen Wert für die obere Intervallgrenze. Pflegen Sie dazu das Nummernkreisobjekt SPO_NUM im Mandanten 000, da für die Vergabe der Spool-Auftragsnummer nur die Intervalle dieses Mandanten relevant sind (siehe Abbildung 5.9). Beachten Sie dazu auch den SAP-Hinweis 48284. Setzen Sie die obere Intervallgrenze auf »999999«. Bitte wählen Sie keinen Wert jenseits von 2147483647, da es sonst zu Dumps wie »COMPUTE_BCD_OVERFLOW« kommen kann (siehe SAP-Hinweis 2208342).

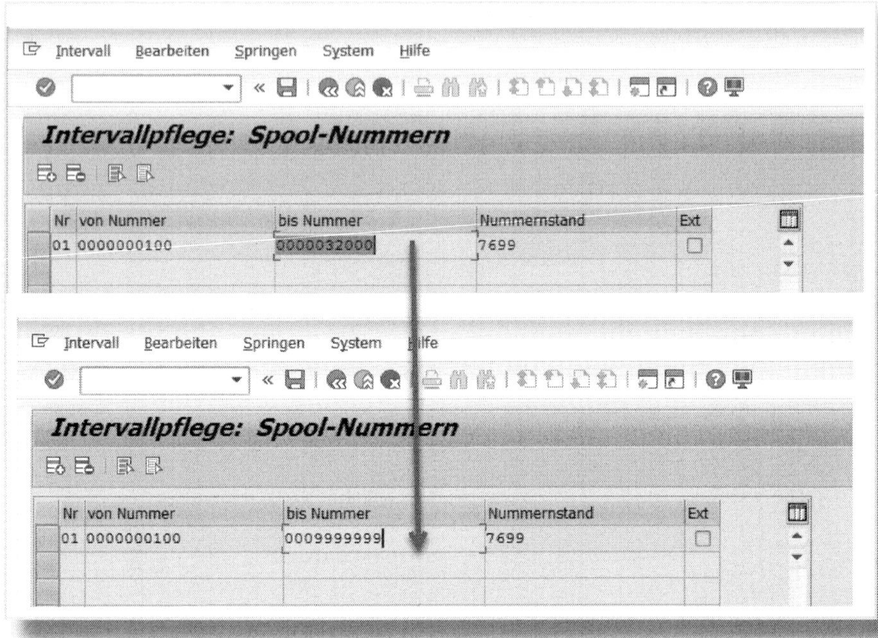

Abbildung 5.9: Nummernkreisobjekt SPO_NUM

6 Programmabbrüche

Programmabbrüche sollten unbedingt untersucht und ihre Ursache(n) beseitigt werden, insbesondere um die Gefahr zukünftiger Dumps zu minimieren. Im Folgenden wird daher beschrieben, wie Sie Dumps mithilfe der Transaktion ST22 analysieren können.

Läuft ein ABAP-Programm während der Ausführung auf einen Fehler, der die Fortführung des Programms verhindert, wird vom Laufzeitsystem eine Ausnahme (Laufzeitfehler) ausgelöst. Bei einer *unbehandelbaren Ausnahme* wird die weitere Ausführung des Programms abgebrochen und ein Dump erzeugt, der Informationen zum Anlass des Abbruchs zur Verfügung stellt. Geht es dagegen um eine *behandelbare Ausnahme*, kann diese bei Bedarf im Coding des Programms behandelt und im Anschluss daran das Programm fortgesetzt werden. Erfolgt keine Ausnahmebehandlung, wird das Programm auch hier mit einem Dump abgebrochen.

6.1 Laufzeitfehler

Eine vollständige Aufstellung der möglichen Laufzeitfehler finden Sie in der Tabelle *SNAPTID* (siehe Abbildung 6.1).

Die in der Spalte KURZDUMPKLASSIFIKATION angegebene *Dumpklasse* hilft Ihnen bei einer ersten Einschätzung, welcher Fehler den Dump ausgelöst haben könnte (Tabelle 6.1).

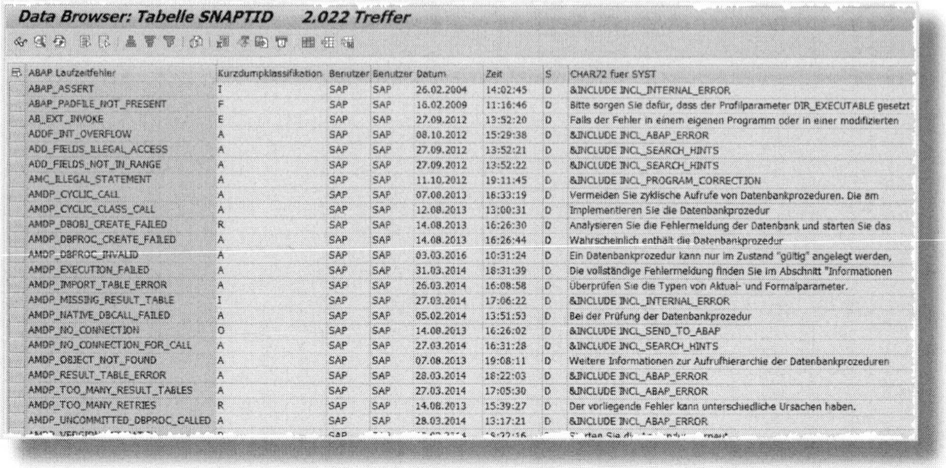

Data Browser: Tabelle SNAPTID 2.022 Treffer

ABAP Laufzeitfehler	Kurzdumpklassifikation	Benutzer	Benutzer	Datum	Zeit	S	CHAR72 fuer SYST
ABAP_ASSERT	I	SAP	SAP	26.02.2004	14:02:45	D	&INCLUDE INCL_INTERNAL_ERROR
ABAP_PADFILE_NOT_PRESENT	F	SAP	SAP	16.02.2009	11:16:46	D	Bitte sorgen Sie dafür, dass der Profilparameter DIR_EXECUTABLE gesetzt
AB_EXT_INVOKE	E	SAP	SAP	27.09.2012	13:52:20	D	Falls der Fehler in einem eigenen Programm oder in einer modifizierten
ADDF_INT_OVERFLOW	A	SAP	SAP	08.10.2012	15:29:38	D	&INCLUDE INCL_ABAP_ERROR
ADD_FIELDS_ILLEGAL_ACCESS	A	SAP	SAP	27.09.2012	13:52:21	D	&INCLUDE INCL_SEARCH_HINTS
ADD_FIELDS_NOT_IN_RANGE	A	SAP	SAP	27.09.2012	13:52:22	D	&INCLUDE INCL_SEARCH_HINTS
AMC_ILLEGAL_STATEMENT	A	SAP	SAP	11.10.2012	19:11:45	D	&INCLUDE INCL_PROGRAM_CORRECTION
AMDP_CYCLIC_CALL	A	SAP	SAP	07.08.2013	18:33:19	D	Vermeiden Sie zyklische Aufrufe von Datenbankprozeduren. Die am
AMDP_CYCLIC_CLASS_CALL	A	SAP	SAP	12.08.2013	13:00:31	D	Implementieren Sie die Datenbankprozedur
AMDP_DBOBJ_CREATE_FAILED	R	SAP	SAP	14.08.2013	16:26:30	D	Analysieren Sie die Fehlermeldung der Datenbank und starten Sie das
AMDP_DBPROC_CREATE_FAILED	A	SAP	SAP	14.08.2013	16:26:44	D	Wahrscheinlich enthält die Datenbankprozedur
AMDP_DBPROC_INVALID	A	SAP	SAP	03.03.2016	10:31:24	D	Ein Datenbankprozedur kann nur im Zustand "gültig" angelegt werden,
AMDP_EXECUTION_FAILED	A	SAP	SAP	31.03.2014	18:31:39	D	Die vollständige Fehlermeldung finden Sie im Abschnitt "Informationen
AMDP_IMPORT_TABLE_ERROR	A	SAP	SAP	26.03.2014	16:08:58	D	Überprüfen Sie die Typen von Aktual- und Formalparameter.
AMDP_MISSING_RESULT_TABLE	I	SAP	SAP	27.03.2014	17:06:22	D	&INCLUDE INCL_INTERNAL_ERROR
AMDP_NATIVE_DBCALL_FAILED	A	SAP	SAP	05.02.2014	13:51:53	D	Bei der Prüfung der Datenbankprozedur
AMDP_NO_CONNECTION	O	SAP	SAP	14.08.2013	16:26:02	D	&INCLUDE INCL_SEND_TO_ABAP
AMDP_NO_CONNECTION_FOR_CALL	A	SAP	SAP	27.03.2014	16:31:28	D	&INCLUDE INCL_SEARCH_HINTS
AMDP_OBJECT_NOT_FOUND	A	SAP	SAP	07.08.2013	19:08:11	D	Weitere Informationen zur Aufrufhierarchie der Datenbankprozeduren
AMDP_RESULT_TABLE_ERROR	A	SAP	SAP	28.03.2014	18:22:03	D	&INCLUDE INCL_ABAP_ERROR
AMDP_TOO_MANY_RESULT_TABLES	A	SAP	SAP	27.03.2014	17:05:30	D	&INCLUDE INCL_ABAP_ERROR
AMDP_TOO_MANY_RETRIES	R	SAP	SAP	14.08.2013	15:39:27	D	Der vorliegende Fehler kann unterschiedliche Ursachen haben.
AMDP_UNCOMMITTED_DBPROC_CALLED	A	SAP	SAP	28.03.2014	13:17:21	D	&INCLUDE INCL_ABAP_ERROR

Abbildung 6.1: Liste der Laufzeitfehler

Dumpklasse	Kurzbeschreibung
Y	Fehler in der Dynpro-Laufzeit
X	XSLT-Laufzeitfehler
U	Fehler des Endanwenders
S	ST(Simple-Transformation)-Laufzeitfehler
R	Fehler in der ABAP-Laufzeit
Q	Fehler im Open SQL
O	Ressourcenengpass
K	Kein Fehler (Programm wurde z. B. vom Administrator abgebrochen)
J	Interner ST-Fehler
I	Interner Kernel-Fehler
F	Installationsfehler
E	Externer Fehler
D	Fehler in der Datenbankschnittstelle
B	ITS(Internet Transaction Server)-Fehler
A	ABAP-Programmierfehler
&	Text-Include (kein Kurzdump, nur Textbaustein)
-	Nicht klassifizierter Fehler

Tabelle 6.1: Dumpklassen

Zu jedem Laufzeitfehler werden vom System automatisch Informationen gesammelt und in die Tabelle *SNAP* geschrieben.

Die aktuelle Größe der Tabelle SNAP können Sie sich in der Transaktion *ST22* anzeigen lassen (siehe Abbildung 6.2).

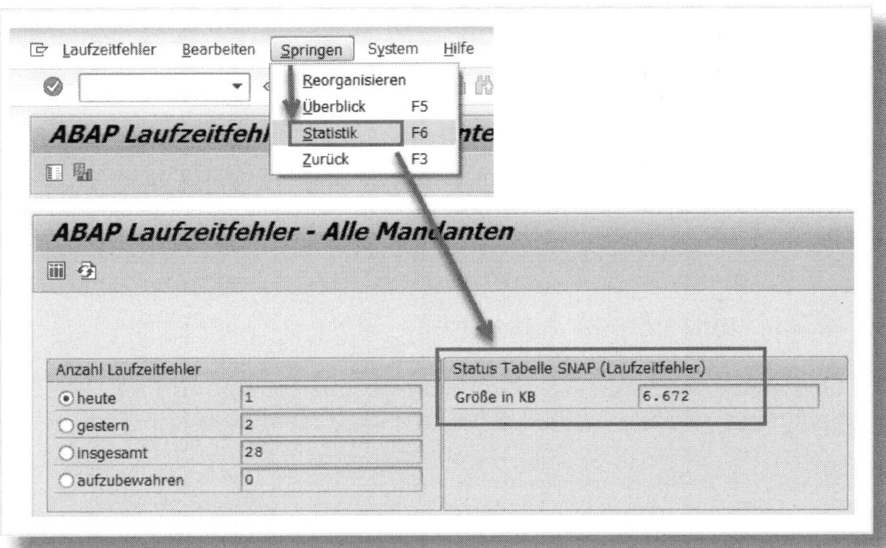

Abbildung 6.2: Größe Tabelle SNAP

Die zugeordneten Texte werden, sofern sie nicht zur Aufbewahrung markiert sind, nach vier Wochen automatisch aus dem System gelöscht. Dieser Löschvorgang wird immer dann gestartet, wenn ein Dialogbenutzer einen Dump erzeugt.

Eine weitere Reorganisation der Tabelle SNAP ist mithilfe des Reports *RSSNAPDL* möglich. Im Selektionsbild (siehe Abbildung 6.3) können Sie selbst festlegen, wie viele Tage ein Dump aufbewahrt werden soll, bevor er gelöscht wird. Damit sind auch kürzere Aufbewahrungszeiten realisierbar, um z. B. die Größe der Tabelle SNAP zu begrenzen.

Reorganisationsprogramm für die Tabelle SNAP der Kurzdumps.

max. zu erhaltende Einträge	2.000.000
am Stück löschbare Einträge	1.000
Tag der Aufbewahrung	28

Abbildung 6.3: Report RSSNAPDL

Sollten in Ihrem SAP-System die von der SAP empfohlenen Standardjobs eingeplant sein, übernimmt der Job SAP_REORG_ABAPDUMPS die regelmäßige Bereinigung der Tabelle SNAP.

6.2 Laufzeitfehler auswerten

Mit der Transaktion *ST22* können Sie überprüfen, ob Laufzeitfehler aufgetreten sind. Diese werden einem Dialoganwender zwar sofort beim Auslösen angezeigt, nicht aber, wenn z. B. ein Verbuchungs- oder Jobabbruch aufgrund von Laufzeitfehlern erfolgt. Daher sollten Sie die Überwachung von Laufzeitfehlern regelmäßig anstoßen. Im Startbild der Transaktion *ST22* können Sie diverse Selektionskriterien (➊) eingeben. Mit der Filterung auf den aktuellen (➋) und den Vortag (➌) stehen vordefinierte Einschränkungen zur Verfügung (siehe Abbildung 6.4).

Vorschlagswerte für das Selektionsbild

Es existiert eine Reihe von Parameter-IDs, mit deren Hilfe Sie Werte für das Selektionsbild vorbelegen können. Diese Parameter-IDs beginnen mit »ST22_«. Eine Auflistung dieser IDs finden Sie in der Tabelle TPARA.

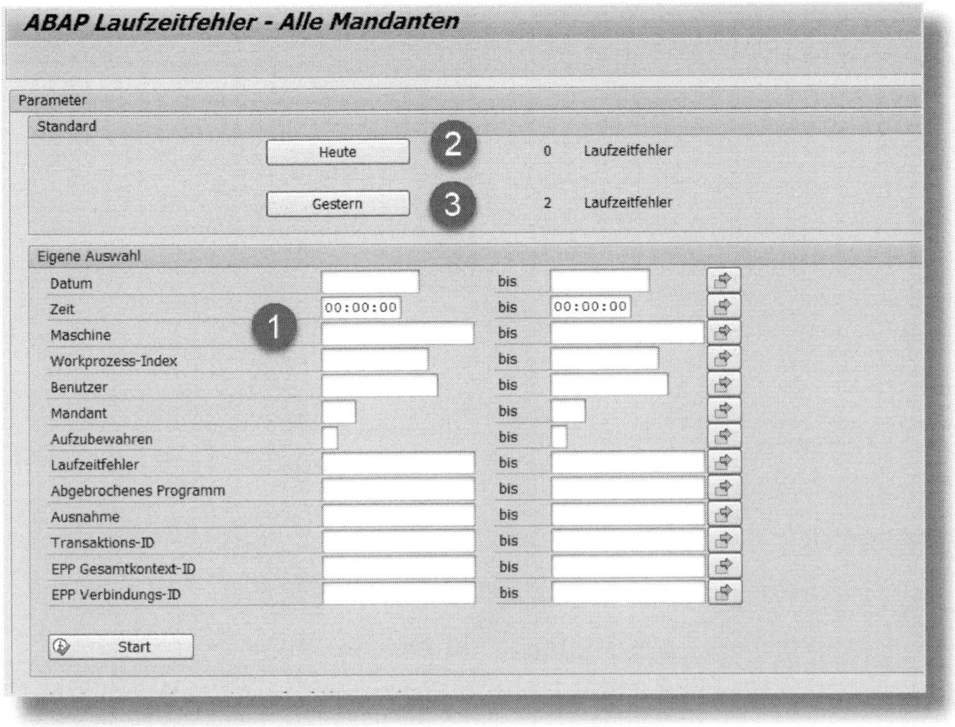

Abbildung 6.4: Auswahl anzuzeigender Laufzeitfehler

Die Liste der zu den Selektionsparametern passenden Laufzeitfehler (siehe Abbildung 6.5) enthält Informationen über den Abbruchzeitpunkt (❶), den BENUTZER (❷), den LAUFZEITFEHLER (❸) und das ABGEBROCHENE PROGRAMM (❹).

aktuelles Datum	Uhrzeit	Applikationsserver	Benutz...	Man...	Ha	Laufzeitfehler	Ausnahme	Abgebrochenes Programm
27.10.2019	15:10:03	ides64_ID4_00	MARTI...	850	C	SYNTAX_ERROR		SAPLALDB
27.10.2019	00:30:22	ides64_ID4_00	SCHW...	850	C	DBIF_REPO_SQL_ERROR		SAPLSBPT
25.10.2019	00:30:17	ides64_ID4_00	SCHW...	850	C	DBIF_REPO_SQL_ERROR		SAPLSBPT
22.10.2019	00:30:10	ides64_ID4_00	SCHW...	850	C	DBIF_REPO_SQL_ERROR		SAPLSBPT
21.10.2019	00:30:15	ides64_ID4_00	SCHW...	850	C	DBIF_REPO_SQL_ERROR		SAPLSBPT
20.10.2019	00:30:10	ides64_ID4_00	SCHW...	850	C	DBIF_REPO_SQL_ERROR		SAPLSBPT
18.10.2019	00:31:01	ides64_ID4_00	SCHW...	850	C	DBIF_REPO_SQL_ERROR		SAPLSBPT
17.10.2019	00:30:56	ides64_ID4_00	SCHW...	850	C	DBIF_REPO_SQL_ERROR		SAPLSBPT
16.10.2019	00:30:51	ides64_ID4_00	SCHW...	850	C	DBIF_REPO_SQL_ERROR		SAPLSBPT
14.10.2019	00:30:53	ides64_ID4_00	SCHW...	850	C	DBIF_REPO_SQL_ERROR		SAPLSBPT
13.10.2019	00:30:52	ides64_ID4_00	SCHW...	850	C	DBIF_REPO_SQL_ERROR		SAPLSBPT
12.10.2019	00:01:00	ides64_ID4_00	WF-BA...	850	C	OBJECTS_OBJREF_NOT_ASSIGNED		CL_OPS_SE_PROT================CP
10.10.2019	00:30:40	ides64_ID4_00	SCHW...	850	C	DBIF_REPO_SQL_ERROR		SAPLSBPT
08.10.2019	00:30:35	ides64_ID4_00	SCHW...	850	C	DBIF_REPO_SQL_ERROR		SAPLSBPT
05.10.2019	00:30:35	ides64_ID4_00	SCHW...	850	C	DBIF_REPO_SQL_ERROR		SAPLSBPT
04.10.2019	18:30:17	ides64_ID4_00	SAPSYS	850	C	LOAD_PROGRAM_NOT_FOUND		SAPMSSYD
04.10.2019	15:28:16	ides64_ID4_00	SAPSYS	850	C	LOAD_PROGRAM_NOT_FOUND		SAPMSSYD
04.10.2019	14:54:16	ides64_ID4_00	SAPSYS	800	C	LOAD_PROGRAM_NOT_FOUND		SAPMSSYD
04.10.2019	14:39:16	ides64_ID4_00	SAPSYS	800	C	LOAD_PROGRAM_NOT_FOUND		SAPMSSYD
04.10.2019	13:39:16	ides64_ID4_00	SAPSYS	800	C	LOAD_PROGRAM_NOT_FOUND		SAPMSSYD
04.10.2019	12:32:16	ides64_ID4_00	SAPSYS	850	C	LOAD_PROGRAM_NOT_FOUND		SAPMSSYD

Abbildung 6.5: Liste der ausgewählten Laufzeitfehler

Detailinformationen zu einem in der Liste angezeigten Laufzeitfehler erhalten Sie durch einen Doppelklick auf den betreffenden Eintrag. Im Folgenden werden wir uns einige Beispiele für die Analyse eines Fehlers ansehen.

Beispiel »DBIF_REPO_SQL_ERROR«

Per Doppelklick auf den Fehler in der Liste wird ein Langtext zum Laufzeitfehler angezeigt (siehe Abbildung 6.6).

Da sich der Langtext über viele Bildschirmseiten erstreckt, haben Sie die Möglichkeit, über den Navigationsbaum (❶) in der linken Bildschirmhälfte direkt zu einzelnen Abschnitten des Langtextes zu springen. Die Reihenfolge der Einträge im Baum entspricht allerdings nicht der Reihenfolge der Abschnitte im Langtext.

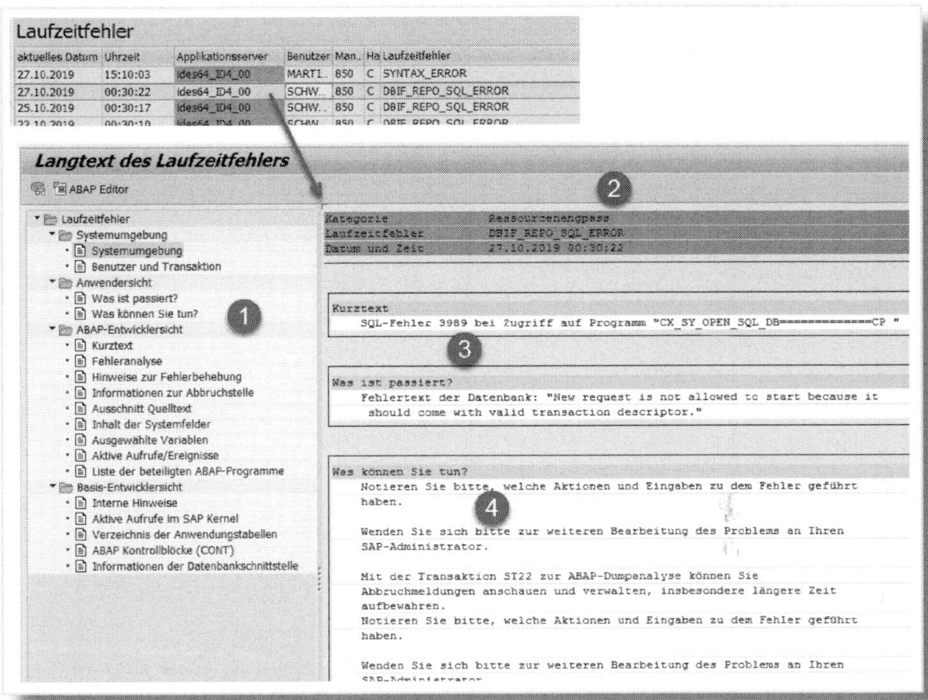

Abbildung 6.6: Langtext des Laufzeitfehlers

Am Anfang des Langtextes werden der Laufzeitfehler und die zugeordnete Fehlerkategorie (❷) angezeigt. Im konkreten Beispiel wurde der Fehler durch einen Ressourcenengpass im Zusammenhang mit einer Datenbankoperation ausgelöst (❸). Solche Ressourcenengpässe treten oftmals nur temporär auf; passieren sie allerdings regelmäßig, wie in Abbildung 6.5 zu sehen ist, sollte der Fehlerursache nachgegangen werden. Die im Abschnitt »Was können Sie tun?« (❹) aufgeführten Hinweise sind für einen Systemadministrator erfahrungsgemäß wenig hilfreich. Sie unterstützen eher einem Endanwender dabei, zunächst die notwendigen Informationen einzuholen, bevor er diese dem Systemadministrator für eine eventuell erforderliche Reproduktion des Fehlers weitergibt.

Für die weitere Analyse sind die Abschnitte BENUTZER UND TRANSAKTION (❶) sowie INFORMATION ZUR ABBRUCHSTELLE (❷) nützlich (siehe Abbildung 6.7).

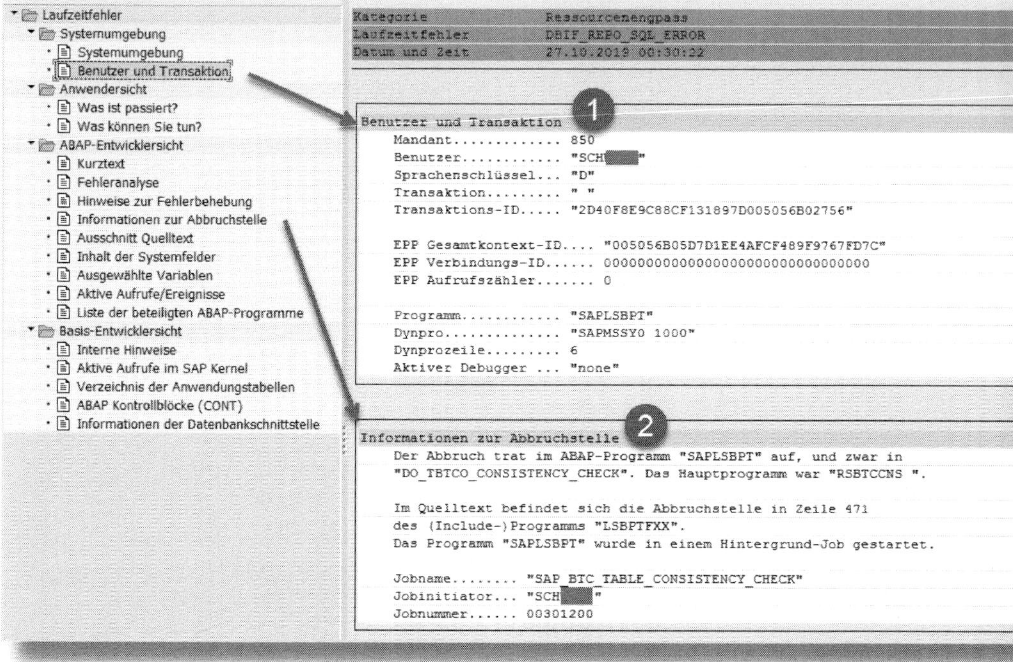

Abbildung 6.7: Detailinformationen zum Abbruch

Zu erkennen ist, dass der Laufzeitfehler während der Durchführung eines Jobs mit dem Namen SAP_BTC_TABLE_CONSISTENCY_CHECK auftrat. Das betroffene Programm, das als Teil des Jobs ausgeführt wurde, heißt DO_TBTCO_CONSISTENCY_CHECK.

Der Abschnitt HINWEISE ZUR FEHLERBEHEBUNG (siehe Abbildung 6.8) gibt die Empfehlung, das Systemlog zu prüfen (❶) und nach Vorablösungen im SAP-Hinweissystem (❷) zu suchen.

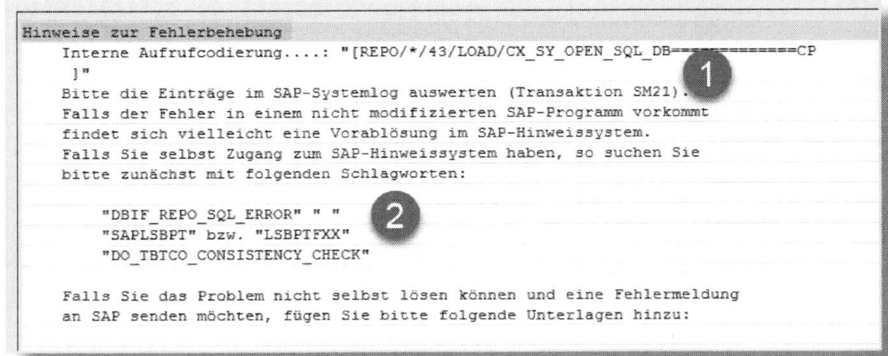

```
Hinweise zur Fehlerbehebung
    Interne Aufrufcodierung....: "[REPO/*/43/LOAD/CX_SY_OPEN_SQL_DB=============CP
     ]"
    Bitte die Einträge im SAP-Systemlog auswerten (Transaktion SM21).
    Falls der Fehler in einem nicht modifizierten SAP-Programm vorkommt
    findet sich vielleicht eine Vorablösung im SAP-Hinweissystem.
    Falls Sie selbst Zugang zum SAP-Hinweissystem haben, so suchen Sie
    bitte zunächst mit folgenden Schlagworten:

        "DBIF_REPO_SQL_ERROR" " "
        "SAPLSBPT" bzw. "LSBPTFXX"
        "DO_TBTCO_CONSISTENCY_CHECK"

    Falls Sie das Problem nicht selbst lösen können und eine Fehlermeldung
    an SAP senden möchten, fügen Sie bitte folgende Unterlagen hinzu:
```


Abbildung 6.8: Hinweise zur Fehlerbehebung

In unserem Beispiel zeigt das Systemlog (siehe Abbildung 6.9), dass es während der Ausführung des Jobs zu einer »Deadlock«-Situation auf der Datenbank gekommen ist (❶).

Datum : 27.10.2019

Zeit	Typ	Nr	Mdt	Benutzer	TCode	Prio.	Geb	N	Text
00:30:22	BTC	004	850	SC			BY	4	Datenbankfehler 1205 beim SEL-Zugriff auf Tabelle TBTCP aufgetreten
00:30:22	BTC	004	850	SC			BY	0	> Transaction (Process ID 73) was deadlocked on lock resources
00:30:22	BTC	004	850	SC			BY	0	> with another process and has been chosen as the deadlock
00:30:22	BTC	004	850	SC			BY	0	> victim. Rerun the transaction.
00:30:22	BTC	004	850	SC			BY	4	Datenbankfehler 3989 beim SEL-Zugriff auf Tabelle REPOLOAD aufgetre
00:30:22	BTC	004	850	SC			BY	0	> New request is not allowed to start because it should come
00:30:22	BTC	004	850	SC			BY	0	> with valid transaction descriptor.
00:30:22	BTC	004	850	SC			AB	0	Laufzeitfehler "DBIF_REPO_SQL_ERROR" aufgetreten.
00:30:22	BTC	004	850	SC			AB	1	> Kurzdump "191027 003022 ides64_ID4_00 SC " erstellt.
00:30:22	BTC	004	850	SC			DO	1	Transaktions-Abbruch 00 671 (DBIF_REPO_SQL_ERROR 20191027003022ide

Abbildung 6.9: Informationen im Systemlog zum Abbruch

Der Hinweis »Rerun the transaction« hatte nicht den gewünschten Erfolg, die Übersicht der Laufzeitfehler (siehe Abbildung 6.5) zeigt, dass der Abbruch regelmäßig auftrat.

Nun sollte der Empfehlung gefolgt werden, mithilfe der in Abbildung 6.8 angegebenen Schlagwörter im SAP-Hinweissystem zu suchen.

Tatsächlich ist die Suche erfolgreich: Es gibt einen Hinweis (❶), der sehr gut zum aufgetretenen Fehler passt (siehe Abbildung 6.10).

Abbildung 6.10: SAP-Hinweis zum analysierten Laufzeitfehler

Das genannte Symptom (❷) trifft es genau, eine Lösung (❸) wird angeboten.

SAP-Korrektursuche

In einigen Fällen bietet die Transaktion bei der Anzeige des Langtexts die Funktion SAP-Korrekturhinweise an. Diese startet direkt eine Suche im SAP-Hinweissystem mit den in Abschnitt »Hinweise zur Fehlerbehebung« angegebenen Schlagwörtern. Erfahrungsgemäß führt diese aber nicht immer zum Erfolg. Dann sollten Sie die Suche, wie im Beispiel oben gezeigt, selbst durchführen und dabei alternative Schlagwörter ausprobieren, wie z. B. den Namen der Transaktion oder des Programms.

Beispiel »UNCAUGHT_EXCEPTION«

Untersuchen wir ein Beispiel für eine nicht vom Programm behandelte Ausnahmesituation (siehe Abbildung 6.11).

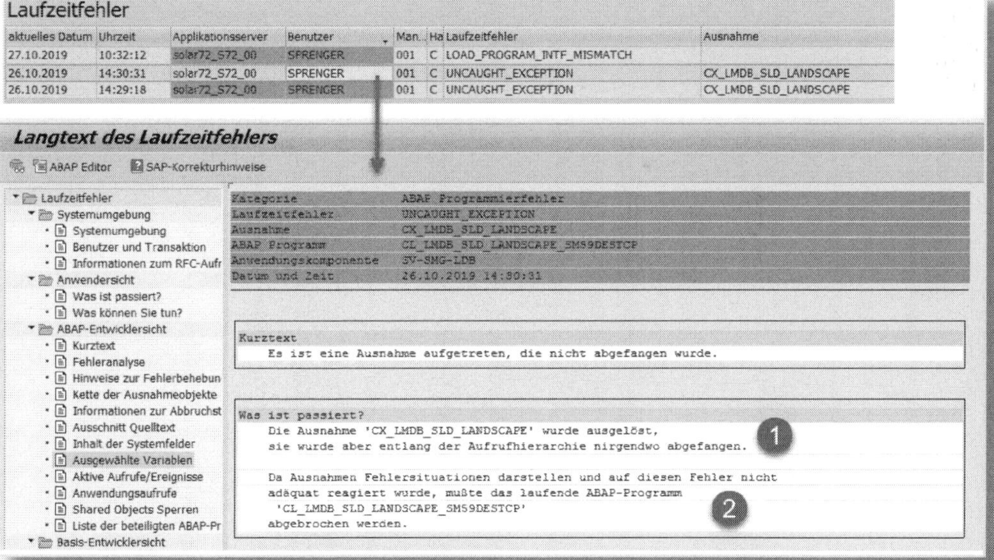

Abbildung 6.11: Laufzeitfehler UNCAUGHT_EXCEPTION

Hier wurde vom Anwendungsprogramm während der Programmausführung ein Fehler festgestellt, der eine Fortführung des Programms nicht sinnvoll erscheinen lässt. Im Coding der Anwendung wird gezielt die Ausnahme CX_LMDB_SLD_LANDSCAPE ausgelöst (❶), auf die das Programm selbst nicht mit einer Fehlerbehandlung reagiert. Diese Vorgehensweise wird von Entwicklern häufig dann genutzt, wenn es keine sinnvolle Möglichkeit gibt, den Fehler programmtechnisch zu beheben, ein Dump allerdings wichtige Informationen über die Fehlerursache liefern kann. Aufgrund der nicht behandelten Ausnahme wird vom System automatisch ein Laufzeitfehler UNCAUGHT_EXCEPTION erzeugt, der zum Programmabbruch führt (❷).

Der Langtext des Laufzeitfehlers AUSSCHNITT QUELLTEXT (❶) zeigt exakt das Programmcoding an, das den Laufzeitfehler ausgelöst hat. Die Abbruchstelle ist in der Spalte ZEILE mit »>>>>>« (❷) markiert (siehe Abbildung 6.12).

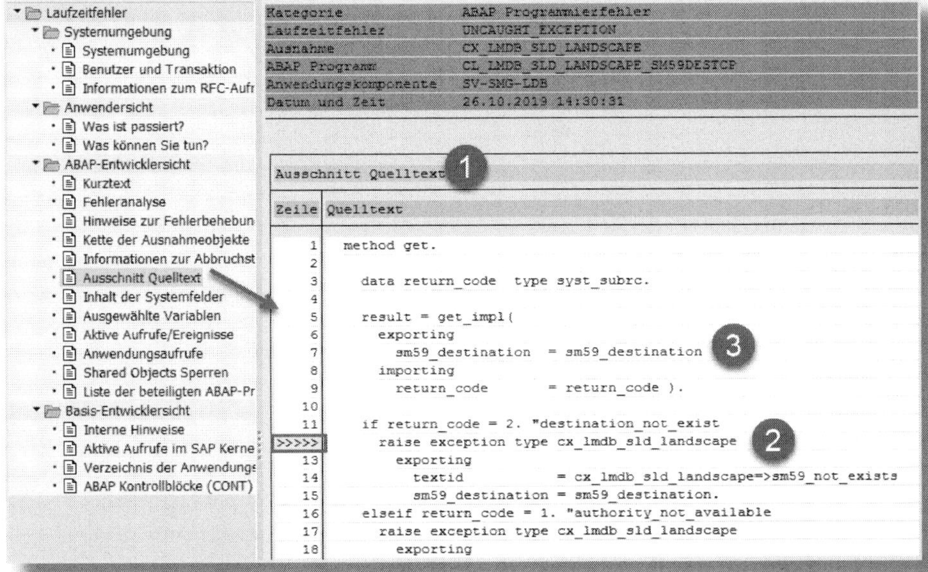

Abbildung 6.12: Ausschnitt Quelltext

Der Kommentar `destination_not_exist` deutet darauf hin, dass eine RFC-Verbindung nicht definiert ist. Diese wurde im Coding über die Variable `sm59_destination` (❸) angesprochen.

Den zum Abbruchzeitpunkt gültigen Inhalt der Variablen finden Sie im Langtext in Abschnitt AUSGEWÄHLTE VARIABLEN (❶) (siehe Abbildung 6.13).

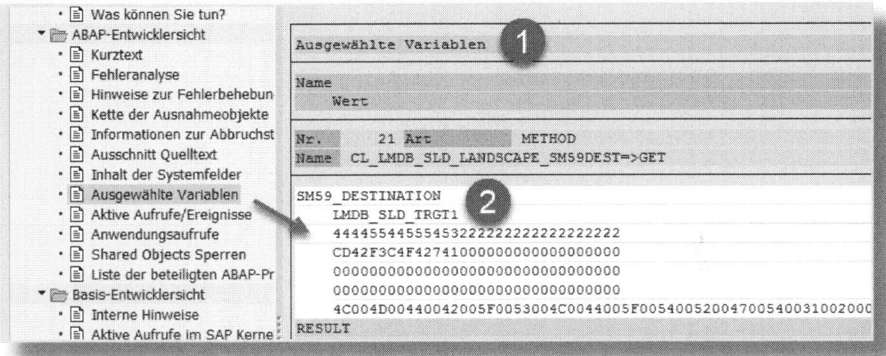

Abbildung 6.13: Ausgewählte Variablen

Hier erkennen Sie, dass die `Destination LMDB_SLD_TRGT1` nicht definiert ist (❷).

7 Druckprobleme

Immer wieder tritt das Problem auf, dass ein Anwender aus der Anwendung heraus einen Ausdruck startet, dieser aber nicht ausgegeben wird. In diesem Kapitel stelle ich dar, wie die Drucksteuerung im SAP-System generell abläuft und mit welchen Werkzeugen Probleme analysiert und nach Möglichkeit behoben werden können.

7.1 Spool-Auftrag und Ausgabeauftrag

Betrachten wir zunächst ein einfaches Beispiel für die Erzeugung eines Spool-Auftrags: Der Nutzer startet die Anwendung »OP-Fälligkeitsanalyse« und lässt sich das Ergebnis zunächst auf dem Bildschirm anzeigen (siehe Abbildung 7.1). Um es mit einem Kollegen zu besprechen, entscheidet er sich, die angezeigte Liste auszudrucken, und klickt auf das Druckersymbol (❶). Im Folgebildschirm sind das gewünschte AUSGABEGERÄT (❷) und der AUSGABEZEITPUNKT (❸) anzugeben.

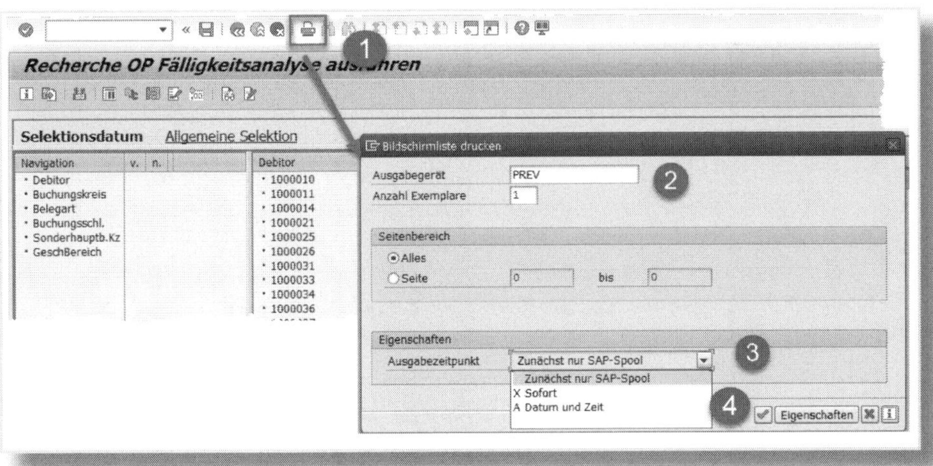

Abbildung 7.1: Spool-Auftrag erzeugen

Vorbelegung Ausgabegerät und Druckzeitpunkt

Für das Ausgabegerät und den Ausgabezeitpunkt kann der Anwender mithilfe der Transaktion *SU3* auf der Karteikarte FESTWERTE Defaultwerte festlegen.

Nachfolgend gehe ich näher darauf ein, welche Auswirkungen der Ausgabezeitpunkt hat.

Der Ausgabezeitpunkt ZUNÄCHST NUR SAP-SPOOL legt fest, dass fürs Erste nur ein Spool-Auftrag erzeugt wird, der eigentliche Ausdruck aber nicht sofort erfolgen soll. Der Anwender muss später selbst zu einem von ihm gewählten Zeitpunkt den eigentlichen Ausdruck starten (z. B. mithilfe der Transaktion *SP01*).

Nach Bestätigung der Angaben mit dem grünen Haken (❹) wird ein *Spool-Auftrag* produziert. Dieser beinhaltet alle notwendigen Informationen für den Ausdruck. Dazu gehören u. a. administrative Auftragsdaten wie die Auftragsnummer, der gewählte Drucker, die zu druckenden Seiten, das gewünschte Papierformat usw. Diese Daten werden zum überwiegenden Teil in der Tabelle *TSP01* und die für den Ausdruck erforderlichen Texte in der sogenannten *TemSe* abgelegt. Bei Letzterer handelt es sich um eine Ablage im SAP-System für die temporäre Speicherung sequenzieller Daten. Mit dem Profilparameter *rspo/store_location* können Sie festlegen, ob die Spool-Daten ausschließlich in der Datenbank abgelegt (etwa in den Tabellen *TST01* und *TST03*) oder von Dateien im Filesystem aufgenommen werden sollen. Alle beteiligten Tabellen bzw. Dateien bilden zusammen die *Spool-Datenbank.*

Die in der TemSe gespeicherten Daten sind noch nicht für ein spezielles Ausgabegerät aufbereitet.

Zum Spool-Auftrag wird, wenn der Ausdruck tatsächlich angestoßen wird, ein *Ausgabeauftrag* erstellt. Dabei werden die zum Spool-Auftrag in der TemSe abgelegten Daten gelesen und gemäß den administrativen Vorgaben für das gewählte Ausgabegerät aufbereitet. Die Konfiguration des Ausgabegeräts entscheidet darüber, in welcher Form die Daten vom SAP-System an das für das Ausgabegerät zuständige Host-Spool-System weitergeleitet werden.

Entscheidet sich der Anwender bei der Wahl des Ausgabezeitpunkts für den SOFORTDRUCK, wird unmittelbar zum Spool-Auftrag automatisch ein Ausgabeauftrag erzeugt. Über den Ausgabezeitpunkt DATUM UND ZEIT können Sie eine zeitversetzte automatische Erzeugung des Aufgabeauftrags einplanen. Zudem ist es bei Bedarf grundsätzlich möglich, zu jedem existierenden Spool-Auftrag weitere Ausgabeaufträge zu erzeugen, um z. B. einen Ausdruck noch einmal zu wiederholen oder aber um den Spool-Auftrag zusätzlich auf einem anderen Ausgabegerät zu drucken.

Abbildung 7.2 fasst den Ablauf noch einmal zusammen:

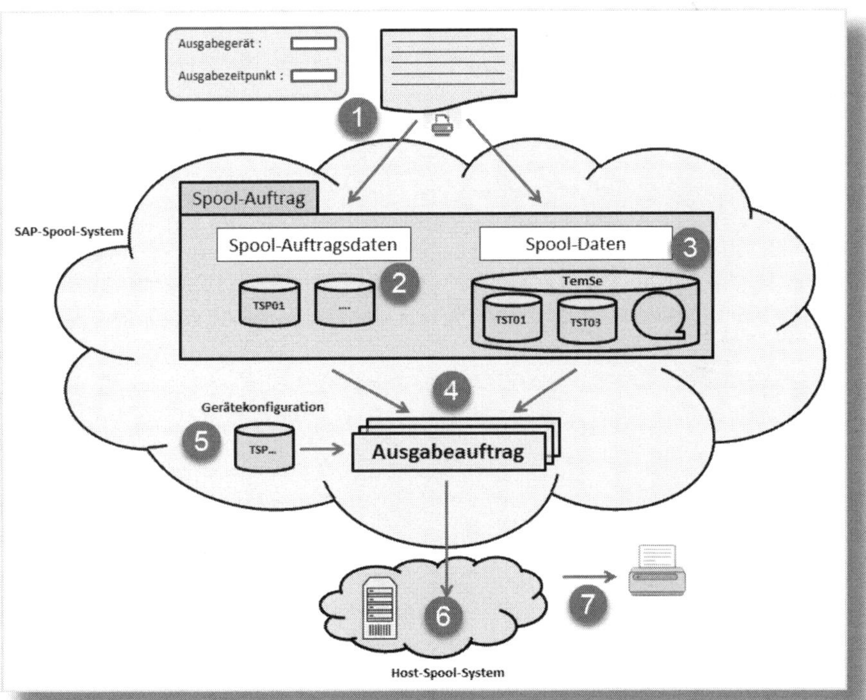

Abbildung 7.2: Vom Dokument zum Ausdruck

❶ Der Anwender erzeugt ein Dokument (Liste oder Formular) und startet den Ausdruck.

❷ Es wird ein Spool-Auftrag produziert. Die administrativen Auftragsdaten werden gespeichert.

❸ Die zu druckenden Daten werden in der TemSe abgelegt.

❹ Wird zum Spool-Auftrag ein Ausgabeauftrag erzeugt, werden die Auftragsdaten vom SAP-Spool-System aus den betreffenden Tabellen und der TemSe gelesen.

❺ Gemäß den vorliegenden Konfigurationen der Ausgabegeräte wird im Anschluss aufbereitet.

❻ Der so erzeugte Datenstrom wird an das Host-Spool-System übergeben.

❼ Das Host-Spool-System übernimmt die weitere Steuerung und sendet die fertig aufbereiteten Daten an das Ausgabegerät.

7.2 Aufbereitungsserver und Druckmethoden

Wenn, wie in Abschnitt 7.1 beschrieben, Daten zunächst in Form eines Spool-Auftrags in eine Spool-Datenbank geschrieben werden (siehe Abbildung 7.3), wird diese Aufgabe von dem Workprozess ausgeführt, in dem der Spool-Auftrag initiiert wurde: im Dialogbetrieb, also z. B. von einem Dialogworkprozess (❶).

Ein Ausgabeauftrag zu einem Spool-Auftrag wird von einem *Spool-Workprozess* erstellt (❷). Dieser bereitet die Daten auf und übergibt sie an das Host-Spool-System. Prinzipiell kann jede SAP-Instanz über Spool-Workprozesse verfügen und damit als sogenannter *Aufbereitungsserver* zur Verfügung stehen (❸). Für jeden im SAP-System konfigurierten Drucker kann festgelegt werden, welcher Aufbereitungsserver den Ausgabeauftrag bearbeitet. Die Definition *logischer Aufbereitungsserver* erlaubt es zudem, mehrere Aufbereitungsserver zu gruppieren, um so eine Lastverteilung oder ein Failover zu ermöglichen.

Ein Spool-Workprozess bearbeitet einen Ausgabeauftrag immer in Gänze, d. h., erst wenn der Ausgabeauftrag vollständig existiert, kann der Spool-Workprozess den nächsten Ausgabeauftrag verarbeiten. Es fällt Ihnen bestimmt leicht zu erkennen, dass es sehr schnell zu Performanceproblemen beim Ausdruck kommen kann, wenn nur ein Spool-Workprozess zur Verfügung steht und dieser gerade einen umfangreichen, wenn auch vielleicht nicht wichtigen Ausdruck aufbereitet.

Je nach verwendetem Host-Spool-System wird zwischen *lokaler* und *entfernter* (*remote*) Druckmethode unterschieden.

Läuft das Host-Spool-System auf demselben Host wie die Instanz des mit der Bearbeitung des Ausgabeauftrags betrauten Spool-Workprozesses, sprechen wir von einem *lokalen Druck* (❹). Dabei spielt es keine Rolle, ob die vom Host-Spool-System verwendeten Drucker tatsächlich an diesen Host angeschlossen oder nur »remote« über eine Netzwerkverbindung erreichbar sind. Wichtig ist nur, dass die Drucker im Host-Spool-System bekannt sind.

Ist das Host-Spool-System nicht auf einem Host mit einer SAP-Instanz installiert, liegt ein *entfernter Druck* vor (❺). Das System, auf dem das betreffende Host-Spool-System zur Verfügung steht, wird *Vermittlungsrechner* genannt (❻). Über ihn kommuniziert in diesem Fall der Spool-Workprozess per Netzwerk mit dem Host-Spool-System.

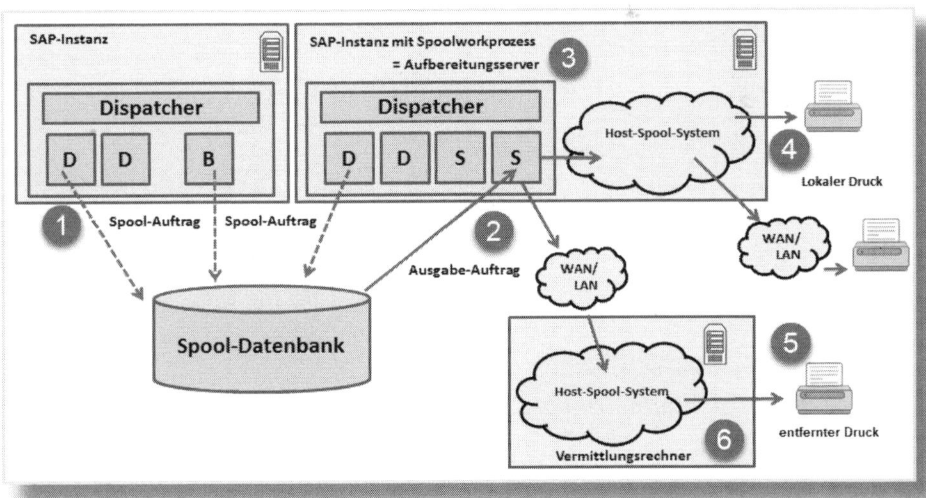

Abbildung 7.3: Aufbereitungsserver und Druckmethoden

7.3 Druckereigenschaften und Koppelarten

Ausgabegeräte (Drucker) werden mithilfe der Transaktion *SPAD* definiert (siehe Abbildung 7.4). Jedes Ausgabegerät erhält dabei einen Namen (❶) und einen KURZNAMEN (❷), der technisch als eindeutiger Schlüssel für den Drucker in den betreffenden Tabellen fungiert. Von den Funktionen der Karteikarte GERÄTE-ATTRIBUTE legt der GERÄTETYP (❸) fest, wie die SAP-spezifischen Drucksteuerbefehle bei der Erstellung eines Ausgabeauftrags so umgesetzt werden, dass der Drucker die Steuerzeichen korrekt ausführen kann. Wenn hier der gewählte Gerätetyp nicht zum physisch angesprochenen Drucker passt, wird der Ausdruck möglicherweise nicht korrekt sein.

Die Angabe im Feld AUFBEREITUNGSSERVER (❹) steuert, welche SAP-Instanz die Spool-Workprozesse für die Erstellung des Ausgabeauftrags bereitstellen.

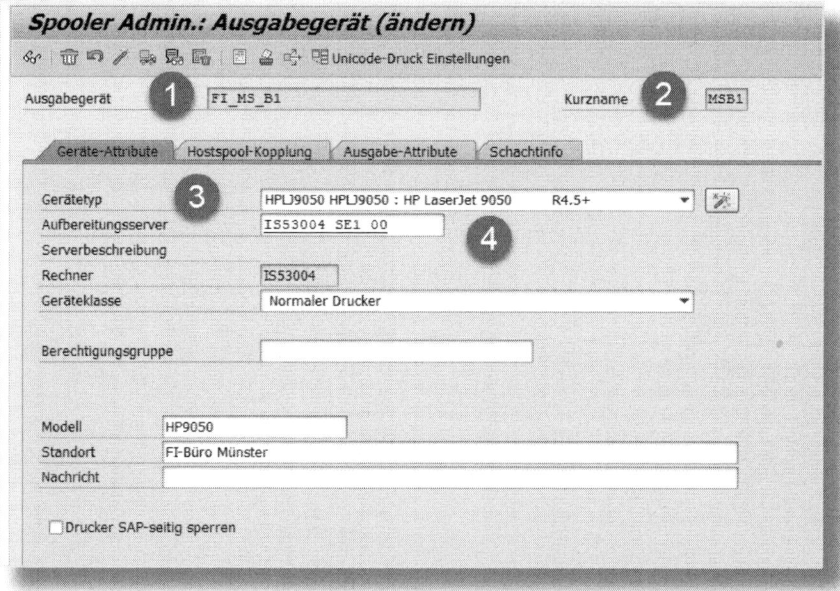

Abbildung 7.4: Geräte-Attribute für ein Ausgabegerät

Wir wechseln nun auf die Karteikarte HOSTSPOOL-KOPPLUNG. Ob das lokale oder entfernte Drucken (siehe Abschnitt 7.2) für das Ausgabegerät verwendet wird, legt die KOPPELART ZUM HOSTSPOOL (❶) fest (siehe Abbildung 7.5). Unabhängig von der Koppelart ist immer der Name des HOST-DRUCKERS (❷) anzugeben, an den das Host-Spool-System die Druckdaten sendet. Bei der Koppelart »G« ist die Angabe des generischen Druckernamens *__DEFAULT* möglich. Dies hat zur Folge, dass der am PC-Arbeitsplatz als »Default« eingestellte Drucker verwendet wird. Führt die gewählte Koppelart zu einem entfernten Druck, ist im Feld VERMITTLUNGSRECHNER (❸) der Name des Hostsystems anzugeben, das das Host-Spool-System zur Verfügung stellt.

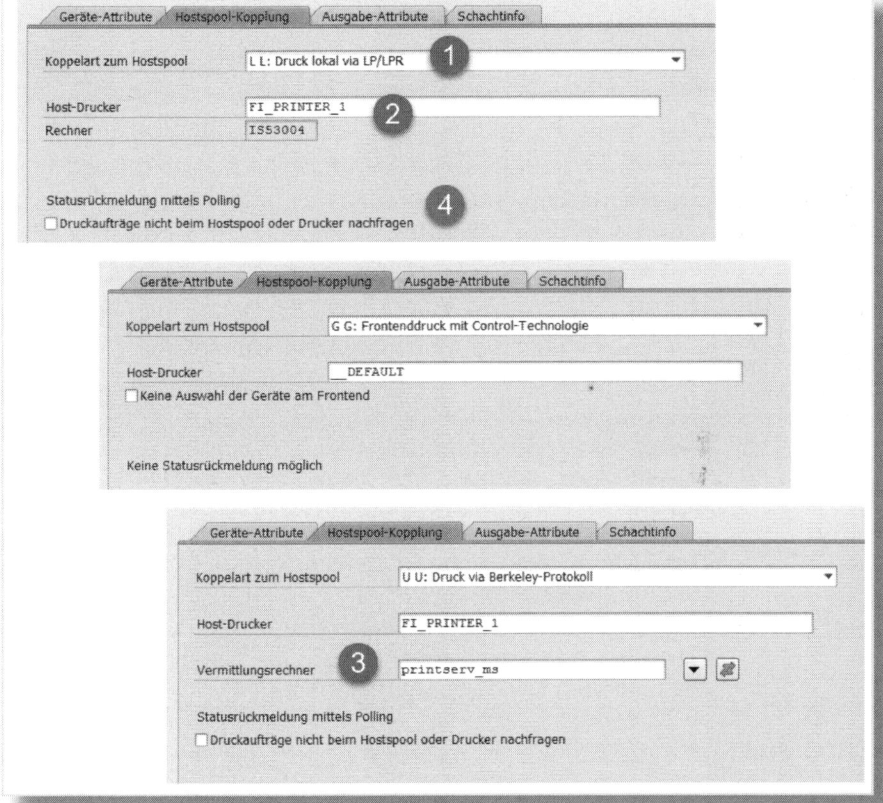

Abbildung 7.5: Verschiedene Koppelarten zum Host-Spool-System im Vergleich

Prinzipiell kann Letzteres (außer bei der Koppelart »G«) eine Statusrückmeldung an das SAP-Spool-System senden, damit auch im SAP-System eine Information darüber vorliegt, ob der Ausdruck vom Host-Spool-System tatsächlich fehlerfrei durchgeführt wurde. Dadurch erhält der Ausgabeauftrag einen Status, der dem des Ausdrucks im Host-Spool-System entspricht.

Wenn Sie die Option DRUCKAUFTRÄGE NICHT BEIM HOSTSPOOL ODER DRUCKER NACHFRAGEN (❹) aktivieren, wird der Status eines Ausgabeauftrags auf »fertig« gesetzt, sobald der Spool-Workprozess die Daten an das Host-Spool-System übergeben hat. Im SAP-System selbst ist dann nicht nachzuvollziehen, ob tatsächlich ein fehlerfreier Ausdruck erfolgt ist.

Statusrückmeldung des Host-Spool-Systems

Die Option DRUCKAUFTRÄGE NICHT BEIM HOSTSPOOL ODER DRUCKER NACHFRAGEN sollte immer dann gewählt werden, wenn eine Statusrückmeldung seitens des Host-Spool-Systems technisch nicht möglich ist.

Tabelle 7.1 beschreibt einige der meistbenutzten Koppelarten.

Koppelart	Beschreibung
L	Lokale Druckmethode (SAP-Instanz läuft auf UNIX-/LINUX-Rechner). Druckdaten werden vom Spool-Workprozess in eine Datei ausgegeben. Der Ausdruck dieser Datei wird mithilfe eines Druckkommandos (z. B. »lp«) vom Betriebssystem an das Host-Spool-System delegiert.
C	Lokale Druckmethode (SAP-Instanz läuft auf Windows-Rechner). Der Spool-Workprozess übergibt die Druckdaten an den Windows Print Manager.

Koppel-art	Beschreibung
U	Entfernte Druckmethode. Der Spool-Workprozess übergibt die Druckdaten unter Verwendung des Berkeley-Protokolls (RFC 1179) an das auf dem Vermittlungsrechner installierte Host-Spool-System. Drucker mit eigener IP-Adresse können prinzipiell mit der Koppelart »U« direkt ohne Host-Spool-System angesprochen werden.
G	Entfernte Druckmethode, obwohl der beschreibende Text zur Koppelart (»Frontenddruck«) vielleicht etwas anderes suggeriert, zumal Drucker mit dieser Koppelart zumeist mit »LOCAL« benannt werden. Wenn der Spool-Auftrag im Dialogbetrieb erzeugt wird, wird direkt an die auf dem Arbeitsplatz laufende SAP GUI gesendet und von dort an den Windows Print Manager übergeben. Drucker mit Koppelart »G« sind im Batchbetrieb nicht nutzbar.
S	Entfernte Druckmethode. Die Druckdaten werden mithilfe des SAP-Protokolls an den auf einem entfernten Rechner installierten SAP-Ausgabevermittlungsprozess (SAP-Sprint, zuvor SAPlpd) übergeben. Dieser leitet die Daten an das Host-Spool-System weiter.
E	Entfernte Druckmethode. Ein externes Output-Management-System kann (sofern es den SAP-Standard BC-XOM unterstützt) an das SAP-Spool-System gekoppelt werden, es übernimmt das komplette Handling der Ausgabeaufträge inklusive der Aufbereitung der Druckdaten.

Tabelle 7.1: Koppelarten

7.4 Monitoring und Steuerung von Spool- und Ausgabeaufträgen

Spool- und Ausgabeaufträge können Sie mit der Transaktion *SP01* überwachen und steuern.

Sie können auf die für Sie relevanten Spool-Aufträge im Startbild der Transaktion einschränken (siehe Abbildung 7.6).

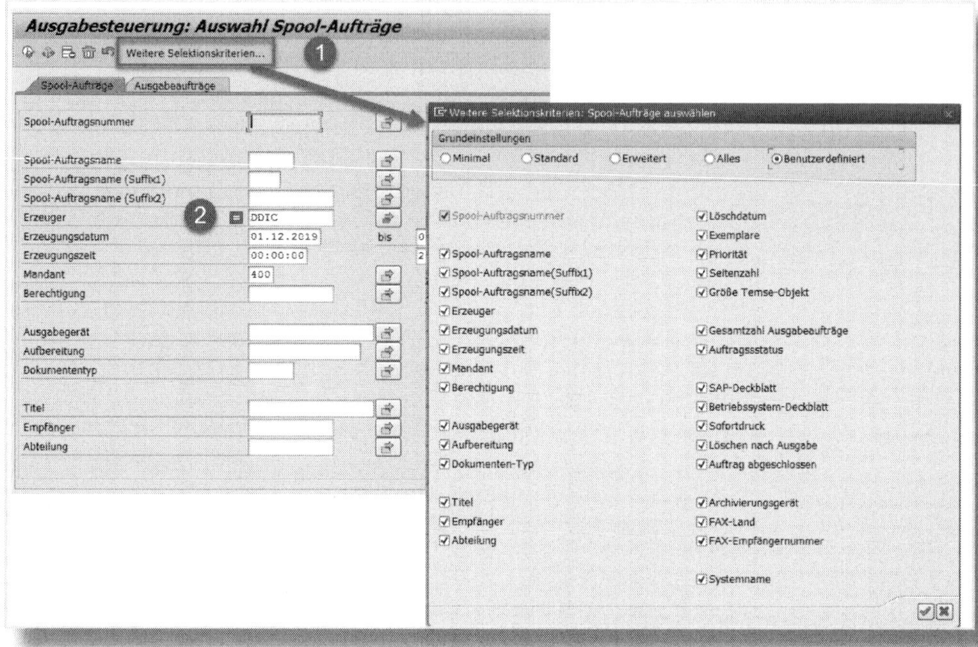

Abbildung 7.6: Auswahl Spool-Aufträge

Mit der Funktion WEITERE SELEKTIONSKRITERIEN (❶) können Sie festlegen, welche Selektionskriterien Ihnen zur Verfügung stehen sollen. Beachten Sie, dass das Feld ERZEUGER (❷) nur dann eingabebereit ist, wenn Sie hinreichende Berechtigungen für die Ausgabesteuerung besitzen.

Anhand der Trefferliste (siehe Abbildung 7.7) können Sie u. a. erkennen, welchen STATUS (❶) ein Spool-Auftrag besitzt. Zusätzlich werden der Name des Benutzers (❷), der den Spool-Auftrag erzeugt hat, und der Zeitpunkt der Erstellung (❸) angezeigt. Der TYP (❹) gibt im Wesentlichen an, ob es sich bei dem Spool-Auftrag um eine ABAP-Liste (Ausgabe einer Bildschirmliste) oder um ein Formular

(Smart Forms, SAPscript oder Adobe Forms) handelt. Der in der Spalte TITEL (5) angezeigte Text wird durch das Programm festgelegt, das den Spool-Auftrag erzeugt hat. Ohne explizite Einflussnahme durch das Programm setzt sich bei einfachen Listen der Text aus »LIST1S«, dem Namen des Ausgabegerätes und dem Namen des Programms zusammen.

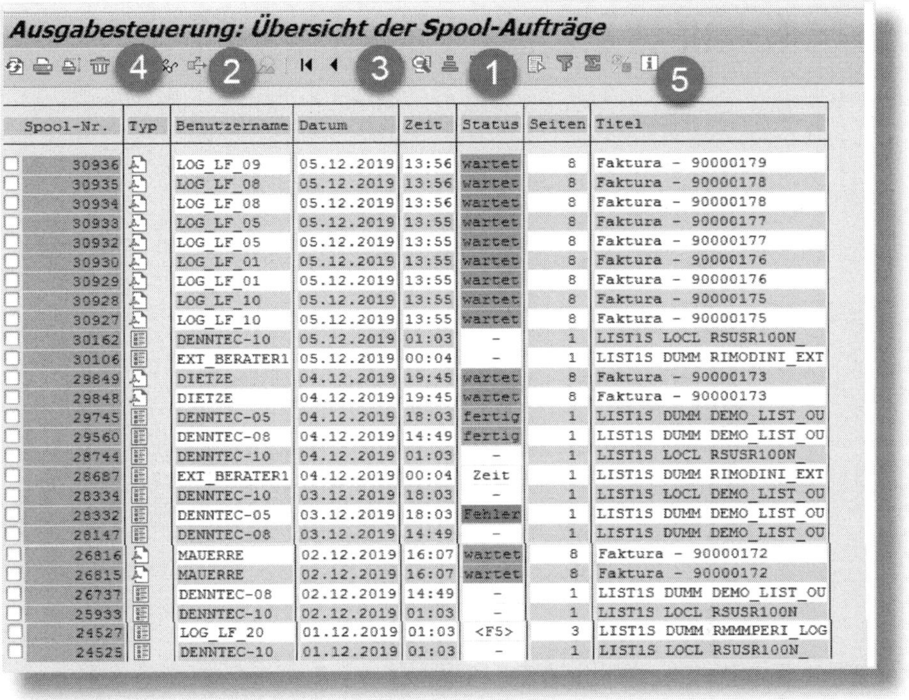

Ausgabesteuerung: Übersicht der Spool-Aufträge

Spool-Nr.	Typ	Benutzername	Datum	Zeit	Status	Seiten	Titel
30936		LOG_LF_09	05.12.2019	13:56	wartet	8	Faktura - 90000179
30935		LOG_LF_08	05.12.2019	13:56	wartet	8	Faktura - 90000178
30934		LOG_LF_08	05.12.2019	13:56	wartet	8	Faktura - 90000178
30933		LOG_LF_05	05.12.2019	13:55	wartet	8	Faktura - 90000177
30932		LOG_LF_05	05.12.2019	13:55	wartet	8	Faktura - 90000177
30930		LOG_LF_01	05.12.2019	13:55	wartet	8	Faktura - 90000176
30929		LOG_LF_01	05.12.2019	13:55	wartet	8	Faktura - 90000176
30928		LOG_LF_10	05.12.2019	13:55	wartet	8	Faktura - 90000175
30927		LOG_LF_10	05.12.2019	13:55	wartet	8	Faktura - 90000175
30162		DENNTEC-10	05.12.2019	01:03	-	1	LIST1S LOCL RSUSR100N_
30106		EXT_BERATER1	05.12.2019	00:04	-	1	LIST1S DUMM RIMODINI_EXT
29849		DIETZE	04.12.2019	19:45	wartet	8	Faktura - 90000173
29848		DIETZE	04.12.2019	19:45	wartet	8	Faktura - 90000173
29745		DENNTEC-05	04.12.2019	18:03	fertig	1	LIST1S DUMM DEMO_LIST_OU
29560		DENNTEC-08	04.12.2019	14:49	fertig	1	LIST1S DUMM DEMO_LIST_OU
28744		DENNTEC-10	04.12.2019	01:03	-	1	LIST1S LOCL RSUSR100N_
28687		EXT_BERATER1	04.12.2019	00:04	Zeit	1	LIST1S DUMM RIMODINI_EXT
28334		DENNTEC-10	03.12.2019	18:03	-	1	LIST1S LOCL DEMO_LIST_OU
28332		DENNTEC-05	03.12.2019	18:03	Fehler	1	LIST1S DUMM DEMO_LIST_OU
28147		DENNTEC-08	03.12.2019	14:49	-	1	LIST1S DUMM DEMO_LIST_OU
26816		MAUERRE	02.12.2019	16:07	wartet	8	Faktura - 90000172
26815		MAUERRE	02.12.2019	16:07	wartet	8	Faktura - 90000172
26737		DENNTEC-08	02.12.2019	14:49	-	1	LIST1S DUMM DEMO_LIST_OU
25933		DENNTEC-10	02.12.2019	01:03	-	1	LIST1S LOCL RSUSR100N
24527		LOG_LF_20	01.12.2019	01:03	<F5>	3	LIST1S DUMM RMMMPERI_LOG
24525		DENNTEC-10	01.12.2019	01:03	-	1	LIST1S LOCL RSUSR100N_

Abbildung 7.7: Übersicht über Spool-Aufträge

Die wichtigste Information ist in diesem Zusammenhang mit Sicherheit der STATUS. Sobald eine Ausgabe versucht wird, wechselt die Hintergrundfarbe der Angaben in dieser Spalte. Ein weißer Hintergrund bedeutet, dass noch kein Ausgabeversuch unternommen wurde (Ausnahme: Status <F5>), ein roter Hintergrund weist auf Probleme oder Fehler hin und ein grüner zeigt einen (wahrscheinlich) erfolgreichen Ausdruck an. Tabelle 7.2 beschreibt die Bedeutung der wichtigsten Statuswerte:

Status	Bedeutung
-	Es wurde ein Spool-Auftrag mit der Option »Zunächst nur SAP-Spool« erzeugt. Zum Spool-Auftrag gibt es daher noch keinen Ausgabeauftrag.
Zeit	Die Ausgabe des Spool-Auftrags soll zu einem festgelegten Zeitpunkt erfolgen. Mit Doppelklick auf Zeit wird die vorgemerkte Zeit angegeben.
In Arb.	Ein Spool-Workprozess erstellt zum Spool-Auftrag einen Ausgabeauftrag.
fertig	Der Ausgabeauftrag zum Spool-Auftrag wurde fehlerfrei durchgeführt. Beachten Sie aber hierbei, dass der Status »fertig« bei Ausgabegeräten mit aktivierter Option »DRUCKAUFTRÄGE NICHT BEIM HOSTSPOOL ODER DRUCKER NACHFRAGEN« bereits dann gesetzt wird, wenn das SAP-Spool-System die Daten an das Host-Spool-System übergeben hat.
druckt	Das Host-Spool-System führt den Ausgabeauftrag aus.
Fehler	Bei der Bearbeitung des Ausgabeauftrags ist ein Fehler aufgetreten. Details dazu werden durch einen Doppelklick auf Fehler angezeigt.
Problem	Der Ausgabeauftrag wurde ausgeführt, das Druckergebnis entspricht aber u. U. nicht den Erwartungen. Dies tritt z. B. dann auf, wenn das gewählte Ausgabegerät nicht über den erforderlichen Zeichensatz verfügt.
<F5>	Zum Spool-Auftrag wurden mehrere Ausgabeaufträge erzeugt (z. B. ein zweiter Ausgabeversuch nach einem Fehler). Der Status der Ausgabeaufträge zum Spool-Auftrag wird bei Drücken der <F5>-Taste angezeigt.
wartet	Zum Spool-Auftrag konnte noch kein Ausgabeauftrag erstellt und an das Host-Spool-System übergeben werden. Dieser Status tritt z. B. dann auf, wenn im Batchbetrieb ein Spool-Auftrag mit der Option »Sofortdruck« erstellt wurde, das Ausgabegerät aber mit Koppelart »G« (Frontenddruck) definiert wurde.

Tabelle 7.2: Status Spool-Auftrag

7.5 Beispiele für Fehleranalyse

7.5.1 Status »Problem«

Ein Druckauftrag hat den Status *Problem* (siehe Abbildung 7.8). Der Ausgabeauftrag wurde zwar durchgeführt, der Ausdruck ist aber u. U. nicht korrekt. Detailinformationen erhalten Sie, wenn Sie doppelt auf *Problem* klicken (❶). Hier erkennen wir, dass der Ausgabeauftrag zwar fertig ist (❷), das Protokoll (❸) zum Auftrag jedoch darauf hinweist, dass es Probleme mit dem Zeichensatz des Ausgabegeräts gab: Die Druckdaten wurden mit dem Zeichensatz 4103 erzeugt, das gewählte Ausgabegerät (Zeichensatz 1134) kann aber nicht alle Zeichen wiedergeben (❹).

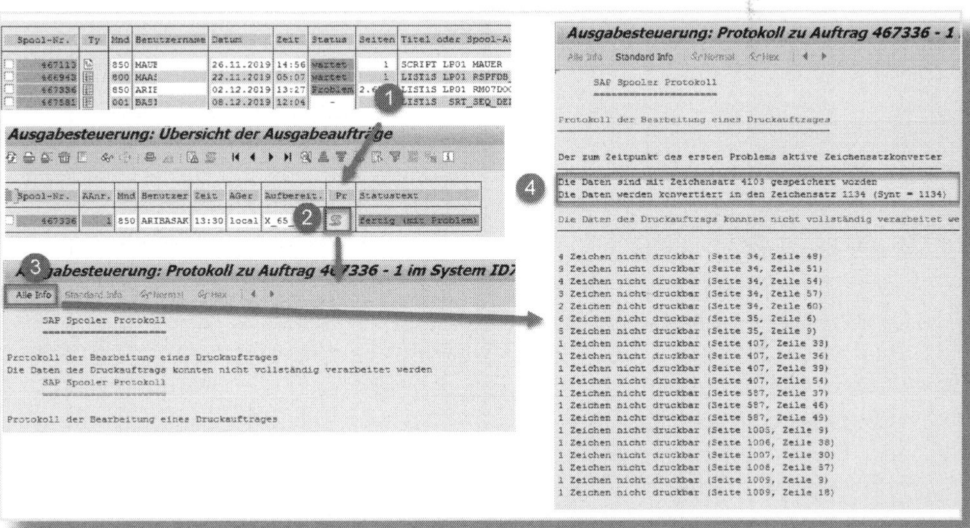

Abbildung 7.8: Probleme mit Zeichensatzkonvertierung

Die Transaktion *SP01* erlaubt es Ihnen, sich den Inhalt des Druckauftrags darstellen zu lassen (siehe Abbildung 7.9). Per Default werden immer nur die ersten zehn Seiten eines Spool-Auftrags angezeigt. Im konkreten Beispiel (Problem z. B. auf Seite 34, Zeile 48) müssen Sie vor der Anzeige erst den Seitenbereich anpassen ((❶) und (❷)).

Rufen wir jetzt z. B. Seite 34 auf (❸), erkennen wir, dass der Spool-Auftrag Sonderzeichen enthält (❹), die auf dem Ausgabegerät nicht druckbar sind.

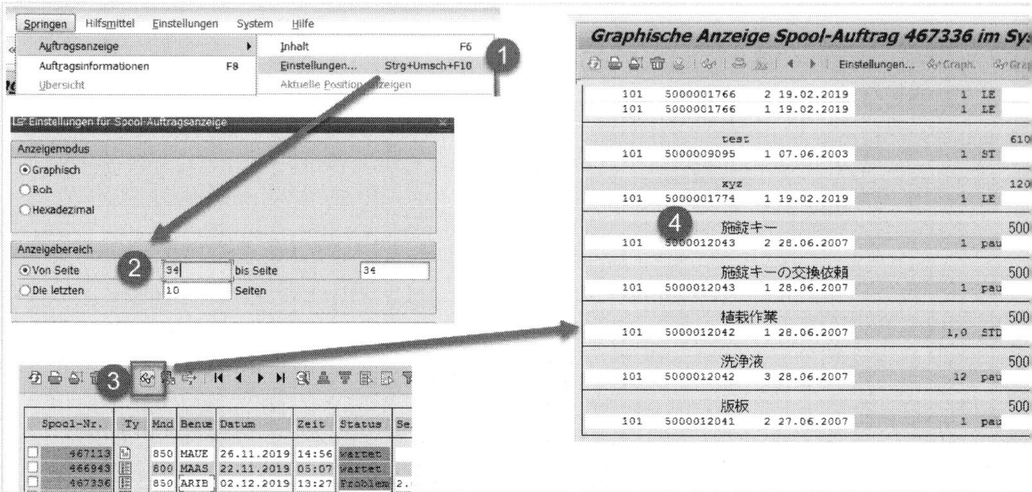

Abbildung 7.9: Anzeige Inhalt eines Druckauftrags

Im betrachteten Beispiel wäre eine Lösungsoption, die fehlerhaft gedruckten Seiten nochmals auf einem anderen, geeigneten Drucker auszugeben (siehe Abbildung 7.10). Die Transaktion *SP01* bietet hierfür die Funktion DRUCKEN MIT GEÄNDERTEN PARAMETERN an (❶). Geben Sie ein geeignetes Ausgabegerät (❷) und den gewünschten Seitenbereich an (❸). Nach dem erneuten Ausgabeversuch erhält der Spool-Auftrag den Status *<F5>* (❹), was darauf hinweist, dass es zum Spool-Auftrag mehrere Ausgabeaufträge gibt.

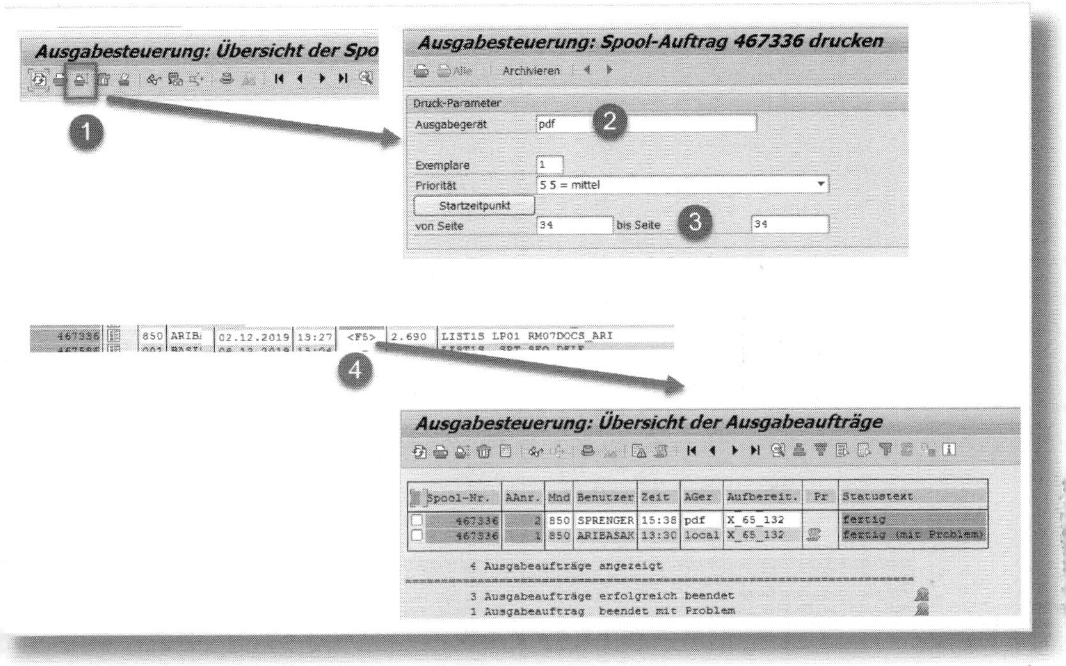

Abbildung 7.10: Erneuter Ausdruck mit geänderten Parametern

Probedruck (Teilausdruck)

Ist ein Spool-Auftrag mit der Option »Löschen nach fehlerfreiem Ausdruck« erstellt worden, und besitzt der Auftrag z. B. den aktuellen Status »-«, wird der Spool-Auftrag komplett gelöscht, auch wenn Sie nur probehalber die erste Seite – fehlerfrei – ausgeben lassen.

7.5.2 Status »wartet«

Ein Druckauftrag hat den Status *wartet*, die Statusangabe ist rot unterlegt (siehe Abbildung 7.11). Ein Doppelklick darauf (❶) zeigt, dass das Ausgabegerät nicht erreicht wurde (❷). Ein weiterer Doppelklick auf den Namen des Ausgabegeräts öffnet die Transaktion *SPAD* und zeigt die Druckereigenschaften (❸). Im Beispiel ist der Drucker über die KOPPELART *U: Druck via Berkeley-Protokoll* per VERMITTLUNGSRECHNER *PriServ* zu erreichen. Wenn zum Zeitpunkt der Bearbeitung des Ausgabeauftrags der Vermittlungsrechner nicht verfügbar ist, wird der Ausgabeauftrag mit dem Status *wartet* zurückgestellt. Mit der Aktion PRÜFEN (❹) können Sie kontrollieren, ob der Vermittlungsrechner jetzt ansprechbar ist. Genaue Informationen zum Status liefert die Funktion STATUS DES AUFGABEAUFTRAGS (❺).

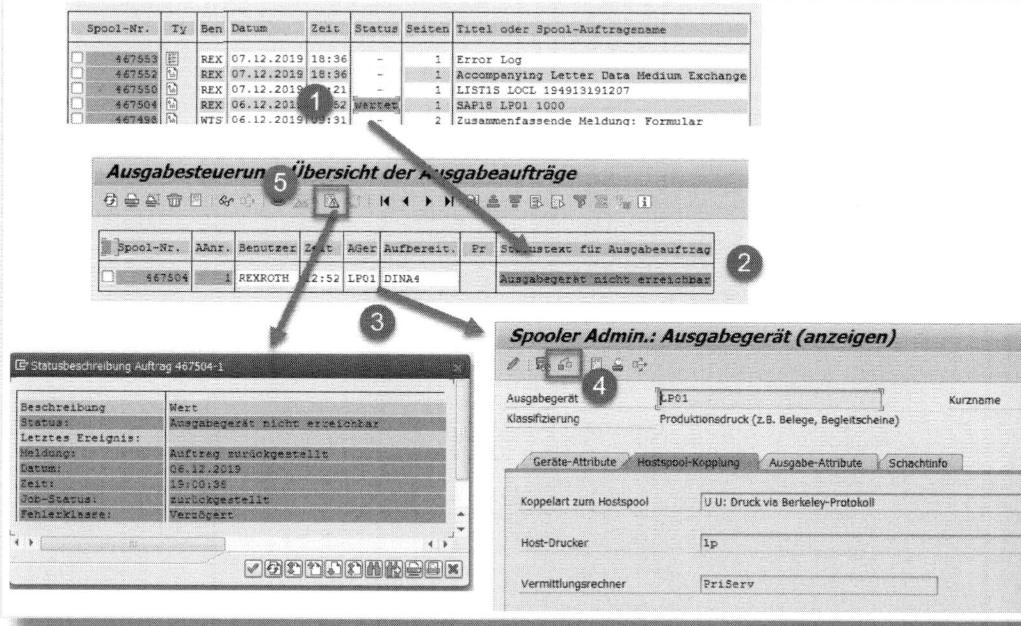

Abbildung 7.11: Druckauftrag mit Status »wartet«

Falls kein permanentes Problem mit dem Vermittlungsrechner vorliegt, sollte der nächste Ausgabeversuch zum Erfolg führen.

Der Status »wartet« wird immer dann auftreten, wenn im Hintergrundbetrieb das SAP-Spool-System versucht, ein Gerät mit Koppelart »G« zu erreichen. Diese Koppelart kann wegen der eingesetzten Kontrolltechnologie nur im Dialogbetrieb verwendet werden (siehe Tabelle 7.1). Der Statustext (siehe Abbildung 7.2) weist ausdrücklich auf dieses Problem hin.

Spool-Nr.	AAnr.	Benutzer	Datum	Zeit	AGer	Aufbereit.	Pr	Statustext
30941	1	LOG_LF_04	05.12.2019	13:56	PDF	G_RAW		Frontend nicht erreichbar

Abbildung 7.12: Probleme mit Frontenddruck

Hier lässt sich Abhilfe schaffen, indem bei der Definition des Job-Steps ein Gerät mit einer geeigneten Koppelart (nicht »G« oder »F«) verwendet wird oder aber der Spool-Auftrag ohne die Option »Sofortdruck« erstellt wird. Verursacht werden die ungeeigneten Einstellungen meist dadurch, dass in den Benutzereinstellungen für den im Job-Step eingetragenen Step-User (siehe Transaktion *SU01*) ein Frontenddrucker als Standardgerät hinterlegt und die Option »Sofortdruck« aktiviert ist.

7.5.3 Status »Fehler«

Betrachten wir nun ein Beispiel mit dem Status *Fehler* (siehe Abbildung 7.13). Ein Doppelklick auf diesen Status zeigt, dass die Daten nicht gesendet werden konnten (❶). Im Protokoll (❷) ist zu erkennen, dass das beteiligte Host-Spool-System den Druckauftrag nicht ausführen konnte, weil der vorgesehene Host-Drucker nicht zur Verfügung stand (❸).

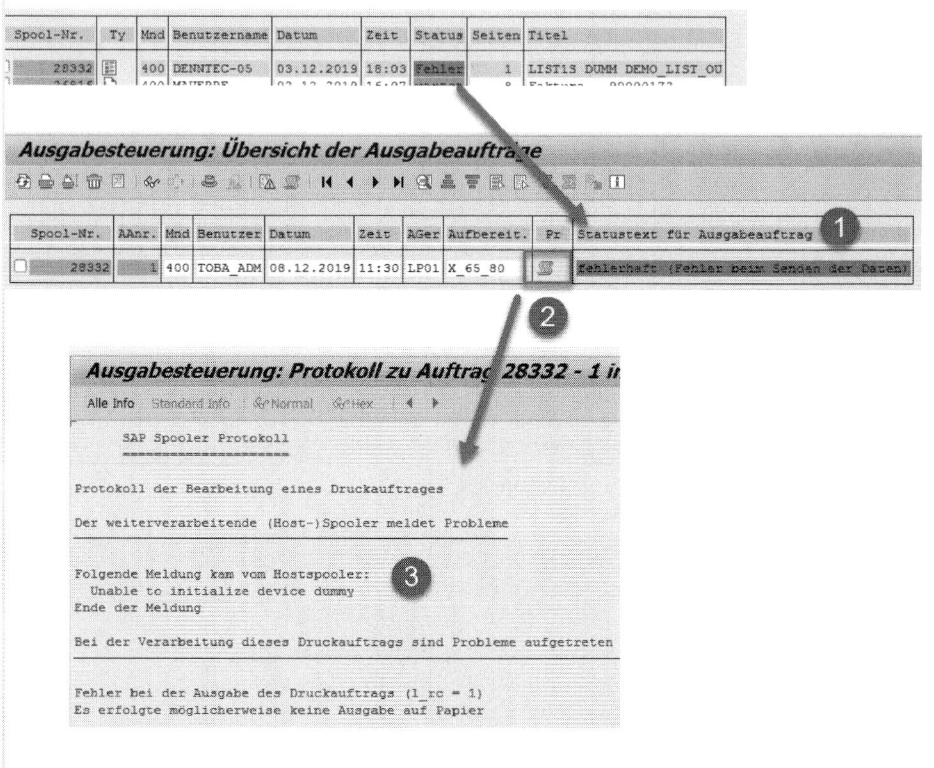

Abbildung 7.13: Spool-Auftrag mit Status »Fehler«

Ist das Ausgabegerät im SAP-System korrekt konfiguriert, muss die weitere Fehleranalyse mit den Werkzeugen des Host-Spool-Systems erfolgen. Erst wenn dort die Fehlerursache beseitigt wurde, ist ein weiterer Ausgabeversuch sinnvoll.

Obwohl es sich hierbei um einen Fehler im Host-Spool-System handelt, kann ihn trotzdem eine nicht sachgemäße Definition von Ausgabegeräten im SAP-System ausgelöst haben. Der im Ausgabegerät angegebene Host-Drucker muss natürlich auch im Host-Spool-System bekannt sein.

Zudem sollten Sie beachten, dass beim Einsatz von logischen Aufbereitungsservern (siehe Abschnitt 7.2) zuweilen Probleme entstehen können. Gehen wir beispielsweise davon aus (siehe Abbildung 7.14), dass ein logischer Aufbereitungsserver »LOGSERV« (❶) definiert wurde, der die Spool-Workprozesse der SAP-Instanzen »SERV_SE1_00« (❷) und »SERV_SE1_10« (❸) per Lastverteilung zur Erzeugung von Ausgabeaufträgen nutzt. Wird jetzt ein Ausgabegerät »PRINT1« (❹) mit lokaler Druckmethode (Koppelart »L« oder »C« (❺)) auf dem Host-Drucker »HOSTPRINTER1« (❻) abgebildet, muss der Host-Drucker in den Host-Spool-Systemen beider SAP-Instanzen (❼) definiert sein. Wenn diese Bedingung nur für eines der beteiligten Hostsysteme erfüllt ist, wird der Ausdruck mal erfolgreich und mal fehlerhaft sein, je nachdem, welche Instanz zur Steuerung des Ausgabeauftrags genutzt wurde.

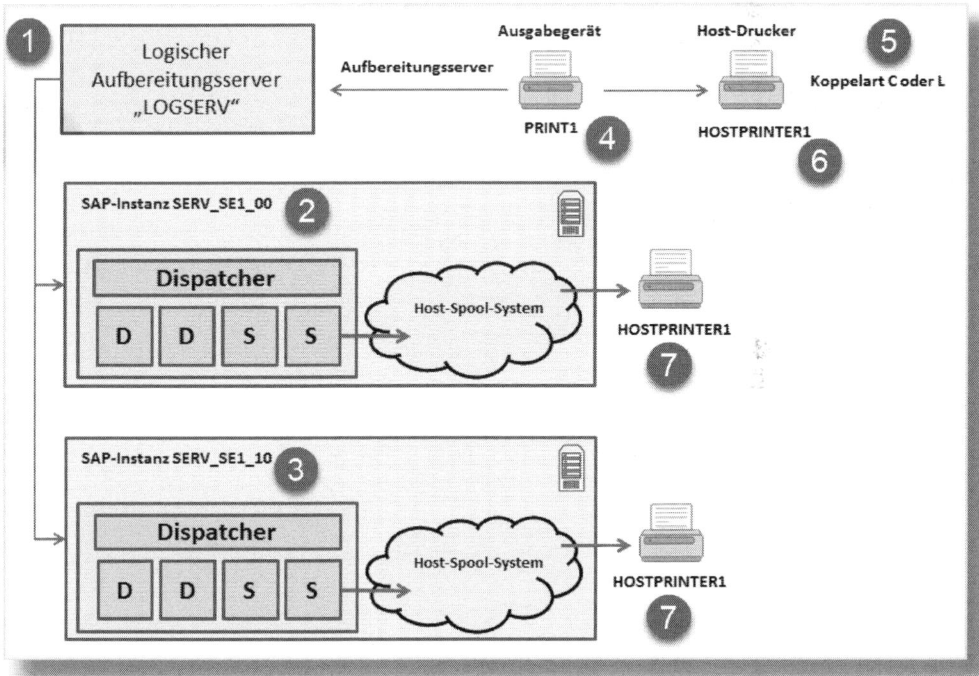

Abbildung 7.14: Logischer Aufbereitungsserver

8 Berechtigungsprobleme

Jeder Mitarbeiter eines SAP-Supportteams kennt sie zur Genüge: Fehlermeldungen wie »Keine Berechtigung für ...«. In diesem Kapitel geht es darum, zunächst ein elementares Grundverständnis für das SAP-Berechtigungskonzept zu vermitteln. Darauf aufbauend werde ich Ihnen vorstellen, mithilfe welcher Werkzeuge Sie die Ursachen für Berechtigungsprobleme ermitteln können.

8.1 Grundlagen SAP-Berechtigungskonzept

Im Folgenden werde ich Ihnen anhand eines konkreten Beispiels zeigen, wie SAP prinzipiell Berechtigungsprüfungen durchführt.

Praxisbeispiel für Berechtigungsprüfung

Der SAP-Benutzer HMUELLER möchte mithilfe der Transaktion *SU01* Benutzerstammdaten bearbeiten. Dazu trägt er im Einstiegsbild der Transaktion eine Benutzerkennung in das Feld BENUTZER ein und wählt über das Icon oder die gewünschte Bearbeitungsfunktion (siehe Abbildung 8.1). Auf den folgenden Seiten erfahren Sie, wie Sie prüfen können, ob HMUELLER beispielsweise in der Lage ist, die Benutzerstammdaten von JMEIER zu ändern oder aber das Kennwort von JMEIER neu zu setzen.

Pflegeberechtigung für Benutzerstammsätze

In der Praxis prüft SAP nicht, ob eine Berechtigung zur Bearbeitung einzelner Benutzerstammsätze vorliegt; stattdessen werden Benutzer zu Gruppen zusammengefasst und die Pflegeberechtigung für alle Benutzerstammsätze dieser Benutzergruppe erteilt.

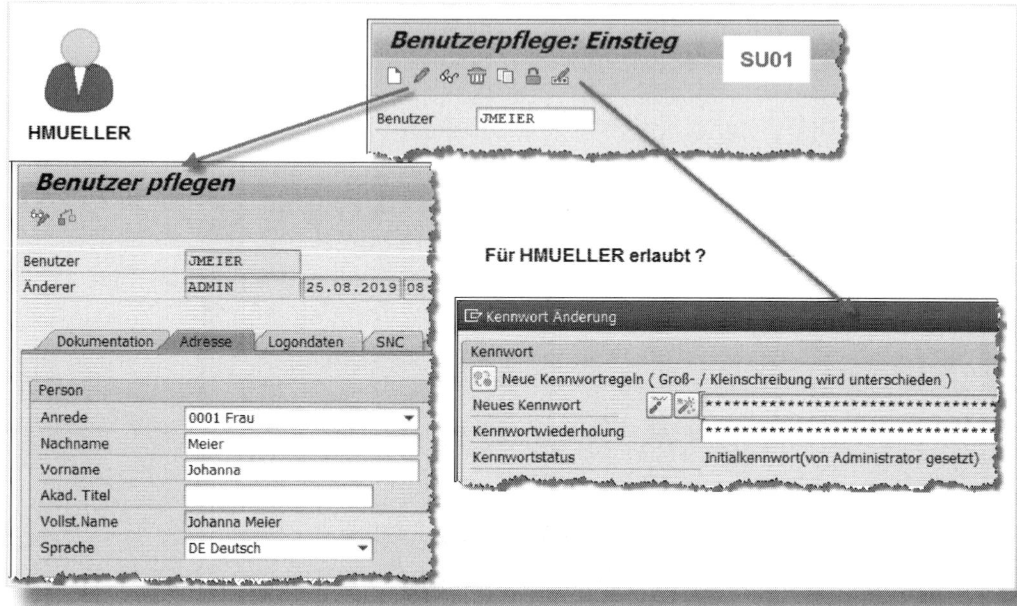

Abbildung 8.1: Beispiel für eine Berechtigungsprüfung

Prinzipieller Ablauf einer Berechtigungsprüfung

Grundsätzlich sieht der technische Ablauf der Berechtigungsprüfung so aus (siehe auch Abbildung 8.2):

❶ Der Anwender (HMUELLER) gibt in der Maske die zu bearbeitende Benutzer-ID (BENUTZER) ein und wählt die gewünschte Aktion aus (ÄNDERN).

❷ Die Eingaben von HMUELLER werden mithilfe des Codings der Anwendung in die Variablen BNAME und ACTION übertragen. SAP verwendet für die Codierung von Aktionen Zahlen anstelle von Texten, so z. B. für Ändern den Aktionsschlüssel »02«, für Anlegen »01« und für Anzeigen »03«.

❸ Per Datenbankzugriff ermittelt die Transaktion *SU01* die Benutzergruppe zur Benutzer-ID JMEIER. Das Ergebnis wird in die Variable GRUPPE übertragen.

❹ Nun erfolgt die Prüfung, ob der angemeldete Benutzer (Kennung zeigt das Systemfeld SY-UNAME) die in ACTION stehende Funktion für die in GRUPPE angezeigte Benutzergruppe ausführen darf.

❺ Liegt diese Berechtigung vor, passieren im Hintergrund weitere Datenbankzugriffe, um die Stammdaten zur Benutzer-ID JMEIER zu ermitteln und anschließend auszugeben.

❻ Fehlt die notwendige Berechtigung für die gewünschte Aktion, hängt es von der Vorgabe des Entwicklers ab, wie die Anwendung reagiert. Im einleitenden Beispiel wird eine Fehlermeldung ausgegeben, und der Anwender HMUELLER sieht keine Daten des Benutzerstammsatzes von Johanna Meier.

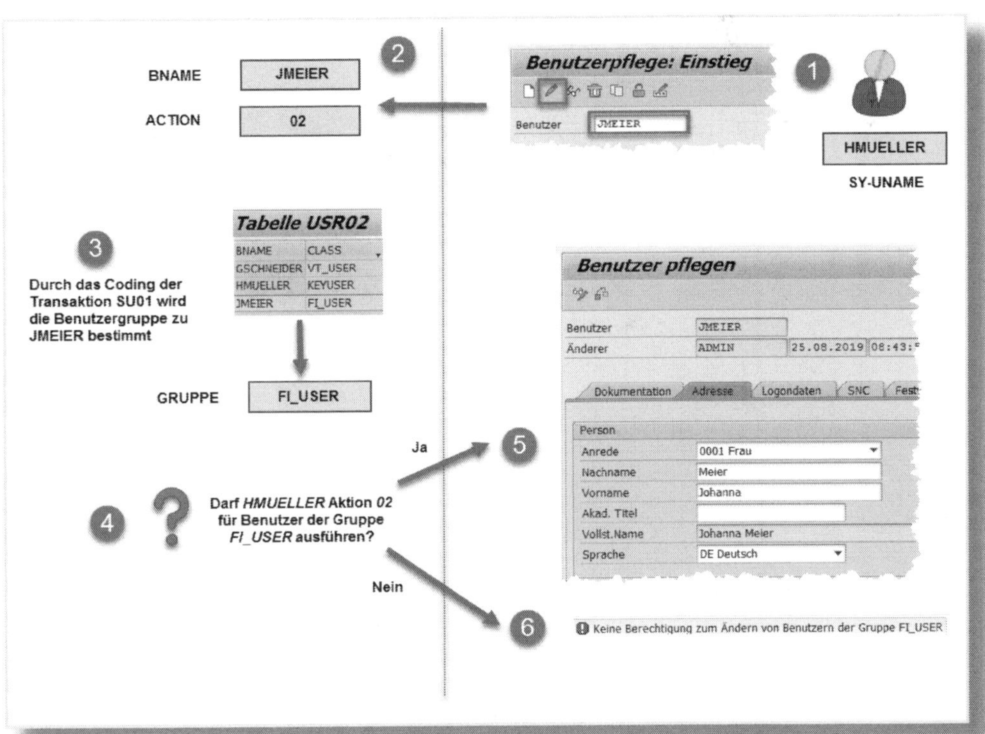

Abbildung 8.2: Prinzipieller Ablauf einer Berechtigungsprüfung

Natürlich gibt es in der Programmiersprache ABAP keine Direktive wie: »Darf HMUELLER Aktion 02 für …«. Die entsprechende Anweisung lautet tatsächlich `AUTHORITY-CHECK`.

Im Folgenden erfahren Sie, wie die Prüfung von Berechtigungen technisch ausgeführt wird. Dazu werde ich zunächst einige Grundbegriffe des Berechtigungskonzepts erläutern.

Berechtigungsobjekte

Die SAP verwendet sogenannte *Berechtigungsobjekte*, um die durchzuführenden Prüfungen formal beschreiben zu können. Stellen Sie sich einfach vor, dass jede Prüfvorschrift durch ein Berechtigungsobjekt definiert ist. Im konkreten Beispiel steht das Berechtigungsobjekt *S_USER_GRP* für die Prüfung »Wer darf einen Benutzerstamm wie bearbeiten?« (siehe Abbildung 8.3).

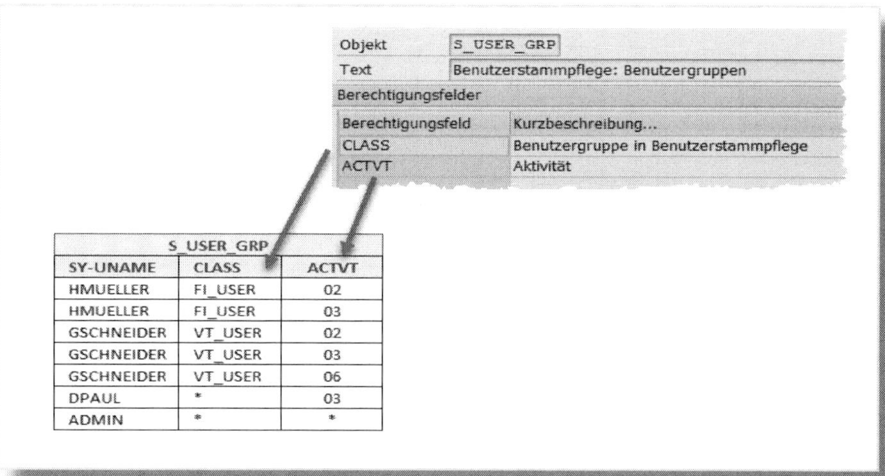

S_USER_GRP		
SY-UNAME	CLASS	ACTVT
HMUELLER	FI_USER	02
HMUELLER	FI_USER	03
GSCHNEIDER	VT_USER	02
GSCHNEIDER	VT_USER	03
GSCHNEIDER	VT_USER	06
DPAUL	*	03
ADMIN	*	*

Abbildung 8.3: Beispiel Berechtigungsobjekt S_USER_GRP

Ein Berechtigungsobjekt besitzt *Berechtigungsfelder*, die dazu dienen, die Granularität der Prüfung festzulegen. Im Beispiel oben sind dies die Felder ACTVT und CLASS. Das Feld ACTVT dient der Bestimmung, welche Aktion ausgeführt werden darf, das Feld CLASS hat die Aufgabe, den Zugang zu Benutzerstammsätzen einer bestimmten Gruppe zu reglementieren. Mit diesen beiden Feldern lässt sich also eine Prüfvorschrift der folgenden Form definieren:

»**Wer** darf welche **Aktion** für Benutzer aus welcher **Gruppe** ausführen?«

Ein Berechtigungsobjekt wird durch maximal zehn Berechtigungsfelder ausgeprägt. Nachträgliche Änderungen an der Feldanzahl eines Berechtigungsobjekts sind im Prinzip nur dann möglich, wenn noch keinerlei Rechte für das Objekt definiert worden sind. Beachten Sie zudem, dass es bei einer Änderung des Berechtigungsobjekts erforderlich sein kann, die Programme anzupassen, die Prüfungen auf das Berechtigungsobjekt beinhalten.

Stellen Sie sich der Einfachheit halber vor, dass durch ein Berechtigungsobjekt eine Tabelle definiert wird, die neben der Spalte für den aktuell ausführenden SAP-User (SY-UNAME) jeweils eine Spalte pro Berechtigungsfeld besitzt. In diese Tabelle wird für den User eingetragen, welche Wertkombinationen für ihn erlaubt sind. Diese Tabellen auf der Datenbank gibt es natürlich nicht wirklich! Die Daten sind aber prinzipiell zur Laufzeit in etwas anderer Form im Hauptspeicher (*Benutzerpuffer*) des Applikationsservers abgelegt.

Berechtigungen

Anders als oben beschrieben, werden die erlaubten Wertkombinationen nicht individuell definiert, sondern zunächst einmal unabhängig von konkreten Benutzern. Diese potenziell zugelassenen Wertkombinationen bilden die sogenannten *Berechtigungen*.

Berechtigungen sind immer genau einem Berechtigungsobjekt zugeordnet. Jedes Berechtigungsobjekt hat einen eigenen Namensraum, d. h., es ist beispielsweise möglich, für jedes Berechtigungsobjekt eine Berechtigung mit dem Namen ALL zu definieren, die jegliche Wertkombination zulässt (siehe Abbildung 8.4).

S_USER_GRP		
Berechtigung	CLASS	ACTVT
FIANZ	FI_USER	02
FIAENDERN	FI_USER	03
VTANZAEND	VT_USER	02,03
ANZALL	*	03
ALL	*	*

Abbildung 8.4: Beispiele für Berechtigungen

Prinzipiell können Berechtigungen mithilfe der Transaktion *SU03* definiert werden (siehe Abbildung 8.5). Dies wird von der SAP heute allerdings nicht mehr empfohlen; Berechtigungen sollten besser automatisiert über den *Profilgenerator (PFCG)* erstellt werden.

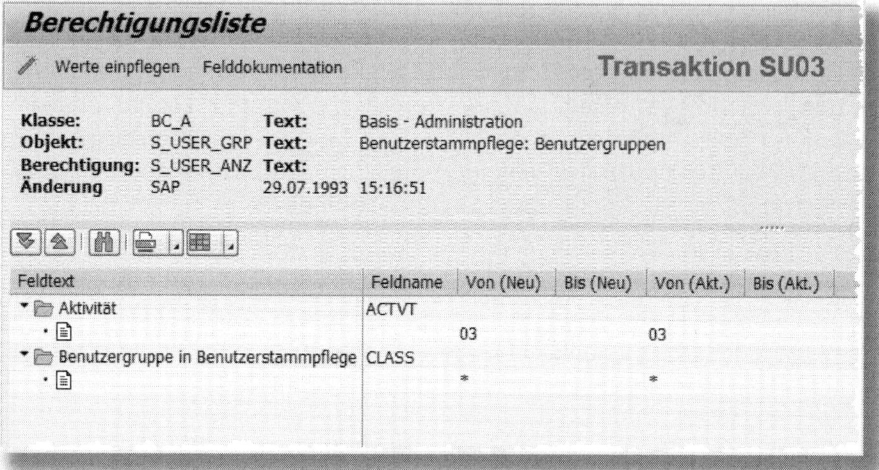

Abbildung 8.5: Definition von Berechtigungen mit Transaktion SU03

Profile und Sammelprofile

Einem Benutzer werden Berechtigungen nicht direkt zugewiesen, sondern anhand von *Profilen* zusammengefasst. Ein Profil könnte z. B. alle Berechtigungen vereinen, die erforderlich sind, um die Debitorenstammdaten eines ausgewählten Buchungskreises bearbeiten zu dürfen.

Profile selbst können wieder zu *Sammelprofilen* gebündelt werden, wobei diese wiederum auch andere Sammelprofile beinhalten können.

Anhand dieser Profile (oder Sammelprofile) werden einem Benutzerstammsatz die erforderlichen Berechtigungen zugeordnet.

Sammelprofile

Es gibt im SAP-Standard zwar noch einige Sammelprofile, diese sind aber meist älter als zehn Jahre und werden eigentlich nicht mehr benutzt. Sie befinden sich nur noch im System, weil einige SAP-Anwender sie noch heute verwenden oder selbst eigene Sammelprofile angelegt haben.

Die direkte Pflege von Profilen ist mithilfe der Transaktion *SU02* möglich (siehe Abbildung 8.6). Die Transaktion sollte aber nur noch eingesetzt werden, um alte, noch verwendete Profile bei Bedarf anzupassen. Die SAP empfiehlt, neue Profile stattdessen mit der Transaktion *PFCG* (»Profilgenerator« bzw. »Rollenpflege«) zu erzeugen und zu pflegen.

Sammelprofil »SAP_ALL«

Das Sammelprofil SAP_ALL beinhaltet für (fast) alle Berechtigungsobjekte eine »ALL«-Berechtigung, die für jedes Feld beliebige Feldwerte zulässt.

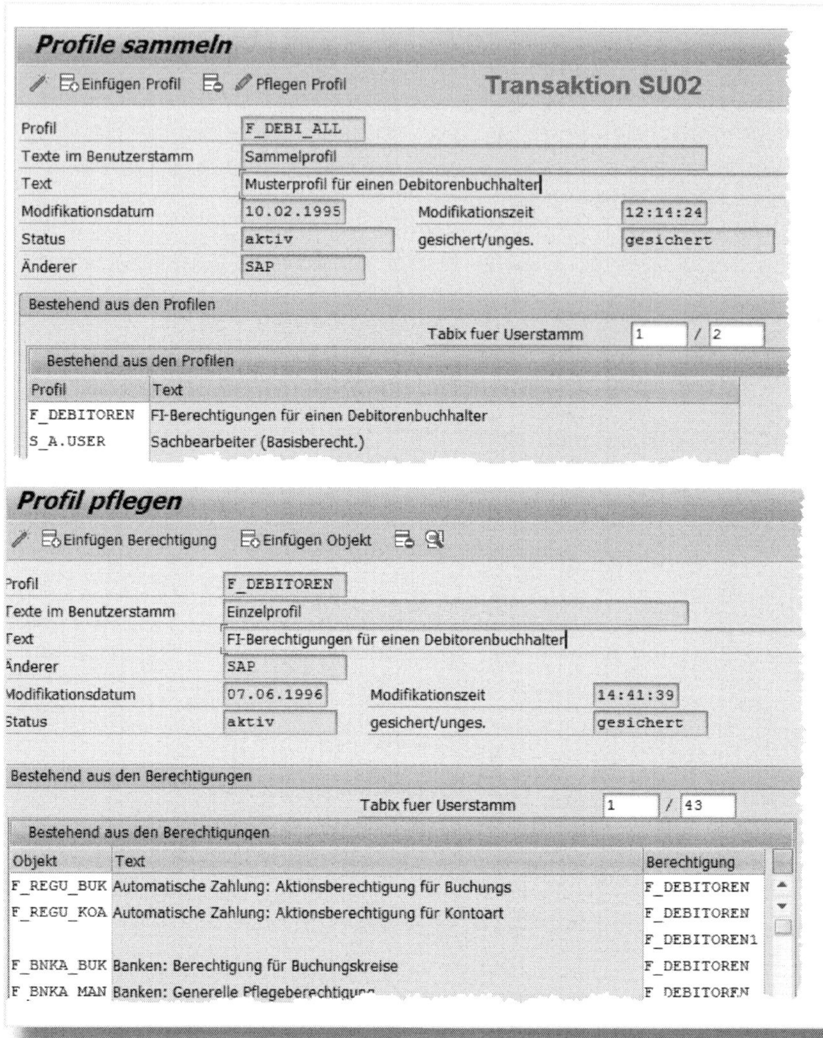

Abbildung 8.6:Profile und Sammelprofile pflegen

Rollen

Wie bereits erwähnt, werden heute im Normalfall Berechtigungen oder Profile nicht mehr manuell angelegt. Stattdessen werden sogenannte

Rollen definiert, die nicht nur die Berechtigungszuweisungen, sondern auch das Erscheinungsbild der Benutzeroberfläche steuern.

Die SAP empfiehlt das folgende Vorgehen zur Definition von Rollen:

1. Mithilfe der Transaktion *PFCG* wird eine Rolle definiert, welche alle Aktivitäten (Transaktionen) umfasst, die für einen bestimmten Arbeitsplatz relevant sind.
2. Der Rolle werden die notwendigen Organisationselemente (Buchungskreis, Werk ...) zugeordnet.
3. Die Felder der Berechtigungsobjekte sind mit SAP-Vorschlagswerten vorbelegt, die falls erforderlich ergänzt werden können.
4. Mit der Aktivierung der Rolle werden automatisch die Berechtigungen zu den einzelnen Objekten generiert und zu einem Profil zusammengefasst.
5. Die Rolle kann nun SAP-Benutzern zugewiesen werden. Auf diese Weise werden dem Benutzer ohne weiteres Zutun auch das Profil und die darin enthaltenen Berechtigungen zugeordnet.

Sammelrolle

Rollen können zu Sammelrollen gebündelt werden. Eine Sammelrolle kann allerdings nicht andere Sammelrollen enthalten.

8.2 Technische Durchführung einer Berechtigungsprüfung

Da Sie nun alle wichtigen Begriffe des SAP-Berechtigungskonzepts kennen, möchte ich Ihnen nachfolgend den Ablauf einer Berechtigungsprüfung aus technischer Sicht darstellen (siehe Abbildung 8.7). Grundlage ist wieder das zu Beginn des Kapitels formulierte Beispiel: Herr Mueller will Änderungen am Benutzer von Frau Meier vornehmen.

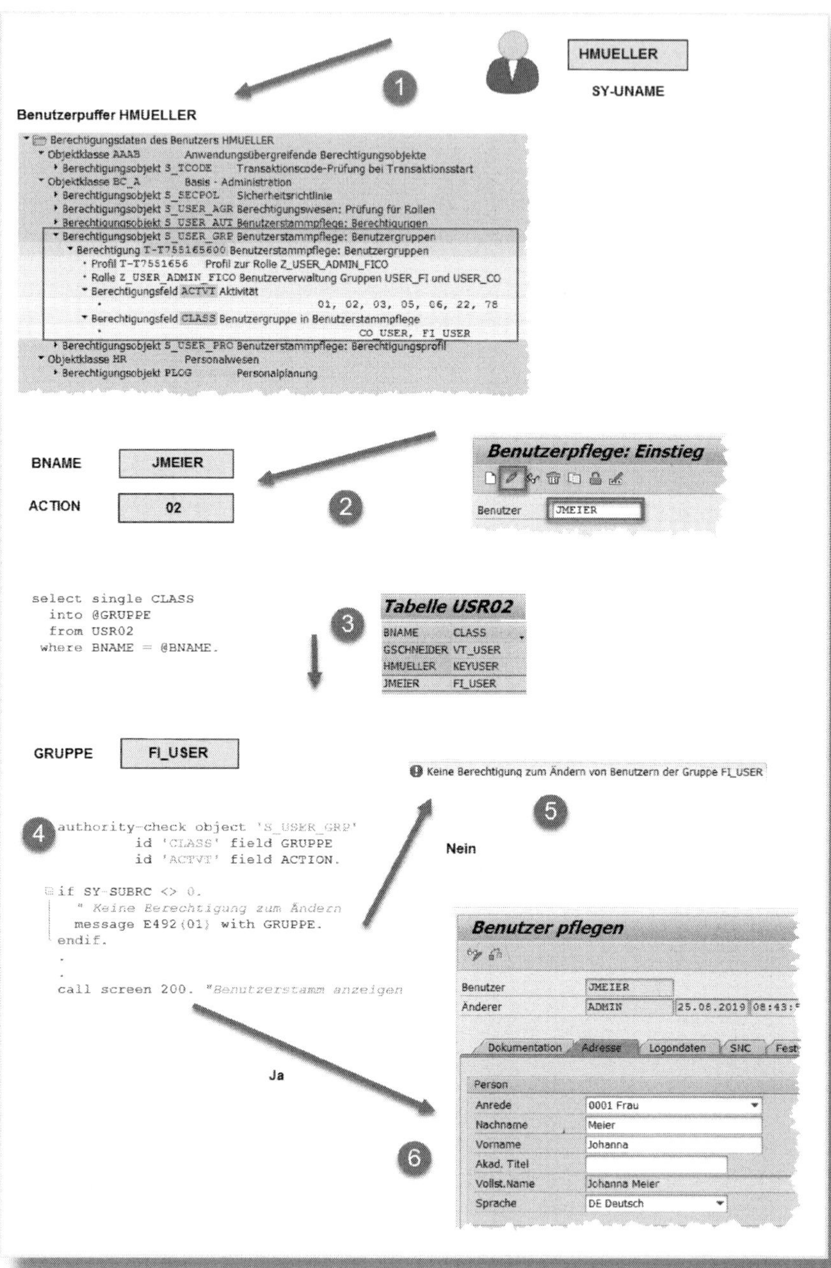

Abbildung 8.7: Technischer Ablauf einer Berechtigungsprüfung

❶ Bei der Anmeldung des Benutzers HMUELLER ermittelt das SAP-System automatisch alle Profile, die diesem Benutzer zugeordnet sind und lädt die zu den Profilen gehörenden Berechtigungen in den Benutzerpuffer.

❷ HMUELLER wählt in der Transaktion *SU01* den zu ändernden Benutzer aus.

❸ Programmgesteuert wird zum ausgewählten Benutzernamen die Benutzergruppe ermittelt.

❹ Die Anweisung AUTHORITY-CHECK überprüft auf Basis der im Benutzerpuffer vorliegenden Werte, ob die von HMUELLER gewählte Wertkombination für GRUPPE und ACTION für das Berechtigungsobjekt S_USER_GRP zulässig ist. Fällt die Prüfung positiv aus, wird der Wert der Systemvariablen SY-SUBRC gleich Null gesetzt, andernfalls auf einen Wert ungleich Null (siehe Tabelle 8.1).

❺ Ist SY-SUBRC ungleich Null, d. h., die Berechtigungen reichen nicht für die Änderung des gewählten Benutzers aus, gibt das Programm eine Fehlermeldung aus.

❻ Ist SY-SUBRC gleich Null, wird die Maske zur Pflege des Benutzerstamms angezeigt.

Buchempfehlung

Detaillierte Informationen zum Berechtigungskonzept finden Sie im Buch »Techniken im SAP-Berechtigungswesen« (Dr. Bernd Klüppelberg, Espresso Tutorials 2014).

8.3 Analyse von Berechtigungsfehlern

Der Benutzer HMUELLER erhält beim Versuch, die Benutzerstammdaten von GSCHNEIDER zu ändern, die in Abbildung 8.8 gezeigte Fehlermeldung.

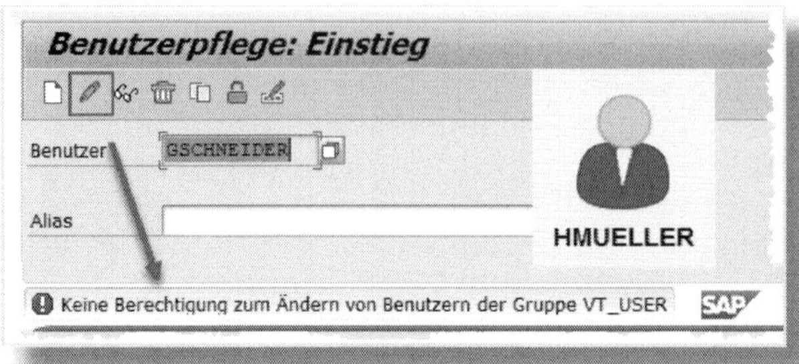

Abbildung 8.8: Berechtigungsfehler

Einen ersten Hinweis auf die Fehlerursache liefert u. U. ein Doppelklick auf die Meldungszeile. In unserem konkreten Beispiel erhalten wir zum einen tatsächlich genaue Informationen zum geprüften Berechtigungsobjekt sowie zum anderen die notwendigen Feldwerte für eine ausreichende Berechtigung (siehe Abbildung 8.9).

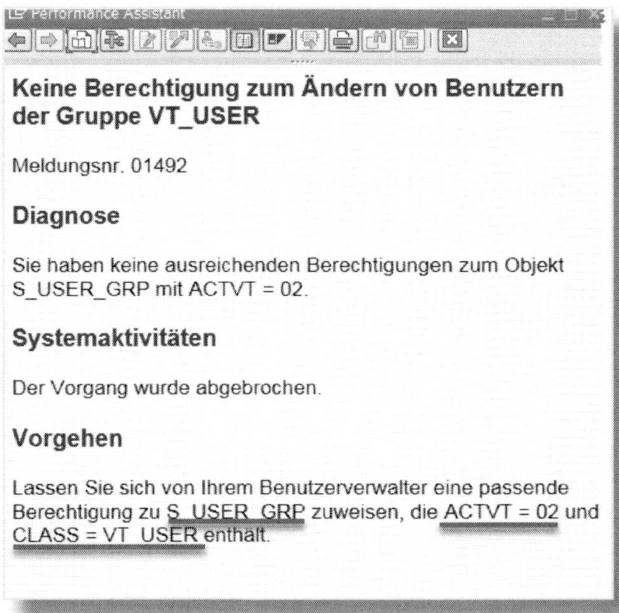

Abbildung 8.9: Informationen zum Berechtigungsfehler (1)

Leider ist der Hilfetext zur angezeigten Fehlermeldung nicht immer so aussagekräftig. Unternimmt HMUELLER beispielsweise den Versuch, sich die Daten von GSCHNEIDER mithilfe der Transaktion *SU01* anzeigen zu lassen, erhält er eine entsprechende Fehlermeldung (»Keine Berechtigung zum Anzeigen Benutzer der Gruppe VT_USER«), doch ein Doppelklick auf die Fehlermeldung bringt ihn nicht weiter (siehe Abbildung 8.10).

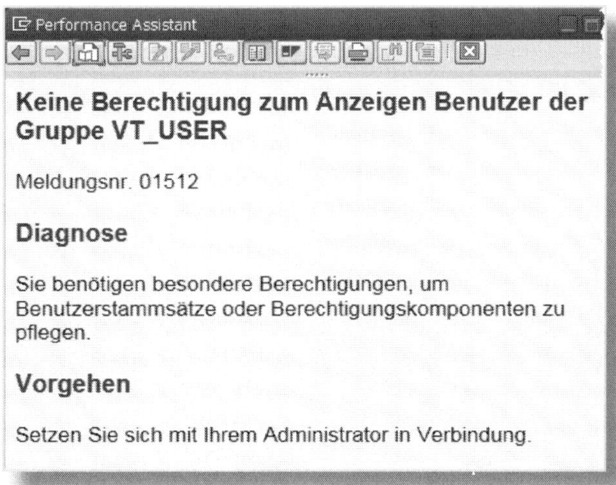

Abbildung 8.10: Informationen zum Berechtigungsfehler (2)

An dieser Stelle benötigen wir zusätzliche Werkzeuge zur Fehleranalyse.

Fehleranalyse mit SU53

Wird von der Anwendung ein Berechtigungsfehler gemeldet, kann sich der Anwender, sofern er selbst die Berechtigungen dafür besitzt, mithilfe der Transaktion *SU53* die fehlgeschlagenen Berechtigungsprüfungen anzeigen lassen. Im Ergebnisprotokoll werden alle durchgeführten Berechtigungsprüfungen aufgelistet, für die der Anwender keine ausreichenden Berechtigungen besitzt (siehe Abbildung 8.11).

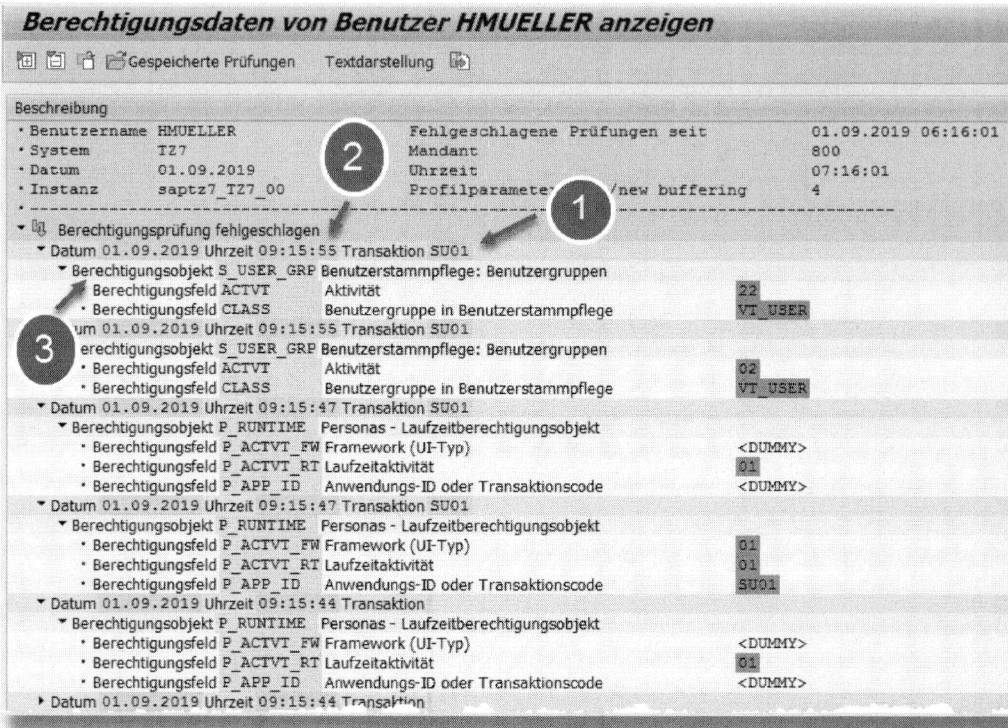

Abbildung 8.11: Anzeige fehlgeschlagener Berechtigungsprüfungen

Die wichtigsten hier aufgeführten Informationen sind:

❶ Transaktion, in der die Berechtigungsprüfung ausgeführt wurde

❷ Zeitpunkt der Prüfung

❸ Geprüftes Berechtigungsobjekt und erforderliche Werte für Berechtigungsfelder

Die Transaktion *SU53* zeigt leider nicht an, bei welcher vom Anwender ausgeführten Aktion konkret welche Berechtigungsprüfung durchgeführt wurde. Der Bezug lässt sich meist nur durch den angegebenen Transaktionscode und den Zeitpunkt herstellen.

Informationshalber werden zusätzlich, falls vorhanden, die Berechtigungen angezeigt, die der Anwender für die geprüften Berechtigungsobjekte besitzt (siehe Abbildung 8.12).

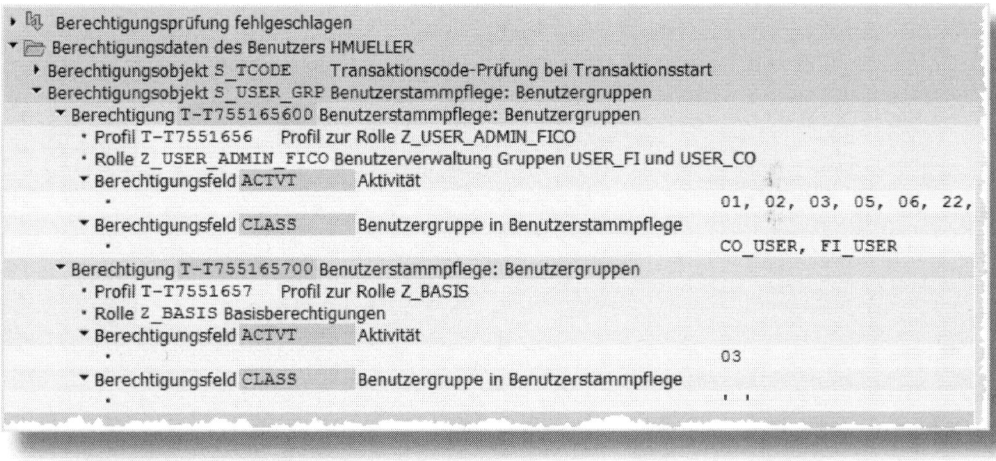

Berechtigungsprüfung fehlgeschlagen
Berechtigungsdaten des Benutzers HMUELLER
Berechtigungsobjekt S_TCODE Transaktionscode-Prüfung bei Transaktionsstart
Berechtigungsobjekt S_USER_GRP Benutzerstammpflege: Benutzergruppen
Berechtigung T-T755165600 Benutzerstammpflege: Benutzergruppen
Profil T-T7551656 Profil zur Rolle Z_USER_ADMIN_FICO
Rolle Z_USER_ADMIN_FICO Benutzerverwaltung Gruppen USER_FI und USER_CO
Berechtigungsfeld ACTVT Aktivität
01, 02, 03, 05, 06, 22,
Berechtigungsfeld CLASS Benutzergruppe in Benutzerstammpflege
CO_USER, FI_USER
Berechtigung T-T755165700 Benutzerstammpflege: Benutzergruppen
Profil T-T7551657 Profil zur Rolle Z_BASIS
Rolle Z_BASIS Basisberechtigungen
Berechtigungsfeld ACTVT Aktivität
03
Berechtigungsfeld CLASS Benutzergruppe in Benutzerstammpflege
' '

Abbildung 8.12: Vorhandene Berechtigungen des Anwenders

Nicht immer verfügt ein SAP-Benutzer über die Berechtigung, die Transaktion *SU53* zu starten, d. h., er kann sich nicht selbst Informationen über seine fehlgeschlagenen Berechtigungsprüfungen anzeigen lassen. Ein mit der Analyse von Berechtigungsfehlern betrauter Mitarbeiter sollte aber immer über hinreichende Berechtigungen verfügen, um sich auch die Daten anderer Benutzer anzeigen lassen zu können (siehe Abbildung 8.13).

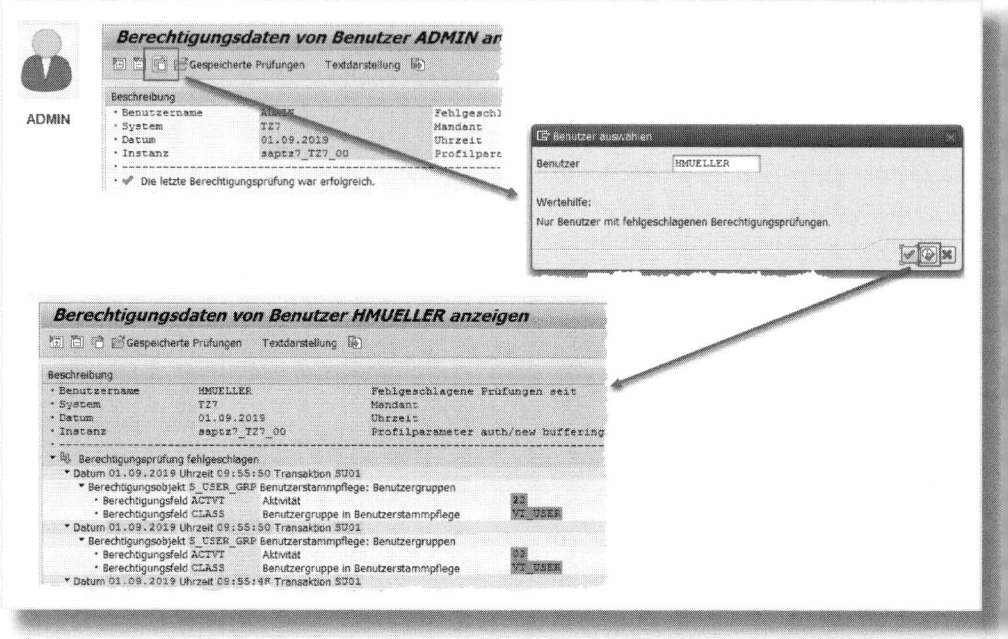

Abbildung 8.13: Berechtigungsdaten anderer Benutzer

Anmerkungen zur SU53

Eine Reihe von SAP-Applikationen führen Berechtigungsprüfungen aus, um abhängig von den Prüfergebnissen die Benutzeroberfläche anzupassen, indem Funktionen und Felder automatisch ausgeblendet werden, die für den Anwender nicht relevant sind. Dies gilt insbesondere für CRM-basierte Systeme, aber auch schon für einfache Anwendungen wie die Transaktion *SU01*.

In unserem Beispiel, das Abbildung 8.11 zeigt, hat der Anwender *HMUELLER* versucht, mithilfe der Transaktion *SU01* einen Benutzerstammsatz der Gruppe VT_USER zu ändern, was aufgrund fehlender Berechtigungen für das Objekt S_USER_GRP gescheitert ist (siehe Abbildung 8.13). Tatsächlich zeigt die Transaktion *SU53* aber viel mehr Fehler an (siehe Abbildung 8.14).

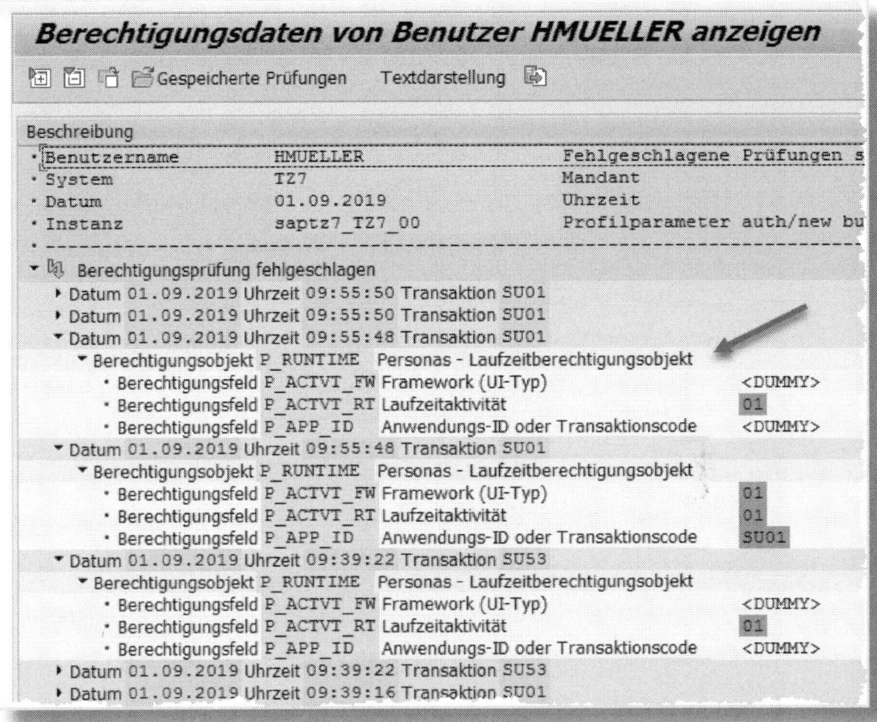

Abbildung 8.14: Nicht relevante Berechtigungsfehler

Die hier gemeldeten Berechtigungsfehler bezüglich P_RUNTIME sind für den User HMUELLER im Hinblick auf die Ausführung der Transaktion *SU01* vollkommen irrelevant. Anhand des Berechtigungsobjekts P_RUNTIME wird geprüft, ob der Anwender mithilfe von *SAP Screen Personas* SAP-Bildschirme personalisieren darf. Solange dies nicht gewünscht wird, ist es auch nicht notwendig, einem SAP-Benutzer entsprechende Berechtigungen zu erteilen.

Es kann also keine pauschale Entscheidung gefällt werden, ob einem Anwender immer alle Berechtigungen für die als fehlerhaft gemeldeten Prüfungen zu erteilen sind.

In der Transaktion *SU53* können Sie sich durch einen Doppelklick auf das betreffende Berechtigungsobjekt die zugehörige Dokumentation anzeigen lassen (siehe Abbildung 8.15).

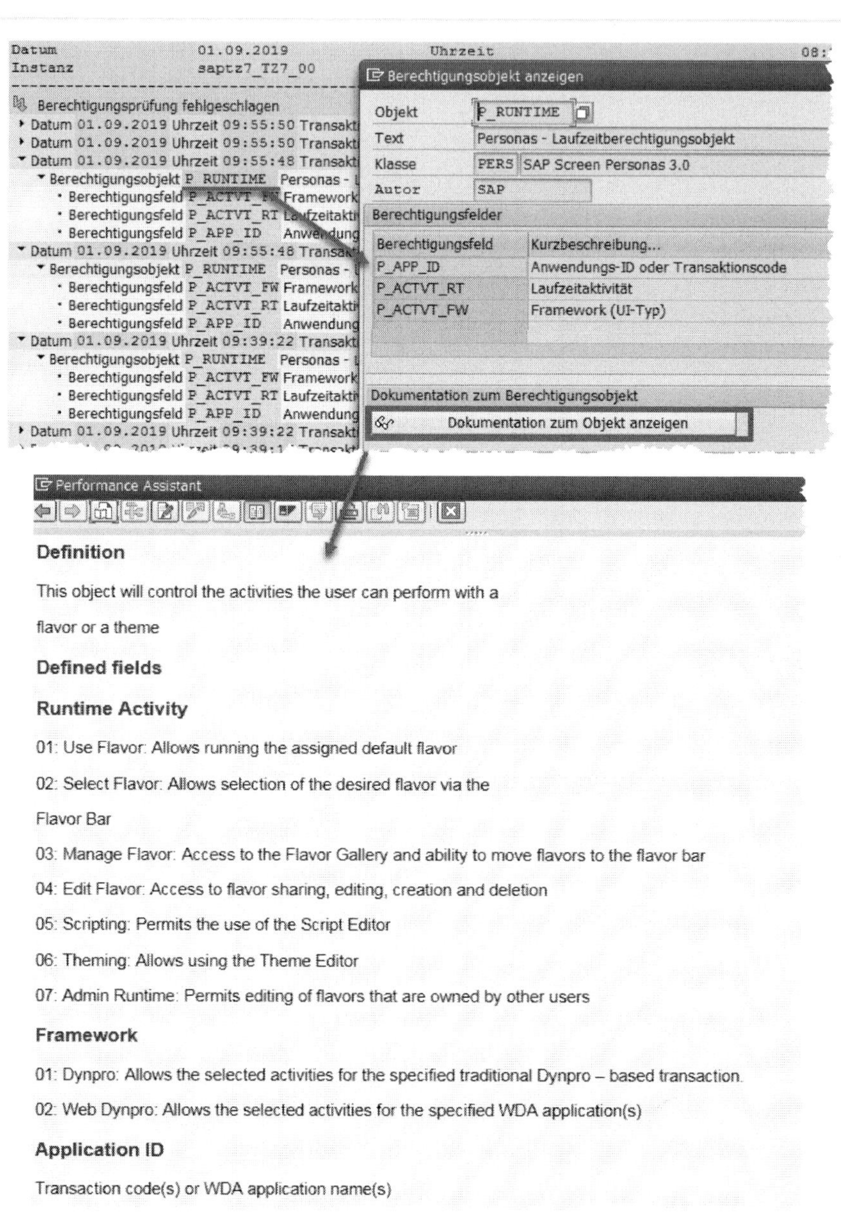

Abbildung 8.15: Informationen zum Berechtigungsobjekt

Benutzerpuffer anzeigen (SU56)

Nicht nur unzureichende Berechtigungen führen zu Fehlern. In der Praxis kommt es nicht selten vor, dass SAP-Anwender wider Erwarten Aktionen ausführen dürfen, für die sie eigentlich nicht berechtigt sein sollten.

Im konkreten Beispiel wurde die Rolle Z_SE16_VERTRIEB definiert, die es einem Anwender ermöglichen soll, mithilfe der Transaktion *SE16* alle Tabellen der Tabellenberechtigungsgruppe *VT* (Anwendungstabellen Vertrieb) anzuzeigen. Diese Rolle ist dem Benutzer *GSCHNEIDER* zugeordnet (siehe Abbildung 8.16). Er soll damit in die Lage versetzt werden, die für seine Vertriebsaufgaben relevanten Tabellen auszuwerten.

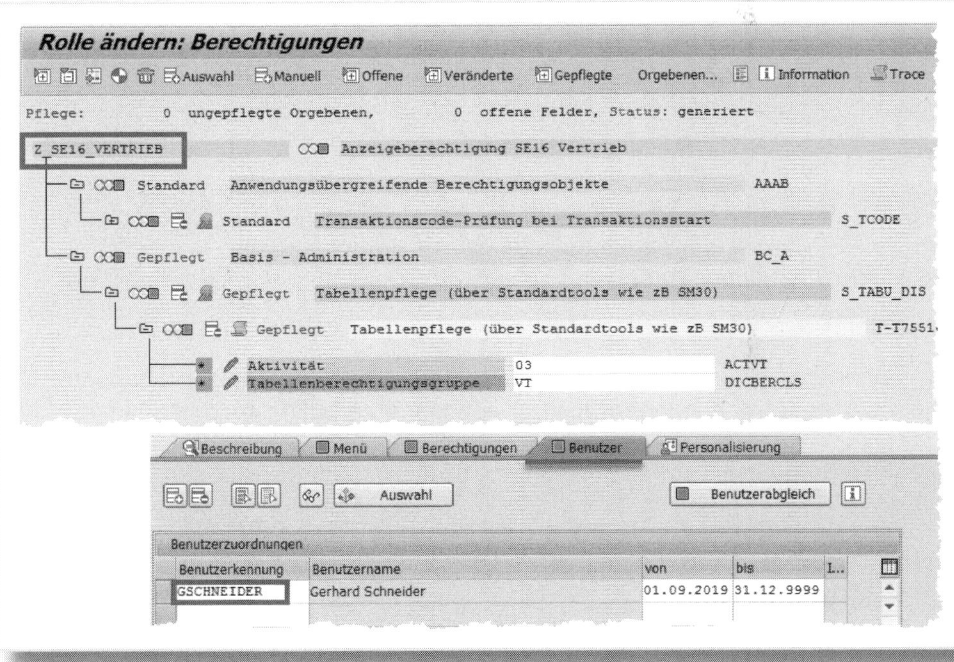

Abbildung 8.16: Beispielrolle für Tabellenpflegeberechtigung

Tatsächlich stellt der Anwender GSCHNEIDER aber fest, dass er mittels Transaktion *SE16* auch in der Lage ist, Tabellen aus dem FI-

Bereich (z. B. BKPF) anzusehen (siehe Abbildung 8.17). Im Rahmen eines Berechtigungsaudits könnte dieser Konflikt aufgedeckt und problematisiert werden.

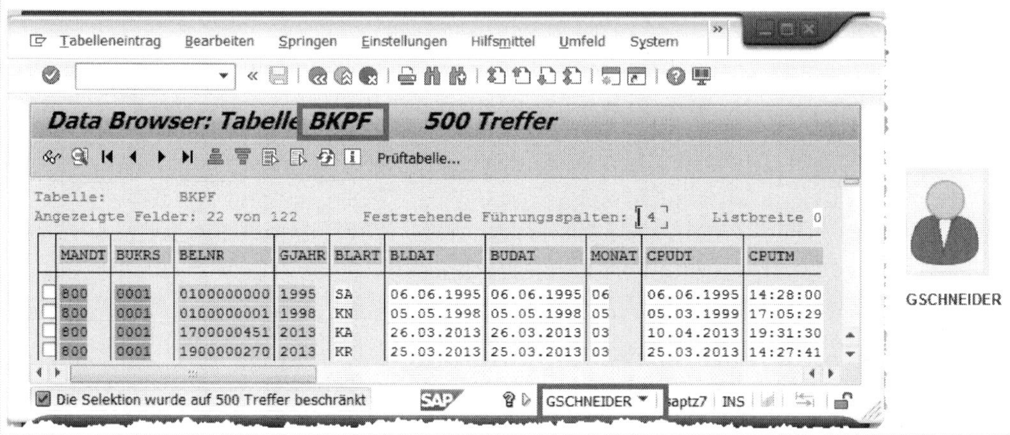

Abbildung 8.17: Tabellenanzeige mit SE16

Für die Fehleranalyse ist es hilfreich zu wissen, welche Berechtigungen ein Anwender effektiv besitzt. Diese Berechtigungen werden (z. B. beim Login des Benutzers) in den sogenannten *Benutzerpuffer* geladen.

Über die Transaktion *SU56* kann sich ein Anwender (sofern er ausreichende Berechtigungen besitzt) den Benutzerpuffer anzeigen lassen. Darin sind alle Berechtigungen seines Benutzers enthalten (siehe Abbildung 8.18).

Die Abbildung zeigt, dass der Benutzer GSCHNEIDER nicht nur über die Rolle Z_SE16_VERTRIEB, sondern auch über die Rolle Z_SAP_USER_B Berechtigungen für das Objekt S_TABU_DIS erhält, das im Coding der Transaktion *SE16* verwendet wird, um den Zugriff auf Tabellen zu steuern.

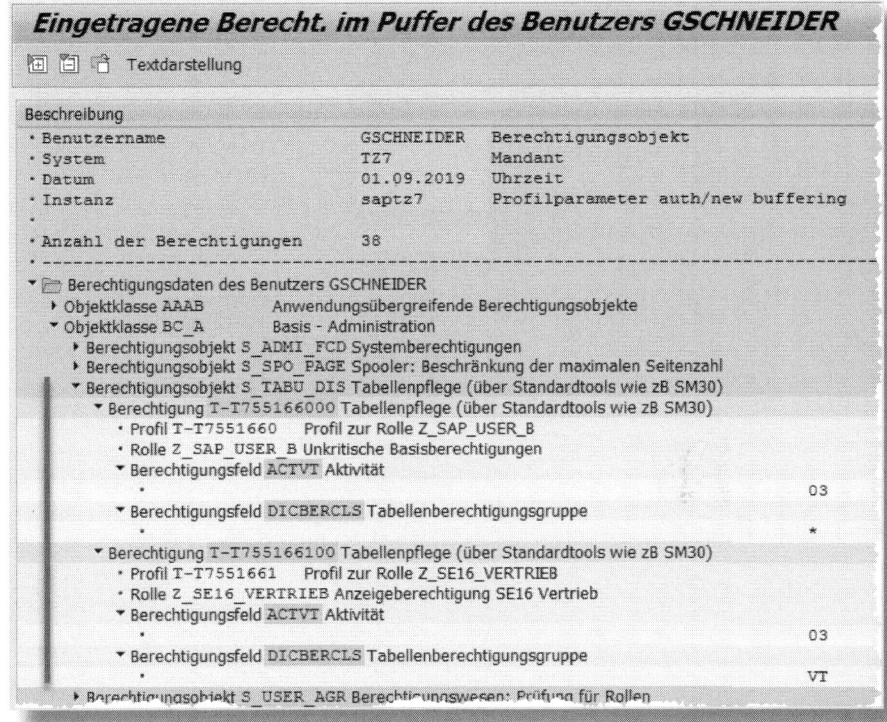

Abbildung 8.18: Anzeige Benutzerpuffer

Eine einfache Lösung für dieses Problem gibt es zumeist leider nicht. Entzieht man dem Benutzer GSCHNEIDER die Rolle Z_SAP_USER_B, verliert er automatisch auch alle weiteren Berechtigungen, die dieser Rolle zugeordnet sind. Ändert man hingegen die Rolle Z_SAP_USER_B ab (z. B. durch Entfernen der Berechtigung für das Objekt S_TABU_DIS), sind sofort alle User betroffen, die mit dieser Rolle ausgestattet sind. Grundsätzlich sind Schwierigkeiten immer dann zu erwarten, wenn einem Benutzer mehrere Rollen zugeordnet werden, die gemeinsam Berechtigungen für ein Berechtigungsobjekt vergeben.

Scheinbar »unkritische« Basis-Berechtigungen

Die oben verwendete Rolle Z_SAP_USER_B wurde auf Basis der SAP-Vorlage SAP_USER_B definiert. Diese beinhaltet für das Objekt S_TABU_DIS die Anzeigeberechtigung für alle Tabellen.

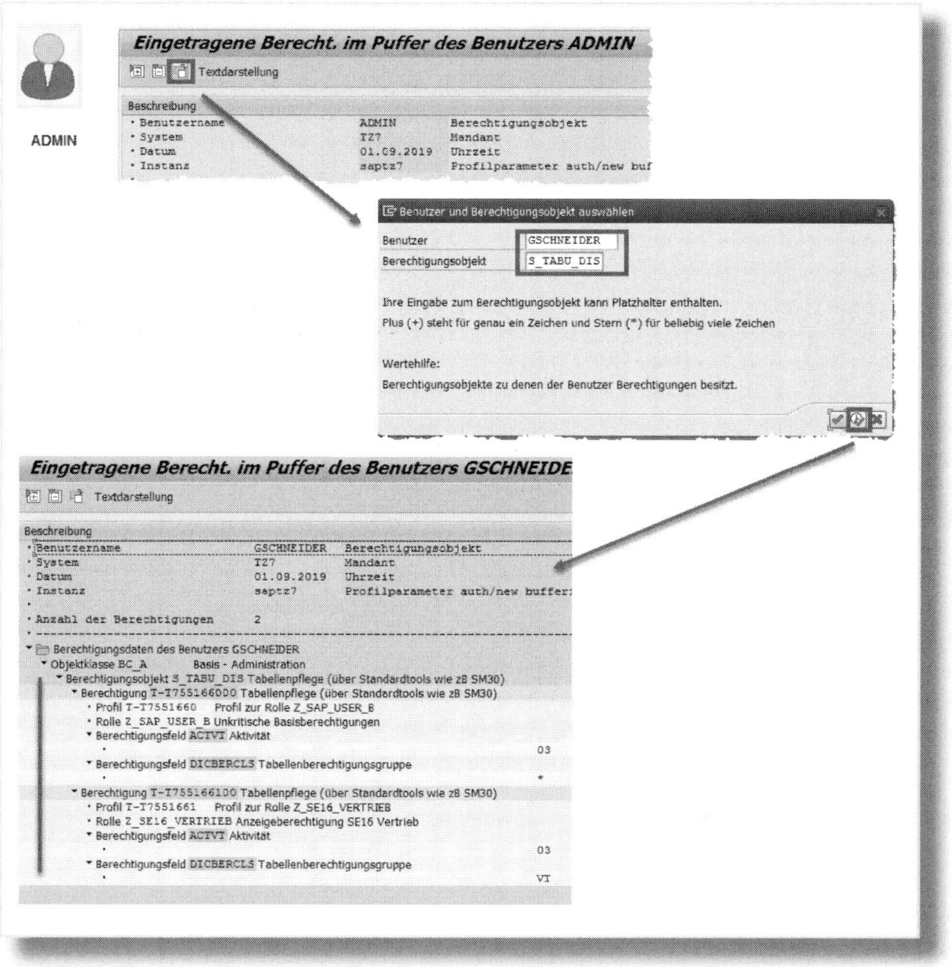

Abbildung 8.19: Anzeige Benutzerpuffer anderer Benutzer

Benutzerpuffer für anderen Benutzer anzeigen

Darf ein Anwender die Transaktion *SU56* nicht starten, kann die Anzeige des betreffenden Benutzerpuffers auch ein anderer, dazu berechtigter User übernehmen (siehe Abbildung 8.19). Diese Berechtigung ist üblicherweise den Administratoren zugeteilt.

8.4 Berechtigungstrace

Da die Transaktionen *SU53* und *SU56* meist keine ausreichende Analyse von Berechtigungsproblemen ermöglichen, bleibt oft nur der *Berechtigungstrace*. Mit dessen Hilfe können Sie für einen bestimmten Zeitraum alle vom System ausgeführten Berechtigungsprüfungen protokollieren. Dabei lassen sich verschiedenste Filterkriterien setzen, um die aufgezeichnete Datenmenge zu minimieren.

Berechtigungstrace

Starten Sie niemals einen Berechtigungstrace, ohne zuvor Filterbedingungen über den Button ALLGEMEINE FILTER gesetzt zu haben (siehe Abbildung 8.20). Andernfalls entsteht ein nicht mehr auswertbarer Trace, ferner leidet die Systemperformance. Sinnvolle Filter sind z. B. »Benutzer« und/oder »Transaktion«.

Trace aktivieren

Sie aktivieren den Berechtigungstrace mithilfe der Transaktion *STAUTHTRACE* (vormals Transaktion ST01). Sie können entscheiden, ob alle durchgeführten Berechtigungsprüfungen oder nur die fehlerhaften protokolliert werden (siehe Abbildung 8.20).

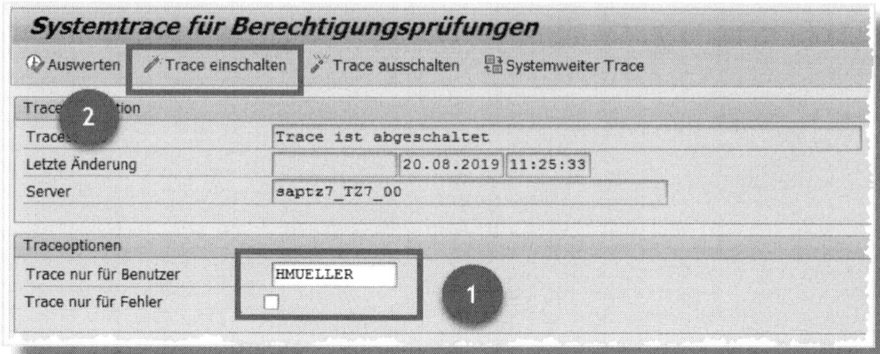

Abbildung 8.20: Aktivieren Berechtigungstrace

Nach dem Setzen der TRACEOPTIONEN (❶) können Sie den Trace über den Button TRACE EINSCHALTEN (❷) aktivieren. Beenden Sie den Trace nach Möglichkeit sofort wieder, nachdem die vom Anwender zu überwachende Aktion durchgeführt worden ist (Abbildung 8.21).

Abbildung 8.21: Trace ausschalten

Systemweiter Trace

Der Trace wird auf dem SAP-Applikationsserver aktiviert, d. h., sind mehrere Applikationsserver vorhanden, muss die aufzuzeichnende Tätigkeit auf dem Server erfolgen, für den der Trace aktiviert wurde.

Im Normalfall kann zurselben Zeit nur ein Trace pro Applikationsserver durchgeführt werden.

Die Transaktion STAUTHTRACE bietet aber zusätzlich die Funktion »systemweiter Trace« an, mit der eine gleichzeitige Aufzeichnung für alle Applikationsserver eines SAP-Systems möglich ist. Diesen systemweiten Trace sollten Sie nutzen, wenn Sie z. B. vor dem Einschalten des Traces nicht wissen, über welchen Applikationsserver der Login des zu tracenden Benutzers erfolgt.

Trace auswerten

Begrenzen Sie zunächst unter EINSCHRÄNKUNGEN FÜR DIE AUSWERTUNG mindestens auf einen konkreten Zeitraum (❶), und drücken Sie dann den Button AUSWERTEN (❷) (siehe Abbildung 8.22).

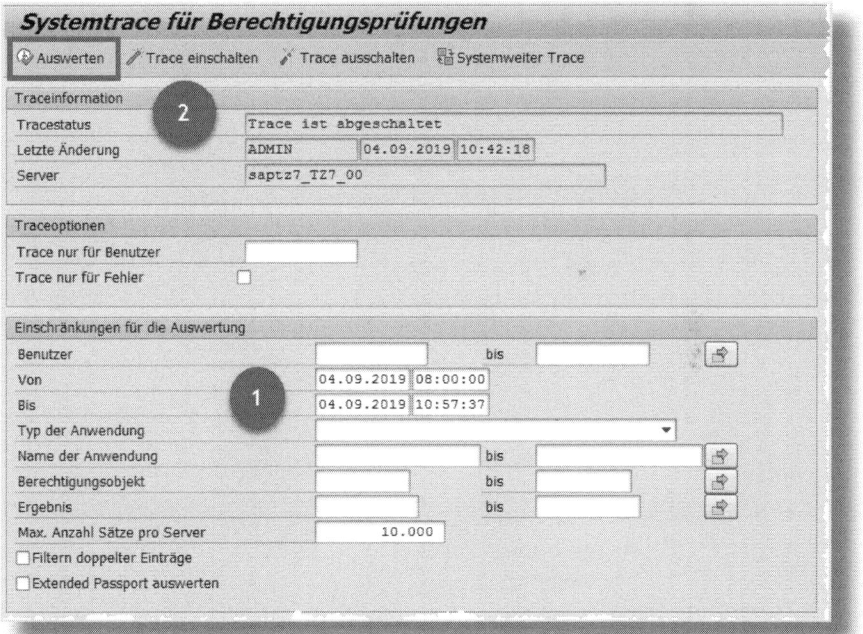

Abbildung 8.22: Trace auswerten

Einschränkungen für die Auswertung

Achten Sie bei der Auswertung darauf, dass der BENUTZER und der Auswertungszeitraum (VON/BIS) korrekt vorgegeben sind. Die angezeigten Defaultwerte stimmen nicht immer. Im Feld BENUTZER wird oft der Name des aktuell angemeldeten Benutzers eingeblendet und nicht derjenige, der in den Traceoptionen angegeben wurde. Insbesondere der Zeitraum muss korrigiert werden, wenn die Zeitzone des Anwenders von der Systemzeit abweicht.

In der Ergebnisliste sehen Sie die durchgeführten (bzw. nur die aufgezeichneten fehlerhaften) Berechtigungsprüfungen (siehe Abbildung 8.23).

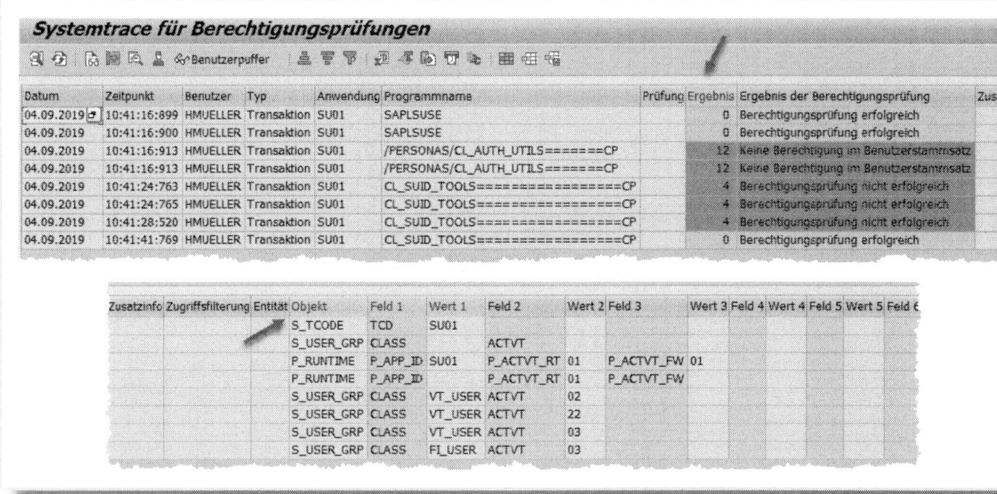

Systemtrace für Berechtigungsprüfungen

Benutzerpuffer

Datum	Zeitpunkt	Benutzer	Typ	Anwendung	Programmname	Prüfung	Ergebnis	Ergebnis der Berechtigungsprüfung	Zusat
04.09.2019	10:41:16:899	HMUELLER	Transaktion	SU01	SAPLSUSE		0	Berechtigungsprüfung erfolgreich	
04.09.2019	10:41:16:900	HMUELLER	Transaktion	SU01	SAPLSUSE		0	Berechtigungsprüfung erfolgreich	
04.09.2019	10:41:16:913	HMUELLER	Transaktion	SU01	/PERSONAS/CL_AUTH_UTILS=======CP		12	Keine Berechtigung im Benutzerstammsatz	
04.09.2019	10:41:16:913	HMUELLER	Transaktion	SU01	/PERSONAS/CL_AUTH_UTILS=======CP		12	Keine Berechtigung im Benutzerstammsatz	
04.09.2019	10:41:24:763	HMUELLER	Transaktion	SU01	CL_SUID_TOOLS=================CP		4	Berechtigungsprüfung nicht erfolgreich	
04.09.2019	10:41:24:765	HMUELLER	Transaktion	SU01	CL_SUID_TOOLS=================CP		4	Berechtigungsprüfung nicht erfolgreich	
04.09.2019	10:41:28:520	HMUELLER	Transaktion	SU01	CL_SUID_TOOLS=================CP		4	Berechtigungsprüfung nicht erfolgreich	
04.09.2019	10:41:41:769	HMUELLER	Transaktion	SU01	CL_SUID_TOOLS=================CP		0	Berechtigungsprüfung erfolgreich	

Zusatzinfo	Zugriffsfilterung	Entität	Objekt	Feld 1	Wert 1	Feld 2	Wert 2	Feld 3	Wert 3	Feld 4	Wert 4	Feld 5	Wert 5	Feld 6
			S_TCODE	TCD	SU01									
			S_USER_GRP	CLASS		ACTVT								
			P_RUNTIME	P_APP_ID	SU01	P_ACTVT_RT	01	P_ACTVT_FW	01					
			P_RUNTIME	P_APP_ID		P_ACTVT_RT	01	P_ACTVT_FW						
			S_USER_GRP	CLASS	VT_USER	ACTVT	02							
			S_USER_GRP	CLASS	VT_USER	ACTVT	22							
			S_USER_GRP	CLASS	VT_USER	ACTVT	03							
			S_USER_GRP	CLASS	FI_USER	ACTVT	03							

Abbildung 8.23: Ausgabeliste Berechtigungstrace

Die Liste ist chronologisch nach dem ZEITPUNKT der durchgeführten Berechtigungsprüfungen sortiert. Die Spalten OBJEKT, FELD1, WERT1 etc. geben Auskunft darüber, welche Berechtigungsobjekte mit welchen Feldwerten geprüft wurden.

Die Bedeutung der verschiedenen Werte in der Spalte ERGEBNIS zeigt Tabelle 8.1:

Ergebnis	Bedeutung
0	Ausreichende Berechtigung vorhanden
4	Berechtigung für Objekt vorhanden, aber nicht ausreichend
12	Keinerlei Berechtigung für Objekt vorhanden

Tabelle 8.1: Return-Codes für AUTHORITY-CHECK

Durch Doppelklick auf einen Eintrag in der Liste erhalten Sie abhängig von der gewählten Spalte zusätzliche Informationen. Ein Doppelklick in einer Zeile der Spalte PROGRAMMNAME zeigt z. B. die Stelle im Coding an, an der die Berechtigungsprüfung durchgeführt wurde, ein Doppelklick auf einen Eintrag in der Spalte ERGEBNIS die Definition des geprüften Berechtigungsobjekts (siehe Abbildung 8.24).

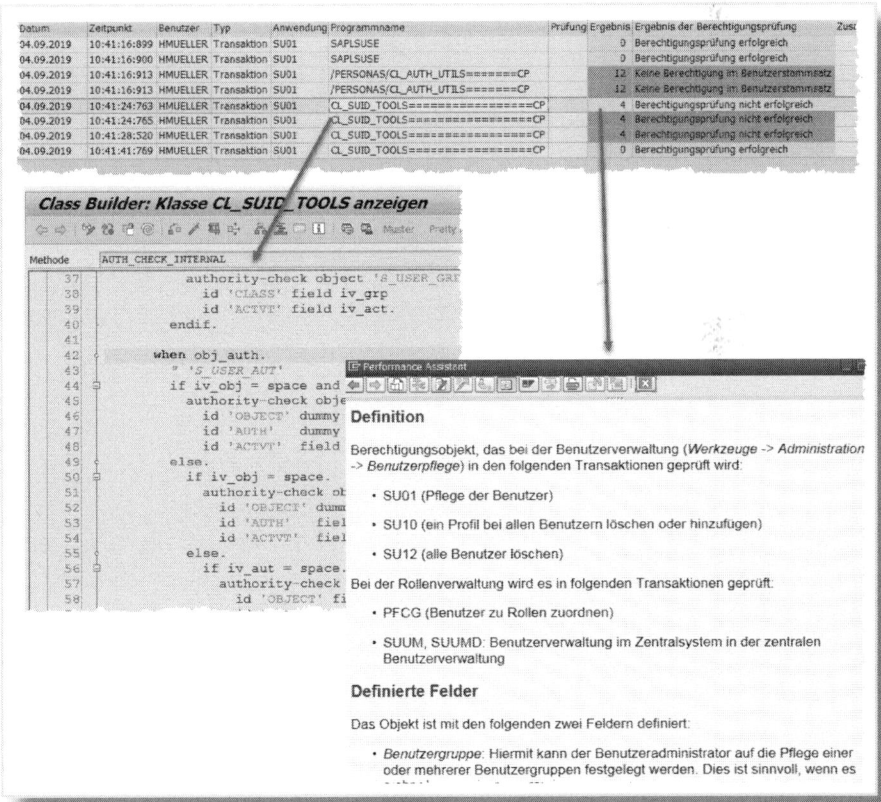

Abbildung 8.24: Detailanzeige zum Berechtigungstrace

8.5 Berechtigungen: Typische Fehlerquellen

Recht häufig entstehen Berechtigungsprobleme dadurch, dass bei der Pflege von Rollen oder Benutzerstammsätzen kleinere Fehler gemacht wurden. Daher folgen nun noch einige Hinweise, was Sie bei Berechtigungsproblemen prüfen sollten.

Aktuelle Rolle nicht generiert

Wird die Definition einer Rolle geändert, müssen auch alle zur Rolle gehörigen Profile neu generiert werden. Ob eine Rollenänderung vorliegt, können Sie in der Transaktion *PFCG* erkennen; in diesem Fall ist die Karteikarte BERECHTIGUNGEN durch ein Warndreieck markiert, und der STATUS der Rolle besagt *Aktuelle Version nicht generiert* (siehe Abbildung 8.25).

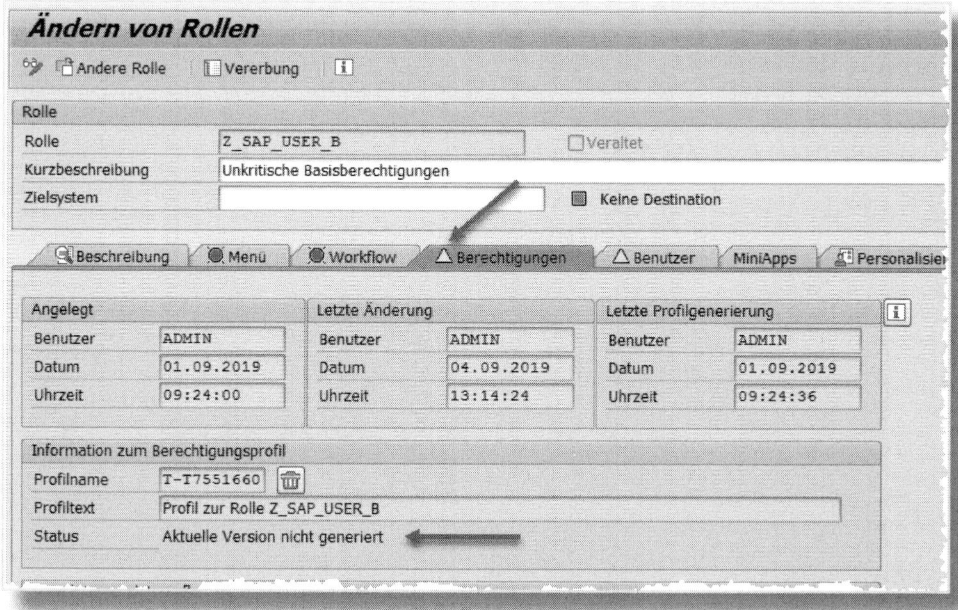

Abbildung 8.25: Aktuelle Version nicht generiert

Die notwendige Generierung können Sie starten, indem Sie zunächst die Funktion BERECHTIGUNGSDATEN ÄNDERN (❶) ausführen und anschließend die Generierung über das markierte Icon ❷ in Gang setzen (siehe Abbildung 8.26).

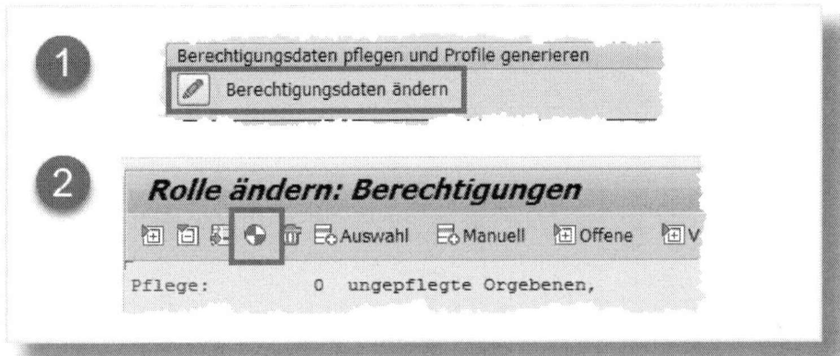

Abbildung 8.26: Aktuelle Version generieren

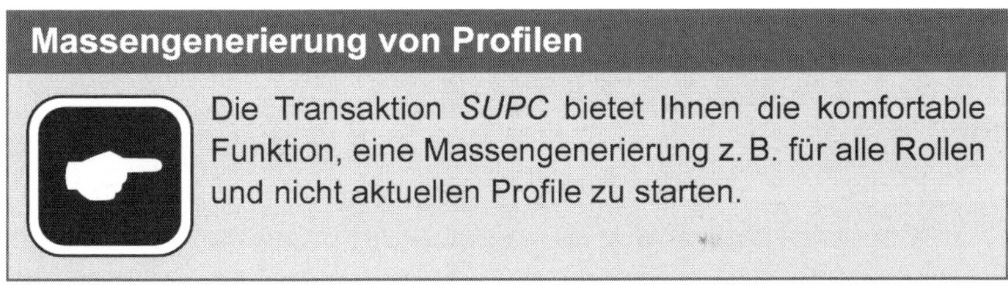

Massengenerierung von Profilen

Die Transaktion *SUPC* bietet Ihnen die komfortable Funktion, eine Massengenerierung z. B. für alle Rollen und nicht aktuellen Profile zu starten.

Fehlender Benutzerabgleich

Wird in der Transaktion *PFCG* die Zuordnung von Benutzern zu einer Rolle geändert, erfolgt nicht automatisch auch eine Anpassung der Zuordnung von den dieser Rolle entsprechenden Profilen. Dies hat zur Folge, dass Benutzer zwar der Rolle zugeordnet sind, sie aber noch nicht die für die Berechtigungsprüfungen relevanten Profile besitzen – dies ist an dem rot markierten Icon in Abbildung 8.27 zu erkennen.

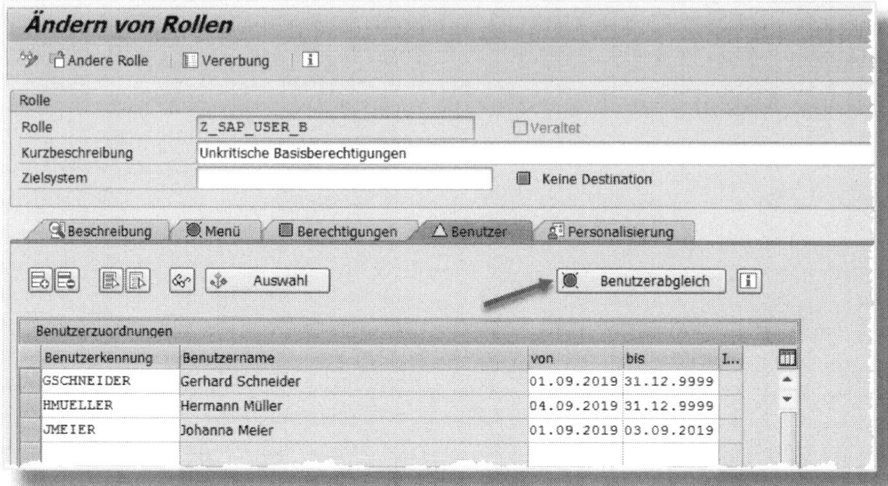

Abbildung 8.27: Fehlender Benutzerabgleich

Abhilfe schafft hier das Starten des *Benutzerabgleichs* über die gleichnamige Schaltfläche. Der Benutzerabgleich muss insbesondere dann ausgeführt werden, wenn die Zuordnung von Benutzern zu Rollen zeitlich befristet ist (siehe Spalten von/bis in der Abbildung).

Ohne Benutzerabgleich wird die zeitliche Befristung nicht berücksichtigt. Das würde etwa in unserem Beispiel oben für die Zuordnung des Benutzers JMEIER zur Rolle bedeuten, dass die Berechtigungen u. U. auch nach dem 03.09.2019 noch gültig bleiben.

Automatischer Benutzerabgleich

Einen Massenabgleich können Sie mithilfe der Transaktion *PFUD* vornehmen. Die SAP empfiehlt, diesen Massenabgleich einmal täglich durchzuführen. Um die Transaktion nicht manuell starten zu müssen, können Sie alternativ auch eine periodische Ausführung über den Report *RHAUTUPD_NEW* einplanen.

9 Fehleranalyse mithilfe des Debuggers

Der Debugger ist eines der wichtigsten Werkzeuge, um die Ursache auftretender Fehler zu ermitteln. Er erlaubt die schrittweise Ausführung von Programmcoding und die Überwachung von Variableninhalten. Primäre Zielgruppe des Debuggings sind Softwareentwickler, bei SAP-Systemen ABAP-Entwickler. Schließlich zeigt der Debugger für jeden Schritt das relevante Coding an, weshalb zumindest Grundkenntnisse in ABAP erforderlich sind. Aber selbst wenn Sie kein ABAP-Profi sind, werden Ihnen die Ausführungen der nächsten Abschnitte dabei helfen, Fehlerursachen wenigstens einzugrenzen. Bei Bedarf können Sie dann die gefundenen Informationen an den zuständigen Softwareentwickler weitergeben.

9.1 Debugger starten und stoppen

»Klassischer« und »neuer« Debugger

Wir betrachten im Folgenden ausschließlich den »neuen« Debugger, der seit dem Release 6.40 angeboten wird und bei dem das zu untersuchende Programm sowie der Debugger selbst in zwei getrennten Modi innerhalb der SAP GUI laufen. Der »klassische« Debugger, der im selben Modus wie das Programm läuft, steht zwar nach wie vor noch zur Verfügung, seine Verwendung wird aber nicht mehr empfohlen.

Es gibt verschiedene Möglichkeiten, den Debugger zu starten. So kann z. B. ein Programm bzw. eine Transaktion gleich ab der ersten Codingzeile schrittweise ausgeführt werden. Alternativ dazu können

Sie durch das Setzen von sogenannten *Breakpoints* (Stopmarken) Stellen im Coding markieren, an denen die Programmausführung automatisch unterbrochen und in den Debug-Modus umgeschaltet werden soll. Des Weiteren ist es aber auch denkbar, ein bereits laufendes Programm noch in den Debug-Modus zu versetzen. Diese Option wird in der Praxis häufiger verwendet, da das Debugging eines umfangreichen Codings von Beginn an sehr zeitaufwendig sein kann.

Start in der ABAP Workbench

Mit den Werkzeugen der *ABAP Workbench* können Sie direkt Programme (Reports), Transaktionen und Funktionsbausteine unter Kontrolle des ABAP-Debuggers starten (siehe Abbildung 9.1).

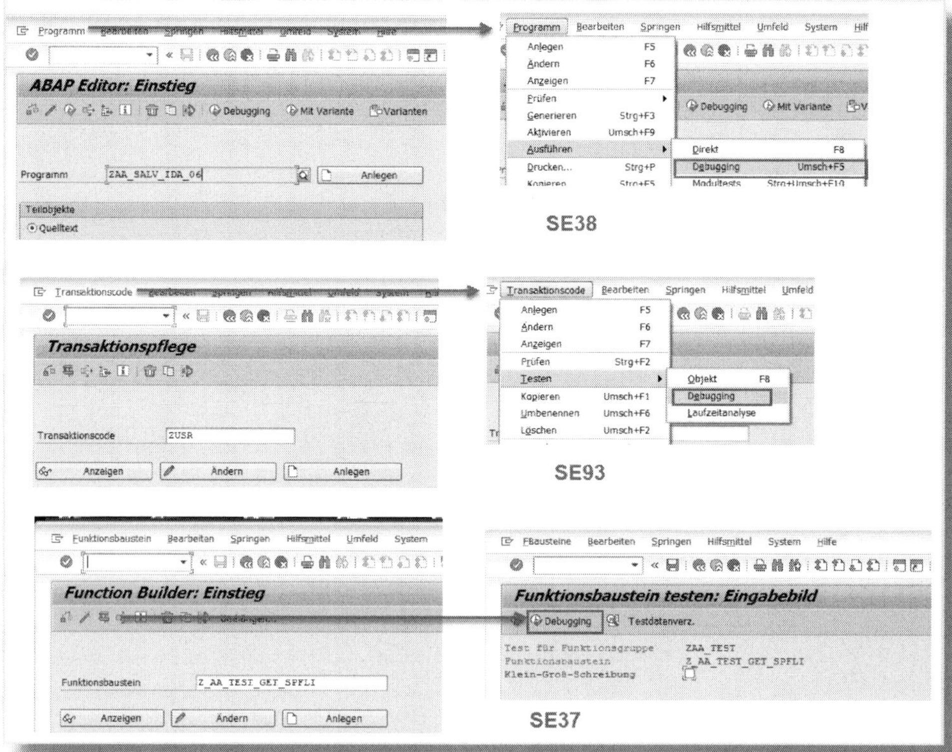

Abbildung 9.1: Debugger starten (Report, Transaktion, FuBa)

Job debuggen

Selbst ein Job mit dem Status »freigegeben« kann mithilfe der Transaktion *SM37* unmittelbar mit dem Start im Debugging-Modus (❶) ausgeführt werden (siehe Abbildung 9.2):

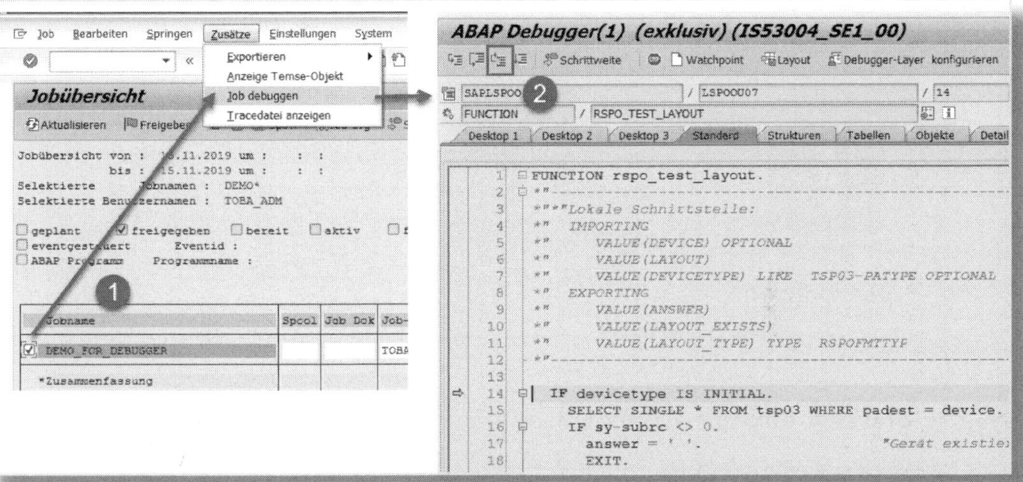

Abbildung 9.2: Job mit Status »freigegeben« debuggen

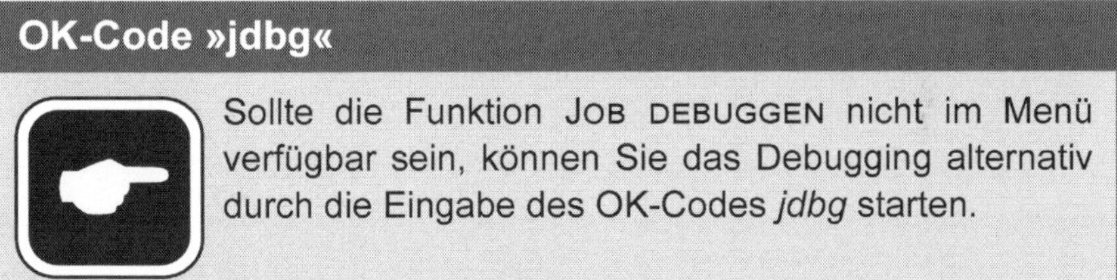

OK-Code »jdbg«

Sollte die Funktion Job debuggen nicht im Menü verfügbar sein, können Sie das Debugging alternativ durch die Eingabe des OK-Codes *jdbg* starten.

Der Job mit all seinen Einzelschritten wird in einem Dialogprozess (!) ausgeführt, und Sie können den Jobablauf im Fenster des ABAP-Debuggers mit dessen Werkzeugen analysieren. Dabei hat das Systemfeld SY-BATCH den Wert X, das Ausführen des Jobs im Hintergrund wird fast vollständig simuliert.

Sie können beispielsweise auch die Zugriffe auf ein SAP-Spool-System und die Auswertung von Varianten untersuchen, die beide vor dem Start des ersten Job-Steps durchgeführt werden. Beachten Sie aber, dass dadurch das Debugging weit vor dem eigentlichen Coding des ABAP-Programms beginnt, das im ersten Job-Step verwendet wird. Durch wiederholtes Drücken des Return-Icons (in obiger Abbildung markiert mit ❷), können Sie das Debugging aussetzen, bis Sie zum eigentlich relevanten Coding des Programms kommen.

Gefahr der doppelten Ausführung eines Jobs

Der im Debugging-Modus gestartete Job wird tatsächlich in einem Dialogprozess ausgeführt, der ursprünglich eingeplante Job behält aber seinen Status, d. h., er wird zur vorgesehenen Startzeit nochmals in Gang gesetzt. Der Start im Debugging-Modus wird nicht in der Jobübersicht protokolliert.

Start bei Anzeige eines Laufzeitfehlers

Wird eine Dialoganwendung mit einem Laufzeitfehler abgebrochen, können Sie direkt von der Kurzdump-Anzeige zum ABAP-Debugger wechseln. Wählen Sie dazu die Funktion Debugger (siehe Abbildung 9.3).

Es stehen daraufhin im Debugger zwar die Variableninhalte zur Verfügung, ein tatsächliches Debugging (z. B. weiteres Ausführen im Einzelschrittmodus) ist aber nicht möglich.

Kein Aufruf des Debuggers aus Transaktion ST22

Beachten Sie, dass der Aufruf des Debuggers nur möglich ist, wenn ein Laufzeitfehler direkt angezeigt wird. Ein späterer Aufruf des Debuggers aus der Transaktion *ST22* heraus ist nicht möglich!

Start durch OK-Code /h

Am häufigsten wird in der Praxis die Möglichkeit genutzt, den Debugger bei der Ausführung eines Dialogprogramms zu starten, während das Programm auf eine Benutzerinteraktion wartet.

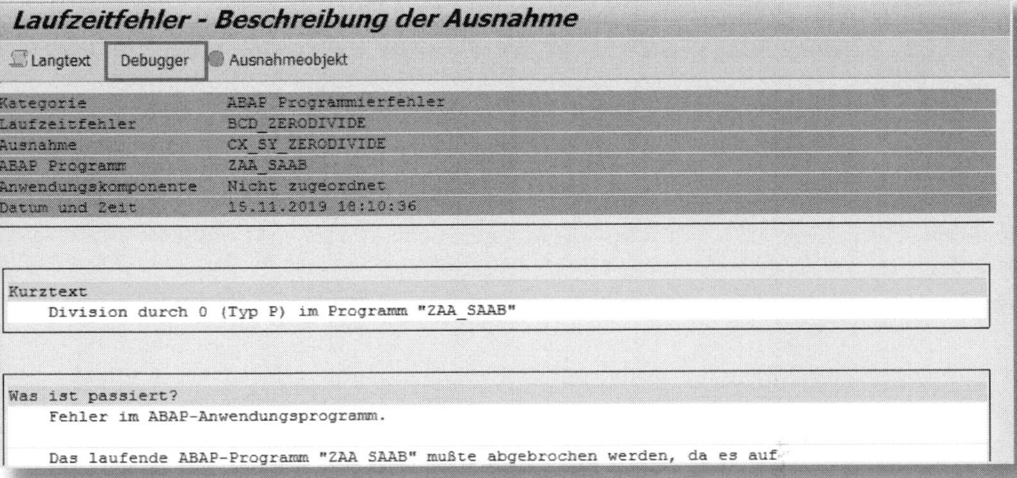

Abbildung 9.3: Aufruf Debugger aus Transaktion ST22

Dazu geben Sie */h* im OK-Code-Feld ein und drücken `Enter`. Die Meldung »Debugging wurde gestartet« weist darauf hin, dass mit dem nächsten Dialogschritt das Debugging beginnt (siehe Abbildung 9.4).

Abbildung 9.4: Debugger starten mit »/h«

Start per Desktop-Verknüpfung

In Dialogfenstern ist das OK-Code-Feld nicht verfügbar. Wenn Sie »SAP GUI für Windows« verwenden, können Sie jedoch GUI-Verknüpfungen einsetzen. Gehen Sie dazu wie in Abbildung 9.5 gezeigt vor:

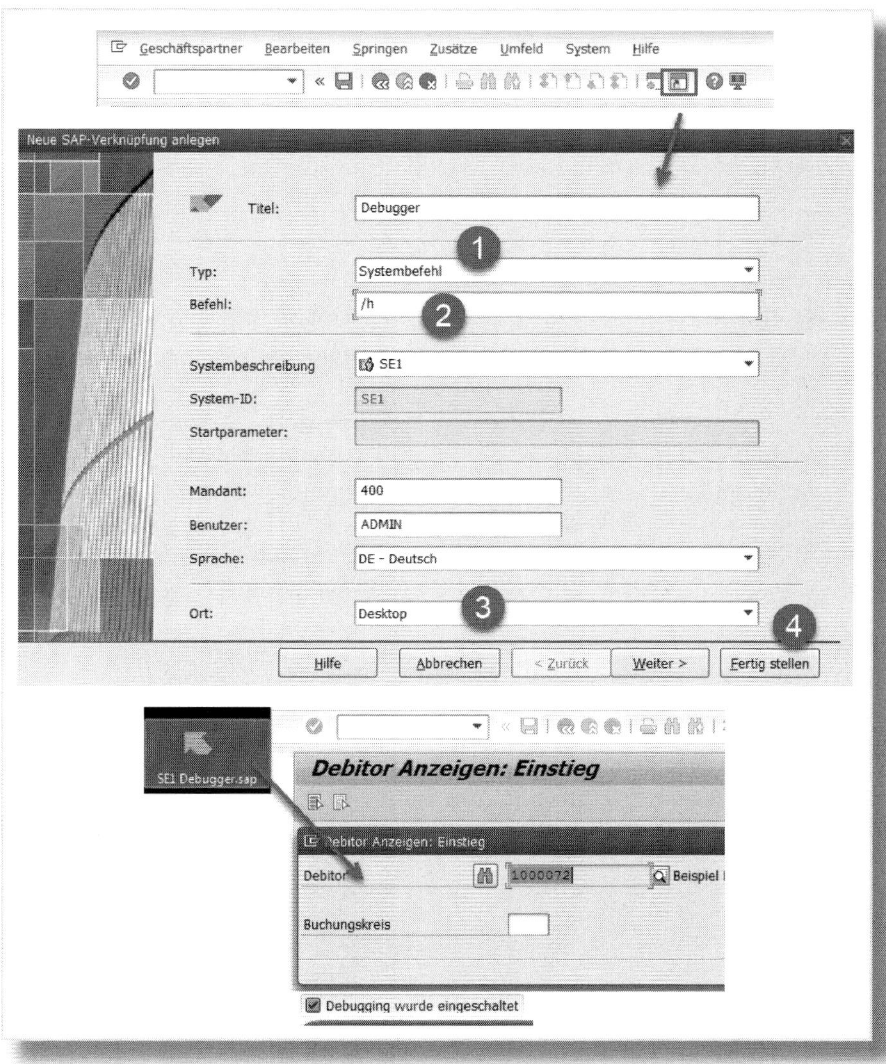

Abbildung 9.5: Desktop-Verknüpfung für das Debugging

Mit Klick auf das in der Menüleiste markierte Icon öffnet sich ein Fenster, in dem Sie eine gewöhnliche GUI-Verknüpfung definieren. Legen Sie dabei folgende Parameter fest:

❶ Typ: Systembefehl

❷ Befehl: /h

❸ Ort: Desktop

Speichern Sie die Verknüpfung mit Fertig stellen (❹).

Um mit dem Debugging zu beginnen, ziehen Sie die GUI-Verknüpfung per Drag & Drop auf das aktive Dialogfenster. Während der nächsten Benutzeraktion, beispielsweise bei Betätigung der [Eingabe]-Taste, wird das Programm angehalten und der ABAP-Debugger startet.

Desktop-Verknüpfung: Inhalt der Datei

Die Desktop-Verknüpfung, die Sie für das Einschalten des Debuggers benötigen, ist eine Textdatei mit der Endung ».sap«, die prinzipiell folgenden Inhalt haben muss:

- [Function]
- Title=Debugger
- Command=/h
- Type=SystemCommand

Start in der Prozessübersicht

In der Prozessübersicht (Transaktion *SM50*) können Sie das Debugging für laufende Prozesse (insbesondere für Hintergrundjobs) zuschalten (siehe Abbildung 9.6).

❶ Sie markieren den Prozess und rufen Programm • Debugging auf.

❷ Bestätigen Sie das Debuggen mit JA.

❸ Das Debugging wird bei der nächsten unterbrechbaren Anweisung gestartet.

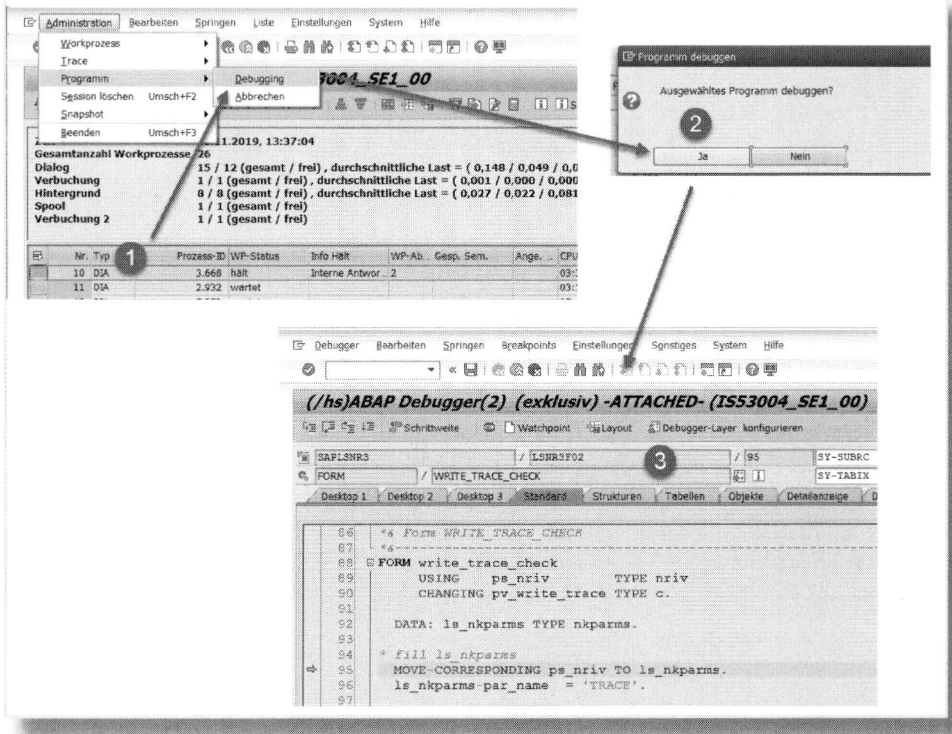

Abbildung 9.6: Debugger für laufende Prozesse zuschalten

Sitzung inspizieren

Wartet eine Anwendung auf eine Benutzereingabe, können Sie in der Benutzerübersicht (Transaktion *SM04*) die Funktion SITZUNG INSPIZIEREN einsetzen, um den Debugger zu aktivieren (siehe Abbildung 9.7).

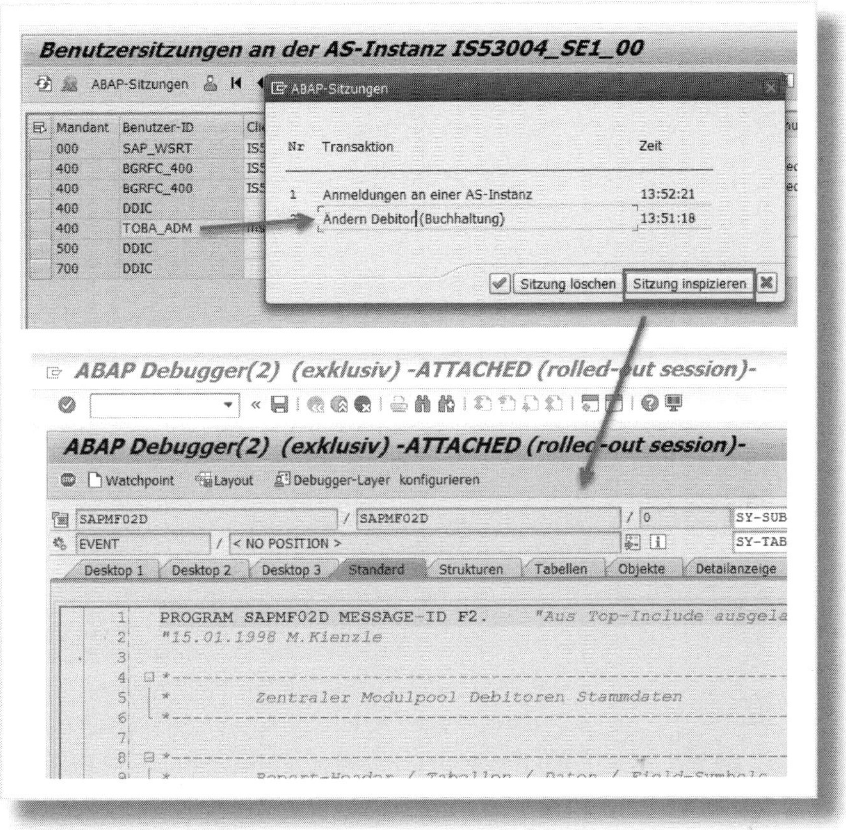

Abbildung 9.7: Sitzung inspizieren

Sitzung inspizieren

Das Inspizieren einer Sitzung erlaubt es Ihnen nicht, die Ausführung einer Anwendung im Debugger fortzusetzen. Sie können die Inspizierung aber z. B. dazu nutzen, sich detailliert die aktuellen Inhalte der vom Programm genutzten Variablen oder die Aufrufhierarchie (ABAP und Dynpro Stack) vor Augen führen zu lassen.

Debugger beenden

Der Debugger endet automatisch, sobald die Anwendung, auf die er geschaltet wurde, geschlossen wird. Möchten Sie den Debugger vorzeitig beenden, sind folgende Situationen zu unterscheiden:

- Die Anwendung hat den Fokus und wartet auf eine Eingabe durch den Anwender. In diesem Fall geben Sie den OK-Code */hx* in das OK-Code-Feld der Anwendung ein. Der Debugger wird daraufhin geschlossen, und die Anwendung kann in gewohnter Weise fortgesetzt werden (❶ in Abbildung 9.8).
- Der Debugger hat den Fokus und ist eingabebereit. In diesem Fall können Sie im Menü die Funktion DEBUGGER • DEBUGGER BEENDEN aufrufen, wodurch der Debugger geschlossen wird und die Anwendung weiterläuft. Sollen Debugger und Anwendung gleichzeitig beendet werden, muss die Funktion DEBUGGER • APPLIKATION UND DEBUGGER BEENDEN gewählt werden (❷).

Debug Timeout

Der Debugger wird mit der Funktion APPLIKATION UND DEBUGGER BEENDEN nach Ablauf der durch den Parameter *rdisp/max_debug_lazy_time* vorgegebenen Zeit automatisch gestoppt, wenn im Debugger keine Aktion durchgeführt wird.

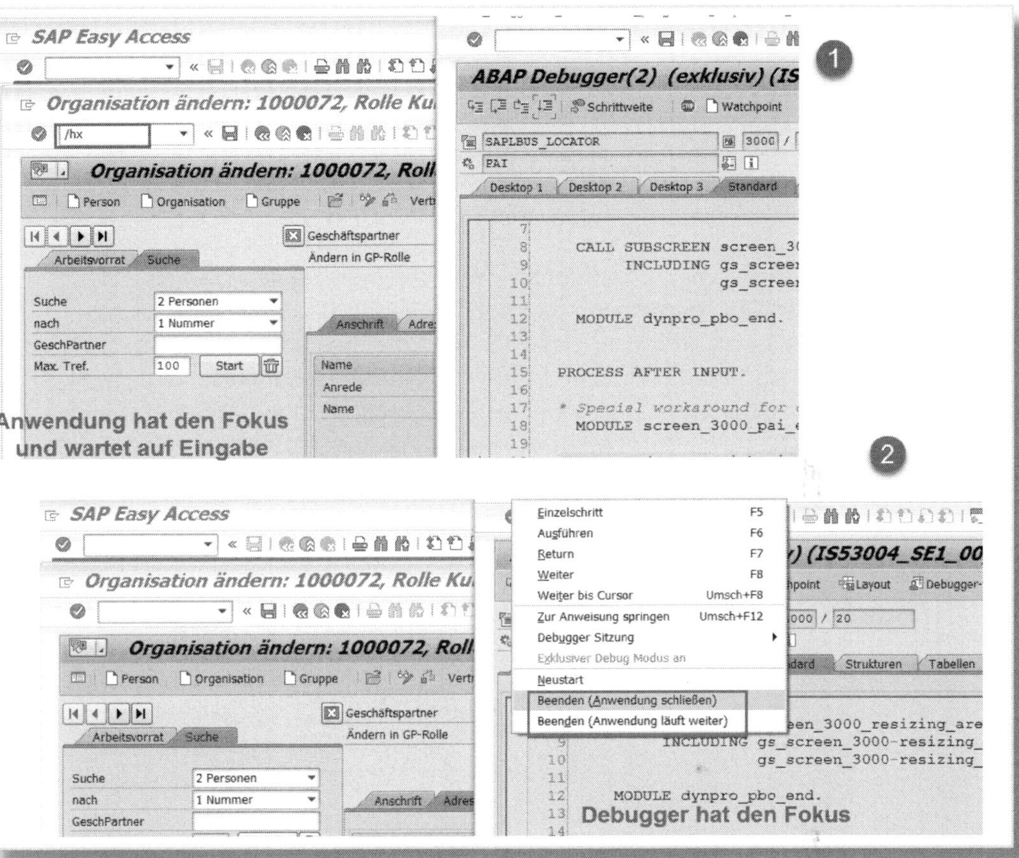

Abbildung 9.8: Debugger beenden

9.2 Debugger »exklusiv« und »nicht exklusiv«

Im normalen Dialogbetrieb wird am Ende eines jeden Dialogschritts der Workprozess für die Nutzung durch einen anderen User freigegeben. Dieses »Rollout« führt auf der Datenbank immer zu einem COMMIT, d. h., DB-Ressourcen wie Ergebnistabellen von SQL-Statements und gesetzte Sperren werden gelöscht.

Bei einer Anwendung im Debugging-Modus wird der ursprünglich vorgesehene Dialogschritt in Einzelschritten abgearbeitet, der Debugger zeigt den Bearbeitungsfortschritt an. Prinzipiell wird also der Dialogschritt in mehrere kleinere Schritte aufgeteilt, was eigentlich zusätzliche Rollouts nach sich ziehen müsste. Eine Nebenwirkung davon wäre z. B. die Freigabe von Ergebnistabellen, bevor der Dialogschritt beendet ist.

Um diese Probleme zu vermeiden, wird mit dem Einschalten des Debuggers der Dialogworkprozess in den sogenannten *privilegierten Modus* versetzt, was bedeutet, dass der Workprozess über das Ende des Dialogschritts hinaus exklusiv für den Anwender reserviert bleibt, der ihn aktuell nutzt. In der Transaktion *SM50* erkennt man für diesen Fall, dass der Dialogworkprozess den Status *hält* besitzt und als Begründung dafür *Debugging* angezeigt wird (siehe Abbildung 9.9 (❶)). Im Debugger selbst wird die Reservierung durch den Zusatz »(exklusiv)« in der Überschrift sichtbar (❷).

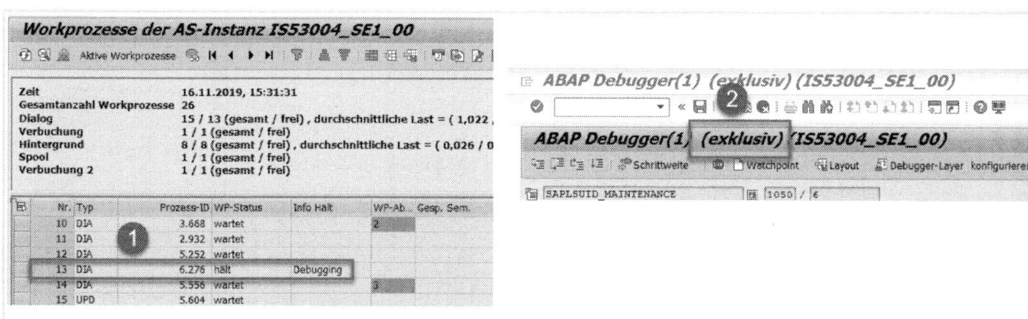

Abbildung 9.9: Prozessreservierung und exklusives Debuggen

Die Anzahl der für das Debugging reservierbaren Workprozesse wird durch den Profilparameter *rdisp/wpdbug_max_no* festgelegt. Sind alle durch ihn vorgegebenen Workprozesse bereits für das Debugging vorgesehen, ist zwar weiteres zusätzliches Debugging möglich, dieses wird dann allerdings im *nicht exklusiven Modus* durchgeführt, was im Debug-Fenster entsprechend vermerkt wird. Die Nebenwirkungen dieses Modus sollten allerdings nicht außer Acht gelassen werden. Da der Workprozess nicht mehr exklusiv für das Debugging reserviert ist, kann am Ende eines jeden Debug-Schritts potenziell ein Rollout stattfinden, das zu zusätzlichen COMMITs auf der Datenbank und einem damit verbundenen Verlust von Ergebnistabellen führt. Dumps, gemäß Abbildung 9.10, können dann die Folge sein.

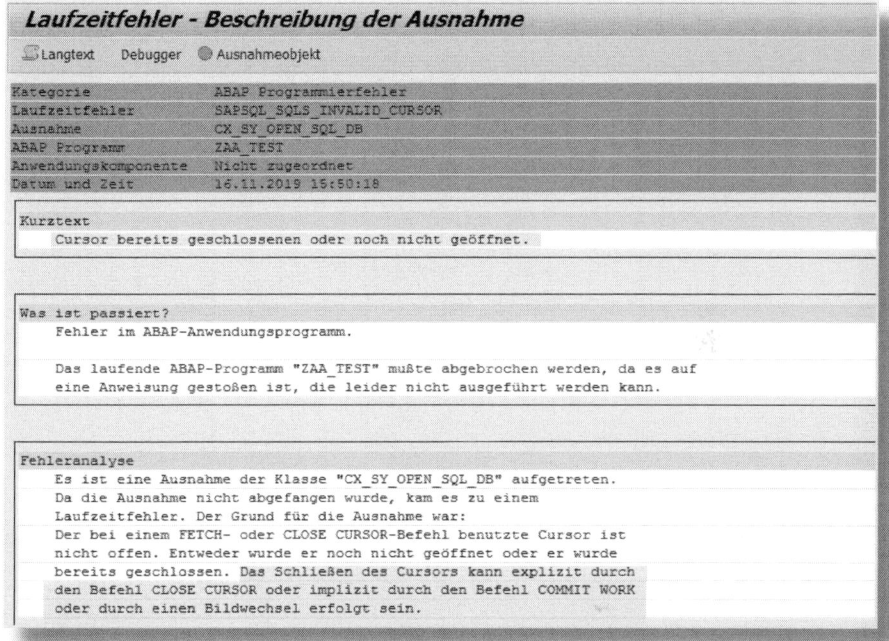

Abbildung 9.10: Dump bei »nicht exklusivem« Debugging

Debugging in »produktiven« Mandanten

Wegen der beschriebenen potenziellen Nebenwirkungen des »nicht exklusiven« Debuggings ist dieses in produktiven Mandanten nicht möglich (siehe hierzu SAP-Hinweis 726719).

9.3 Steuerung des Debuggers

9.3.1 Breakpoints

Mithilfe von *Breakpoints* können Sie gezielt die Ausführung eines ABAP-Programms an ausgewählten Codingzeilen oder auf der Basis von Bedingungen unterbrechen. Betrachten wir zunächst die Breakpoints, die Sie vor dem Start der Anwendung im Coding mit dem ABAP Editor setzen können (siehe Abbildung 9.11).

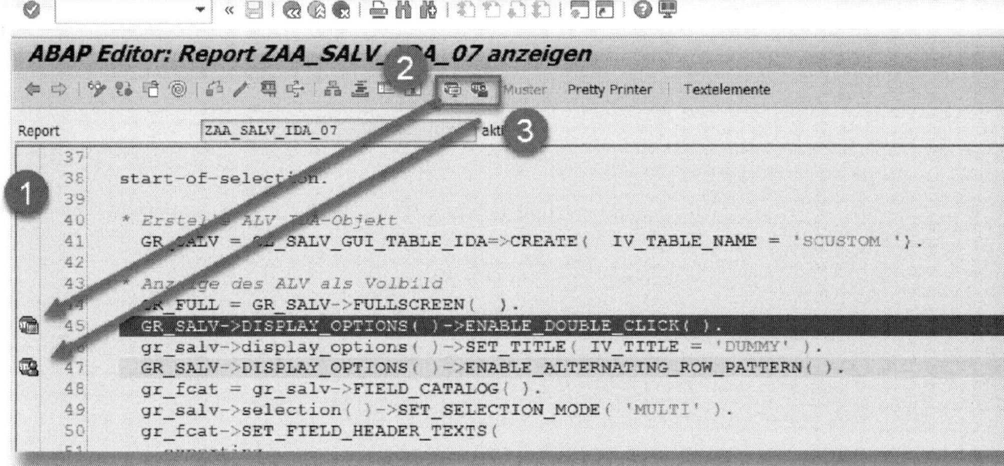

Abbildung 9.11: Breakpoint im Editor setzen

Sie können einen Breakpoint für eine Anweisungszeile setzen, indem Sie in der mit (❶) markierten Spalte das Kontextmenü öffnen und die Funktion Breakpoint setzen aufrufen.

Alternativ wählen Sie die entsprechende Funktion in der Menüleiste.

Wir unterscheiden zunächst einmal zwei Arten von Breakpoints:

- *Session-Breakpoint* (❷, Icon): Ein solcher Breakpoint gilt für die aktuelle Session (Anmeldung in der SAP GUI). Starten Sie die Anwendung, die den Breakpoint enthält, innerhalb derselben Session (eventuell in einem anderen Modus), stoppt die Programmausführung an der betreffenden Stelle. Auf parallele Sessions mit übereinstimmender Benutzerkennung hat der Session-Breakpoint keine Auswirkungen.

- *Externer Breakpoint* (❸, Icon): Dieser Breakpoint wirkt sich auf alle aktuellen und zukünftigen Sessions des Benutzers aus. Dies kann z. B. dazu führen, dass die Anwendung bei einer erneuten Anmeldung in der SAP GUI an der mit dem externen Breakpoint versehenen Stelle unterbrochen wird.

Externer Breakpoint

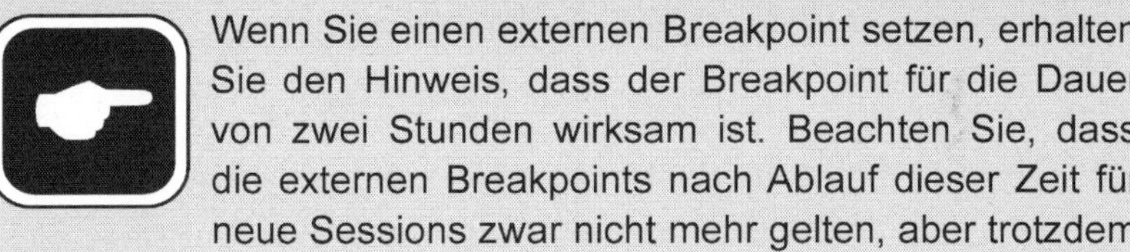

Wenn Sie einen externen Breakpoint setzen, erhalten Sie den Hinweis, dass der Breakpoint für die Dauer von zwei Stunden wirksam ist. Beachten Sie, dass die externen Breakpoints nach Ablauf dieser Zeit für neue Sessions zwar nicht mehr gelten, aber trotzdem reaktiviert werden, sobald ein neuer externer Breakpoint gesetzt wird. Beachten Sie hierzu SAP-Hinweis 2305798.

Gesetzte Breakpoints werden in der mit ❶ in Abbildung 9.11 markierten Editorspalte angezeigt. Wenn Sie hier auf einen gesetzten Breakpoint klicken, wird dieser wieder gelöscht. Alternativ nutzen Sie dafür die in Abbildung 9.12 gezeigten Funktionen.

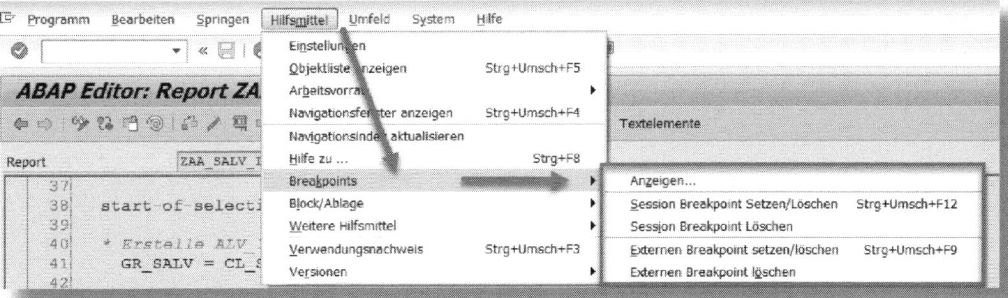

Abbildung 9.12: Breakpoints löschen bzw. anzeigen

Externe Breakpoints können Sie auch für andere Benutzer setzen. Dies kann z. B. hilfreich sein, wenn Sie externe Requests (RFC-, HTTP-Aufrufe) debuggen möchten, die sich nicht mit der von Ihnen genutzten, sondern mit einer anderen Benutzerkennung anmelden.

Den für den externen Breakpoint relevanten Benutzer können Sie im ABAP Editor über HILFSMITTEL • EINSTELLUNGEN« bestimmen (siehe Abbildung 9.13).

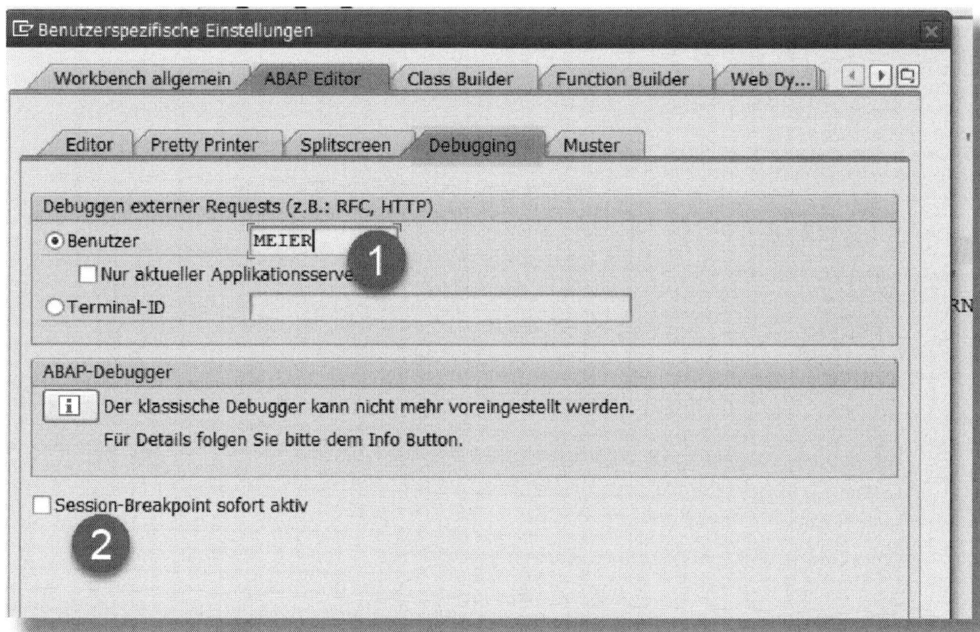

Abbildung 9.13: Debuggen externer Requests

Tragen Sie dazu die Benutzerkennung in das Feld BENUTZER (❶) ein. Mithilfe der Option SESSION-BREAKPOINT SOFORT AKTIV (❷) können Sie festlegen, wie sich das zusätzliche Setzen von Session-Breakpoints auf bereits gestartete Anwendungen auswirkt. Details hierzu zeigt Ihnen die Onlinehilfe zur Option über `F1` an.

Sie können auch während des Debuggings Breakpoints setzen und löschen. Um dies für einen zeilenbezogenen Debugger-Breakpoint zu veranlassen, klicken Sie einfach in die Markierspalte (❶) der betreffenden Codingzeile (siehe Abbildung 9.14). Die so hinzugefügten *Debugger-Breakpoints* sind nur für die Dauer des Debuggings gültig, können aber bei Bedarf über Breakpoints • Deb. Bps sichern als in Session- oder externe Breakpoints umgewandelt werden (❷).

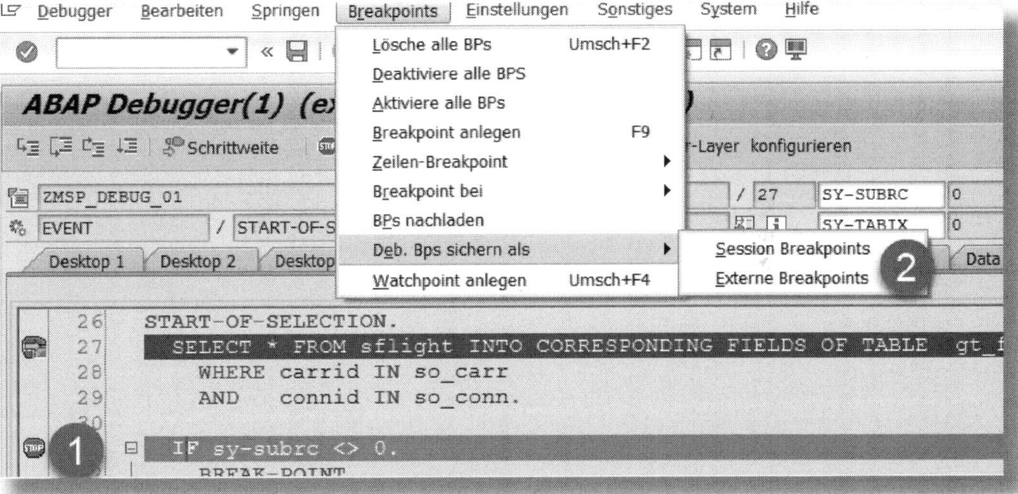

Abbildung 9.14: Debugger-Breakpoint

Im bisherigen Verlauf haben wir Breakpoints definiert, die sich auf eine von uns ausgewählte Codingzeile bezogen haben. Für eine Fehleranalyse mithilfe des Debuggers ist es aber weitaus hilfreicher, ein Programm in den Debugging-Modus versetzen zu können, wenn eine bestimmte ABAP-Anweisung (z. B. die Ausgabe einer Fehlermeldung) ausgeführt wird, ohne dass wir die betreffende Codingzeile vorher selbst bestimmen müssen. Genau hierfür bietet der Debugger die Funktion Breakpoint bei (❶) an. Den Dialog für das Setzen eines solchen Breakpoints können Sie durch den entsprechenden Menüeintrag oder durch das Klicken auf das »Stopp«-Icon (❷) aufrufen (siehe Abbildung 9.15).

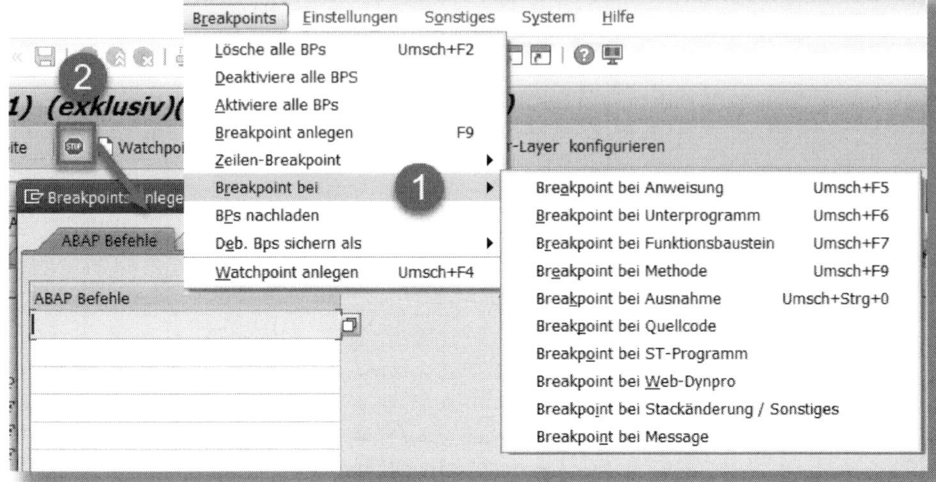

Abbildung 9.15: Funktion »Breakpoint bei«

In der Praxis überaus hilfreich ist die Möglichkeit, einen Breakpoint für die Ausgabe einer Fehlermeldung zu setzen. Sobald diese angezeigt wird (das Beispiel in Abbildung 9.16 besagt, dass die Postleitzahl zu kurz ist), klicken Sie darauf, um die zugeordnete Meldungsklasse (hier *AM*) und Meldungsnummer (653) zu bestimmen (❶). Aktivieren Sie anschließend den Debugger z. B. durch Eingabe von »/h« im OK-Code-Feld und wählen Sie die Funktion Breakpoint bei Message (❷). Tragen Sie nun die Meldungsklasse in das Feld ID und die Meldungsnummer in das Feld Nummer ein (❸).

Wenn Sie die Ausführung des Programms jetzt fortsetzen, startet der Debugger sofort bei der nächsten Ausgabe einer entsprechenden Fehlermeldung, die zugehörige Codingzeile wird angezeigt.

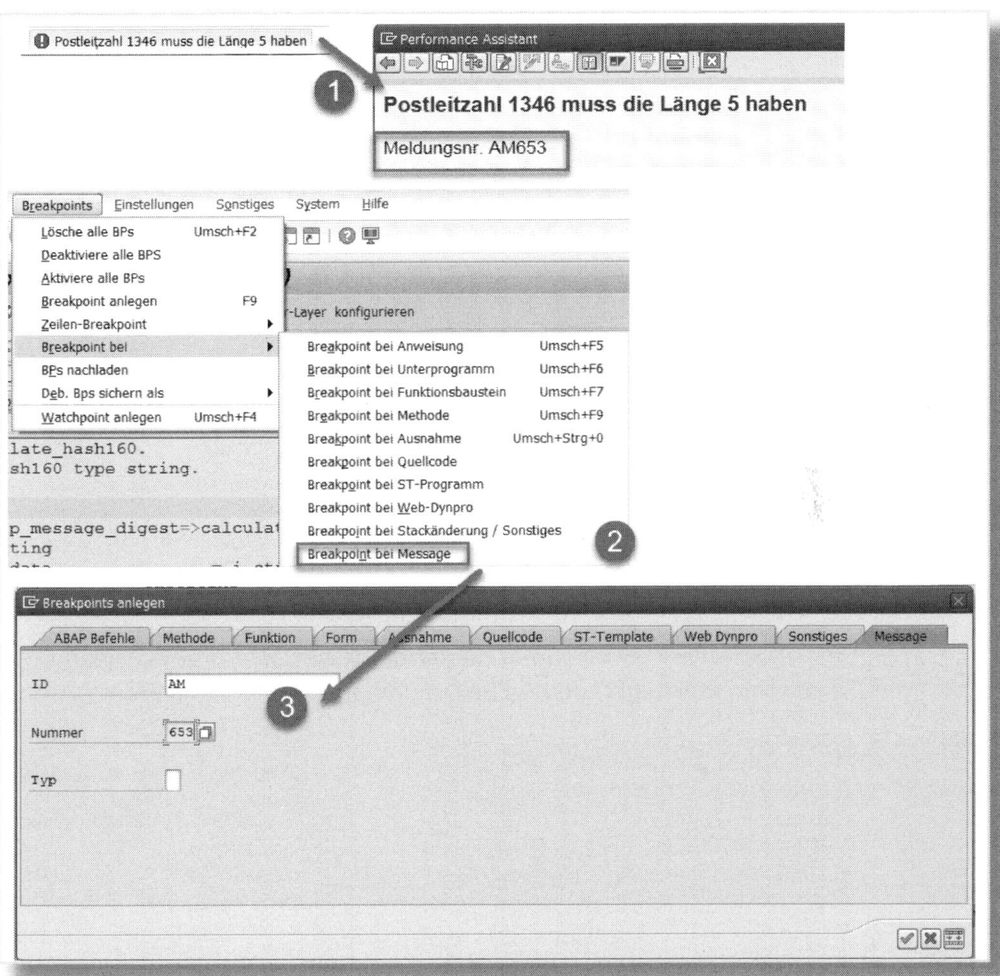

Abbildung 9.16: Breakpoint bei Message

Breakpoint bei Message

Tragen Sie im Feld Typ besser nichts ein! Es kann sonst passieren, dass der Debugger nicht gestartet wird, obwohl die ausgesuchte Meldung ausgegeben wird.

Der Hintergrund dieses Phänomens lässt sich schnell erklären: Die ABAP-Anweisung MESSAGE erlaubt es dem Entwickler, eine Meldung optisch als Fehlermeldung (Typ »E«) auszugeben, obwohl sie programmtechnisch eine Erfolgsmeldung (Typ »S«) ist. Bei einer »E«-Meldung muss im Programmcoding zum Teil recht aufwendig gesteuert werden, welche Maskenfelder für eine erneute Eingabe des Anwenders geöffnet sein sollen, eine »S«-Meldung hat keine Auswirkungen auf die Eingabebereitschaft.

9.3.2 Navigation im Debugger

Läuft ein Programm im Debugger, deutet ein Pfeil in der ersten Spalte auf die nächste auszuführende Anweisung (siehe Abbildung 9.17).

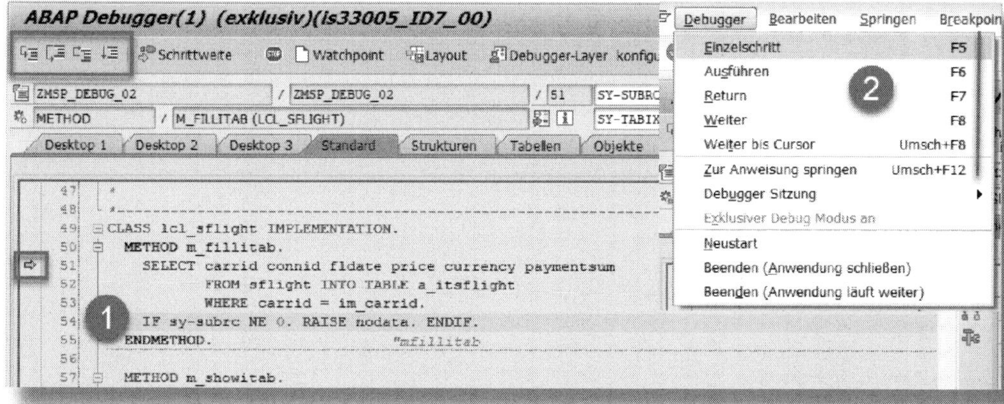

Abbildung 9.17: Navigation im Debugger (Ausführung fortsetzen)

Sie können den Cursor auf eine beliebige andere Codingzeile setzen, diese wird dann durch eine andere Hintergrundfarbe leicht hervorgehoben (❶). Mithilfe der Navigationstasten oben links oder den entsprechenden Menüpunkten (❷) bzw. den zugeordneten Funktionstasten können Sie steuern, wie die Programmausführung fortgesetzt werden soll. In Tabelle 9.1 erkläre ich Ihnen die verschiedenen Navigationsoptionen. Über die jeweils ergänzte Zahl können Sie in Abbildung 9.18 nachvollziehen, welcher Schritt dadurch im Coding ausgelöst wird.

Navigation	Auswirkung
Einzelschritt (❶)	Es wird nur der mit dem Pfeil markierte Schritt ausgeführt. Handelt es sich bei diesem Schritt um eine Modularisierungseinheit, wie z. B. ein Unterprogramm- oder einen Methodenaufruf, wird die erste ausführbare Anweisung innerhalb des gerufenen Unterprogramms bzw. der Methode angezeigt und mit einem Pfeil markiert, d. h., auch die schrittweise Ausführung erfolgt innerhalb gerufener Modularisierungseinheiten.
Ausführen (❷)	Ist der aktuell auszuführende Schritt ein Unterprogramm-, Methoden- oder Funktionsbausteinaufruf, wird die entsprechende Einheit in Gänze ausgeführt und die nächste dem Aufruf folgende Codingzeile mit einem Pfeil markiert.
Return (❸)	Die aktuelle Modularisierungseinheit wird in Gänze bis zu der Anweisung durchgeführt (z. B. RETURN), die die Kontrolle an den Aufrufer zurückgibt.
Weiter	Das Programm wird bis zum nächsten Breakpoint fortgesetzt. Existiert kein weiterer Breakpoint im Programm, wird der restliche zu verarbeitende Quelltext komplett ausgeführt.
Weiter bis Cursor (❹)	Der Quelltext wird bis zu der Anweisungszeile ausgeführt, auf der der Cursor steht. Voraussetzung ist, dass sich die betreffende Zeile der Ablauflogik des Programms hinter der gerade ausgeführten Zeile befindet.

Navigation	Auswirkung
Zur Anweisung springen (❺)	Die Programmausführung wird direkt mit der Zeile fortgesetzt, auf der der Cursor steht. Die Anweisungszeilen zwischen der zuletzt ausgeführten und der durch den Cursor markierten Zeile werden nicht ausgeführt. Die Funktion erlaubt es auch, Zeilen vor der zuletzt ausgeführten Anweisung zu wählen. Beachten Sie an dieser Stelle: Es werden keine Änderungen an Variableninhalten rückgängig gemacht, die durch bisher ausgeführte Schritte vorgenommen wurden. Es ist auch nicht möglich, auf jede beliebige Codingzeile zu springen. Beispielsweise können Sie nicht direkt in eine Loop-Schleife springen.

Tabelle 9.1: Navigationsoptionen im Debugger

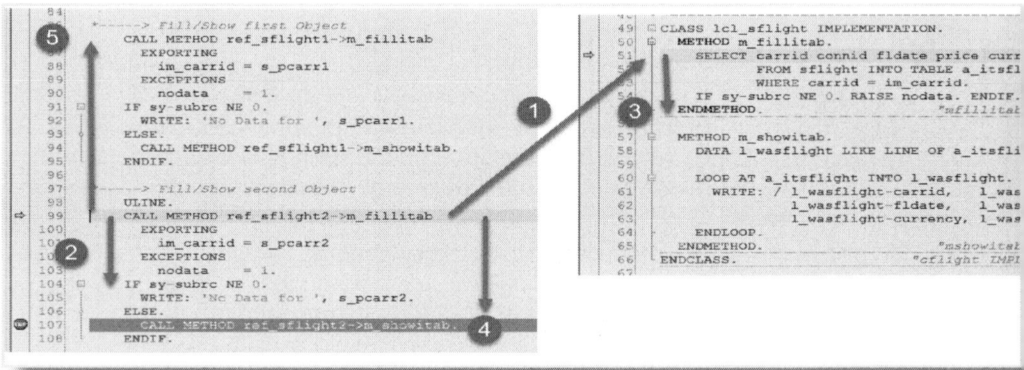

Abbildung 9.18: Beispiele für die Navigation im Debugger

Springen zur Anweisung

Die Funktion Zur Anweisung springen wird im Systemlog protokolliert. Diese Funktion ist für einen Benutzer nur zulässig, wenn die betreffende Berechtigung für das Objekt S_DEVELOP besteht.

9.3.3 Watchpoint

Ein *Watchpoint* erlaubt es Ihnen, die Ausführung eines Programms zu unterbrechen, wenn eine Variable im Programm ihren Wert ändert oder eine andere vorgegebene Bedingung erfüllt ist (siehe Abbildung 9.19).

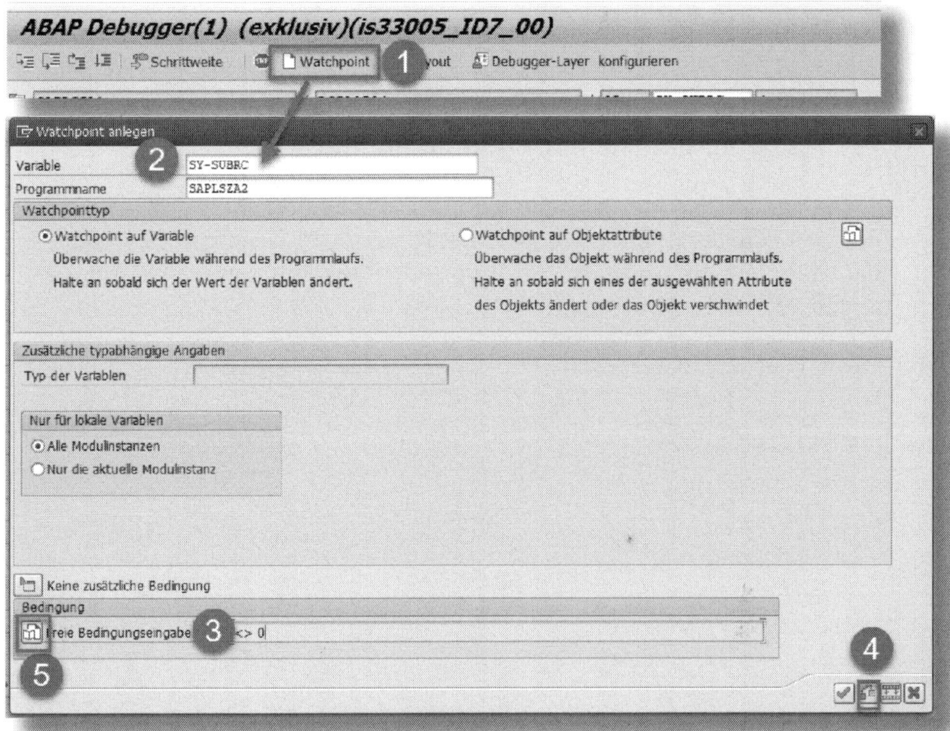

Abbildung 9.19: Watchpoint anlegen

Wählen Sie die Funktion [Watchpoint] (❶) und tragen Sie in das Feld VARIABLE (❷) die zu überwachende Variable ein. Wenn Sie unter FREIE BEDINGUNGSEINGABE (❸) keine Angabe machen, wird die Programmausführung immer dann unterbrochen, wenn die gewählte Variable ihren Wert ändert, ansonsten nur dann, wenn die hier vorbestimmte Bedingung erfüllt ist. Sie können die Korrektheit der Bedingungsdefinition überprüfen (❹) und sich bei Bedarf die Onlinehilfe zur Formulierung von Bedingungen anzeigen lassen (❺).

Trifft bei der weiteren Programmausführung die für den Watchpoint definierte Bedingung zu oder wechselt die Variable ihren Wert (falls keine Bedingung angegeben wurde), stoppt die Programmausführung, die nächste auszuführende Anweisung wird mit einem Pfeil markiert und die Meldung »Watchpoint wurde erreicht« wird ausgegeben.

9.4 Variableninhalte anzeigen und ändern

Im Debugger kann man sich die Inhalte von Variablen anzeigen lassen. Auf der Karteikarte Globals (❶) des Standard-Desktops (❷) werden alle globalen Variablen des Programms mit ihrem aktuellen Inhalt aufgelistet (siehe Abbildung 9.20).

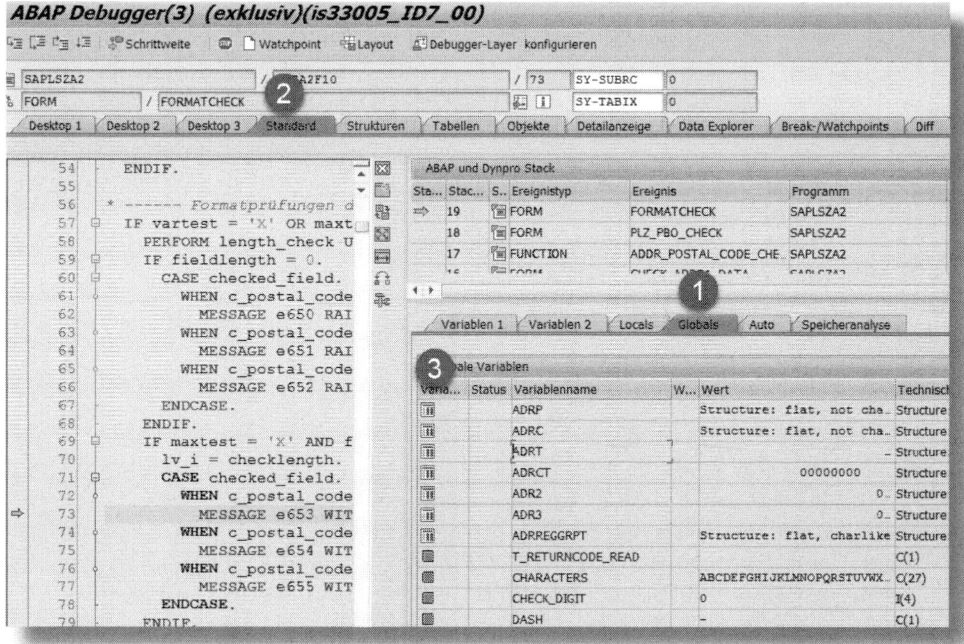

Abbildung 9.20: Anzeige Globale Variable

Den Variablentyp sehen Sie in der mit (❸) markierten Spalte. Handelt es sich bei der Variablen z. B. um eine Struktur oder eine interne Tabelle, können Sie sich den Inhalt der Strukturkomponenten bzw. die Zeilen dieser internen Tabelle in einem Detailfenster anzeigen lassen. Positionieren Sie dazu im Quelltext den Cursor auf eine Variable, `maxtest` (❶ in Abbildung 9.21). Mit kurzer Verzögerung werden nun in einer Quickinfo (❷) ihr aktueller Inhalt und der Datentyp angezeigt. Per Doppelklick auf den Variablennamen wird diese Variable zur weiteren Beobachtung des Inhaltes auf die Karteikarten Variable 1 oder Variable 2 kopiert, je nachdem, welche der beiden Karteikarten gerade im Vordergrund steht (❸).

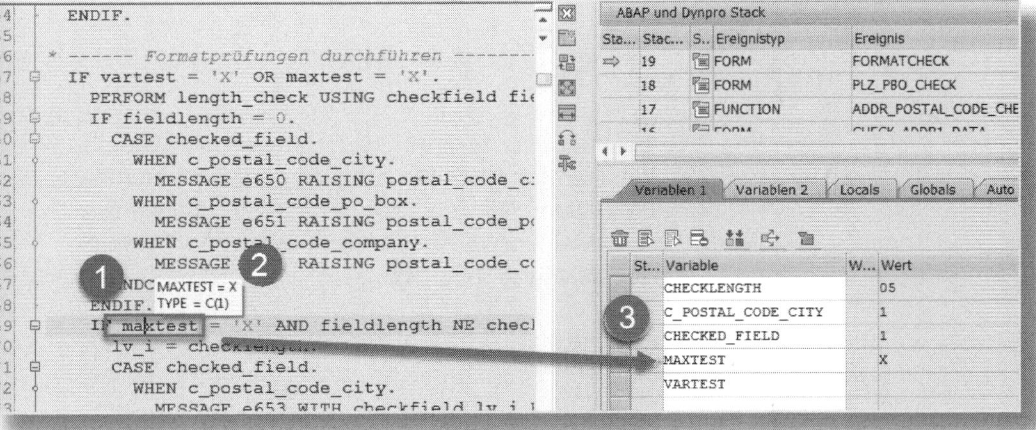

Abbildung 9.21: Variableninhalt anzeigen

In Ausnahmefällen können Sie den Inhalt einer Variablen auch ändern, um so den Programmablauf zu beeinflussen. Führen Sie dazu einen Doppelklick auf die in einer der Variablenübersichten angezeigte Variable aus (siehe Abbildung 9.22 (❶)) und aktivieren Sie im Folgebild mit Klick auf das Bleistift-Icon die Ändern-Funktion (❷).

Tragen Sie den neuen Variableninhalt ein (❸) und übernehmen Sie diesen mit [Enter].

Beachten Sie, dass die Änderung des Inhalts im Systemlog vermerkt wird (❹).

Abbildung 9.22: Variableninhalt ändern

9.5 ABAP und Dynpro Stack

Wie in Abbildung 9.16 beschrieben, können Sie z. B. einen Breakpoint für die Ausgabe einer bestimmten Meldung setzen. Wird die entsprechende Anweisung durchlaufen, hält die Programmausführung automatisch an und die für die Meldungsausgabe verantwortliche Codingzeile wird markiert (siehe Abbildung 9.23 (❶)).

Im ungünstigsten Fall erkennt man am Coding aber nur, dass die Meldung in einer FORM-Routine ausgegeben wird, nicht aber warum. Hier kann ein Blick auf den ABAP und Dynpro Stack (❷) hilfreich sein. Er enthält eine Aufstellung aller Aufrufe z. B. von FORM-Routinen, Methoden oder Funktionsbausteinen, die während des Programmdurchlaufs auf dem Weg zur markierten Zeile bereits ausgeführt wurden. Um die Aufrufkette zu erhalten, müssen Sie die Zeilen im ABAP und Dynpro Stack von oben nach unten lesen. Im Beispiel der Abbildung 9.23 wurde die Routine FORMATCHECK innerhalb des Unterprogramms PLZ_PBO_CHECK und das wiederum im Funktionsbaustein ADDR_POSTAL_CODE_CHECK aufgerufen.

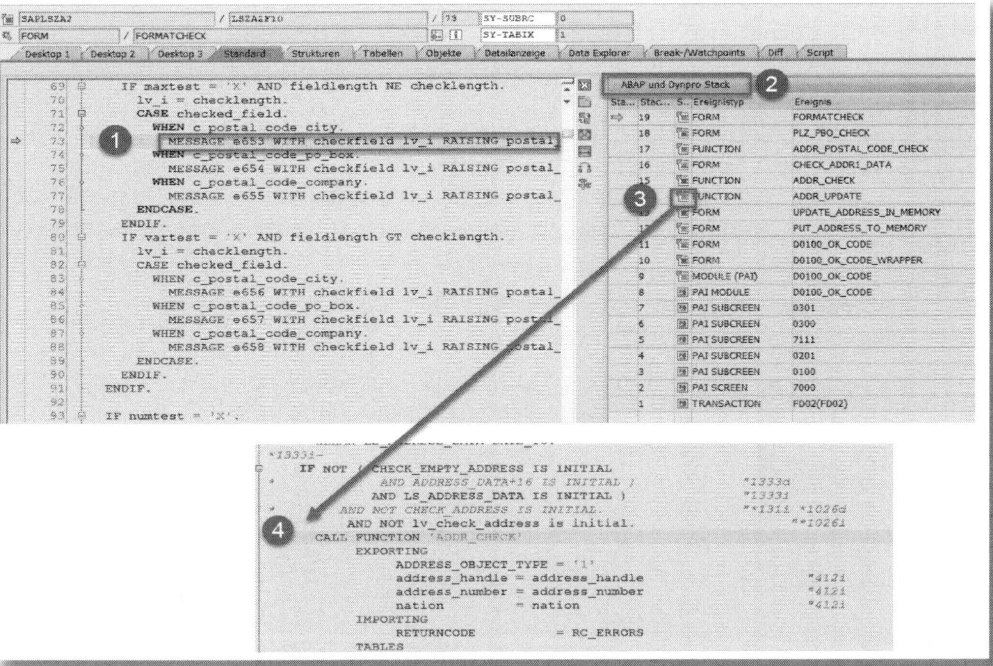

Abbildung 9.23: Stack anzeigen

Wenn Sie im konkreten Fall das Debugging bereits mit dem Aufruf des Funktionsbausteins ADDR_CHECK starten möchten, finden Sie die Aufrufstelle, indem Sie in der im Stack folgenden Zeile (hier FUNCTION ADDR_UPDATE) auf das Quellcode-Icon (❸) klicken. Die Aufrufstelle wird nun in einem Pop-up angezeigt (❹), und Sie können bei Bedarf einen Breakpoint setzen.

9.6 Debuggen für anderen Benutzer

In der Praxis werden nur wenige Benutzer Berechtigungen für das Debugging haben, insbesondere auf produktiven Systemen. Treten bei einer Anwendung Probleme auf und versucht ein nicht berechtigter Benutzer mit »/h« den Debugger zu starten, erhält er die Fehlermeldung »Keine Berechtigung zum Debuggen eines ABAP-Programms«.

Oftmals ergibt es aber keinen Sinn, dass z. B. ein Mitarbeiter des Supportteams, der über Debug-Rechte verfügt, die Anwendung stellvertretend mit seinem Benutzer startet, weil das Problem mit seinem Benutzerkontext (Berechtigung, Benutzerdaten) möglicherweise nicht reproduzierbar ist.

Debugging im Kontext eines anderen Benutzers

Der Benutzer NODEBUG führt die Transaktion *F.48* (Stammdatenabgleich FI-AM) aus, die Ergebnisliste zeigt aber nicht die erwarteten Daten. NODEBUG hat keine Rechte zum Debuggen. Der Supportuser SUPPORT besitzt Debug-Berechtigungen, darf aber die Transaktion *F.48* nicht starten. Trotzdem soll SUPPORT die Probleme des Benutzers NODEBUG analysieren.

Das folgende Vorgehen ermöglicht es dem Benutzer SUPPORT, stellvertretend für NODEBUG die Transaktion zu debuggen (siehe auch SAP-Hinweis 1919888):

1. Der Benutzer SUPPORT setzt an geeigneter Stelle im Coding der Transaktion *F.48* (Report RFKKAG00) einen externen Breakpoint für den Benutzer *NODEBUG* (siehe Abbildung 9.24).

2. Der Benutzer NODEBUG startet die Transaktion und gibt in das OK-Code-Feld */hext user = SUPPORT* ein (siehe Abbildung 9.25 (❶)). Daraufhin zeigt ein Pop-up, dass das Debugging der Anwendung durch den User SUPPORT erfolgt. Der Benutzer NODEBUG kann keine Eingabe mehr vornehmen, bis SUPPORT das Debugging beendet hat.

3. Parallel dazu wird auf dem Terminal des Benutzers SUPPORT ein Modus geöffnet, in dem die Anwendung zum Debuggen bereitsteht. Angemeldet ist in diesem Modus der Benutzer SUPPORT

(siehe Abbildung 9.26 (❶)), die Anwendung wurde am gesetzten externen Breakpoint unterbrochen (❷).

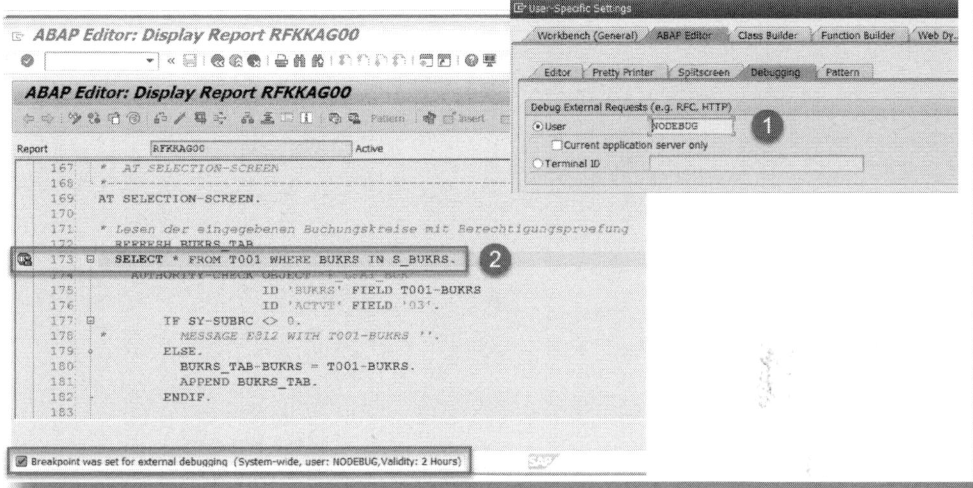

Abbildung 9.24: Externen Breakpoint setzen

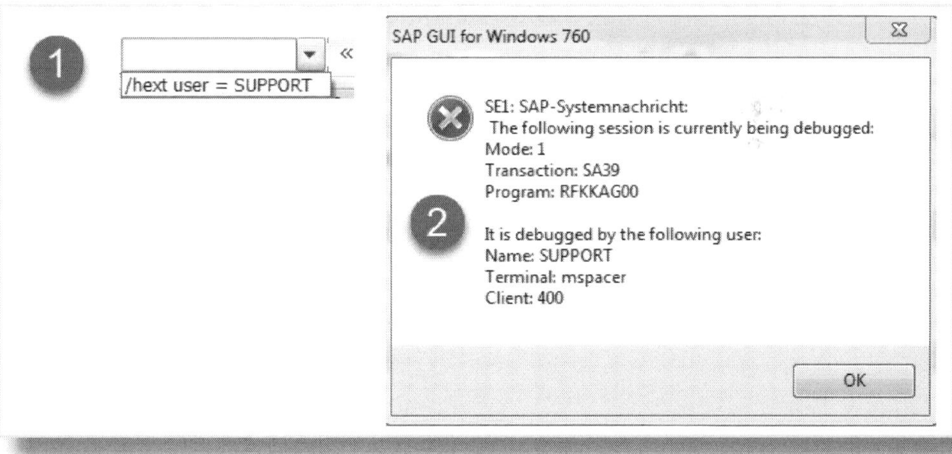

Abbildung 9.25: Debugging an Support-User übergeben

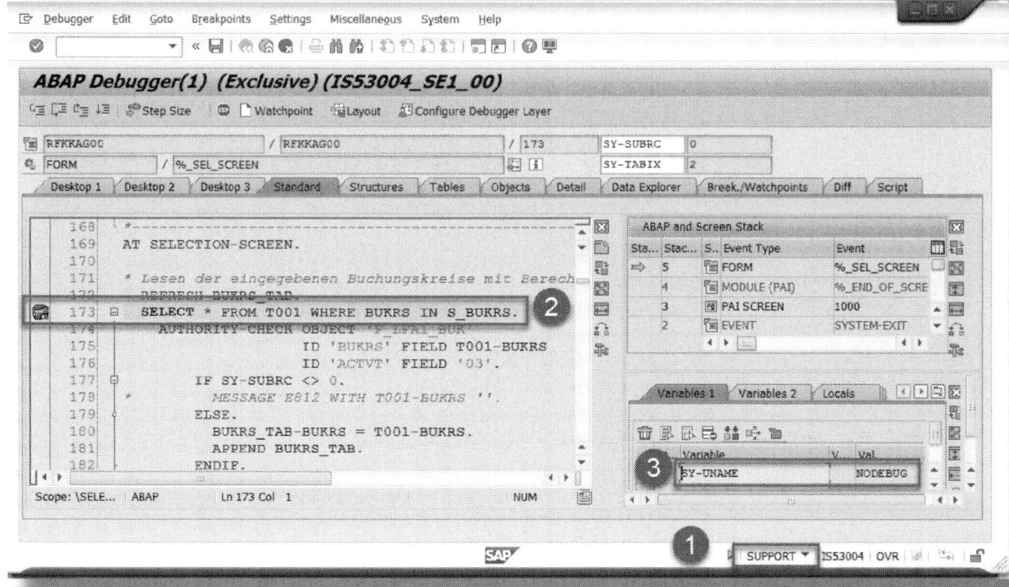

Abbildung 9.26: Debugging durch den Support-User

Wichtig ist, dass die Anwendung mit dem Kontext des Benutzers NODEBUG ausgeführt wird. Dies zeigt deutlich der Inhalt der Variablen *SY-UNAME* (❸). Der Benutzer SUPPORT kann nun mit dem Debugging beginnen. Beendet er das Debugging, erhält Benutzer NODEBUG die Kontrolle über die Anwendung zurück.

9.7 Checkpoint-Gruppen

Debugging von besonders umfangreichen Anwendungen kann zuweilen sehr zeitaufwendig und manchmal auch frustrierend sein. Oft ist es schwierig, Codingzeilen zu wählen, für die ein Breakpoint sinnvoll gesetzt werden kann. Setzt man ihn aus der Perspektive des Programmablaufs zu früh, sind u. U. sehr viele Debugschritte erforderlich, um zu relevanten Informationen bezüglich der Fehlerursache zu kommen. Setzt man den Breakpoint zu spät, tritt der Fehler möglicherweise schon auf, ohne dass man zuvor die Ursache ermitteln konnte.

Daher bietet die SAP in einer Vielzahl von Anwendungen vordefinierte Breakpoints. Diese Breakpoints wurden vom Entwickler einer sogenannten *Checkpoint-Gruppe* zugeordnet. Sie dient dazu, BREAK-POINT, LOG-POINT und ASSERT-Anweisungen über mehrere Programme hinweg zu gruppieren und gemeinsam zu aktivieren bzw. deaktivieren.

Checkpoint-Gruppen können mithilfe der Transaktion *SAAB* definiert werden. Solange sie sich im Status »inaktiv« befinden, werden die der Checkpoint-Gruppe zugeordneten Breakpoints zur Laufzeit ignoriert. Versetzt man die Gruppe für ausgewählte oder alle Benutzer in den Status »aktiv«, wird beim Erreichen der Breakpoint-Anweisung der Debugger aktiv.

Tabelle 9.2 listet alle ABAP-Anweisungen auf, die ein Entwickler einer Checkpoint-Gruppe zuordnen kann:

Anweisung	Auswirkung
BREAK-POINT	Programm wird unterbrochen und der Debugger gestartet.
LOG-POINT	Die Ausführung der LOG-POINT-Anweisung wird protokolliert, zusätzlich können Variableninhalte in das Protokoll geschrieben werden.
ASSERT	Der ASSERT-Anweisung wird eine Bedingung zugeordnet. Solange diese wahr ist, erfolgt systemseitig keine Reaktion. Ist die Bedingung falsch, kann per Transaktion *SAAB* festgelegt werden, ob das Programm unterbrochen (analog zu BREAK-POINT) oder ein Protokolleintrag erzeugt wird (analog zu LOG-POINT) oder ein Laufzeitfehler zu einem Dump führen soll. ASSERT deckt praktisch die Anweisung BREAK-POINT und LOG-POINT ab und wird daher von den Entwicklern bevorzugt.

Tabelle 9.2: Durch Checkpoint-Gruppe aktivierbare Anweisungen

Abbildung 9.27 zeigt Beispiele für die aufgeführten Anweisungen. Im ersten Beispiel (❶) erfolgt bei Aktivierung der Checkpoint-Gruppe `ZAA_ON_HANA` eine Protokollierung des Variableninhalts für `pa_carr`. Beim nächsten Beispiel (❷) wird mit der Aktivierung der Checkpoint-

Gruppe ZAA_ON_HANA das Debugging aktiviert. Das dritte Beispiel (❸) zeigt eine ASSERT-Anweisung. Eine Reaktion des Systems erfolgt nur, wenn die Checkpoint-Gruppe ZAA_ON_HANA aktiviert wurde und die Bedingung `<fs>-paymentsum = <fs>-sumcalculate` nicht erfüllt ist. Wie die Reaktion darauf ausfallen soll, legen Sie in der Transaktion *SAAB* fest.

```
REPORT ZAA_SAAB_01.

parameters :
  pa_carr  type s_carr_id.

data:
  gv_key   type string.

START-OF-SELECTION.
  log-point id ZAA_ON_HANA fields pa_carr.   1

  with +bookingcount
    as ( select carrid, connid, fldate, count( * ) as bookings
           from sbook
          where carrid = @pa_carr
          group by carrid, connid, fldate )
  select a~carrid, a~connid, a~fldate,
         a~paymentsum, a~price * b~bookings as sumcalculate
    from sflight as a join +bookingcount as b
      on a~carrid = b~carrid and a~connid = b~connid
      and a~fldate = b~fldate
    where a~carrid = @pa_carr
    into table @data(result).

break-point id ZAA_ON_HANA.   2

loop at result ASSIGNING FIELD-SYMBOL(<fs>).
  gv_key = | { sy-uname } - { sy-datum } - { sy-uzeit } - { sy-tabix } |.
  assert id ZAA_ON_HANA subkey gv_key
     FIELDS <fs> CONDITION <fs>-paymentsum = <fs>-sumcalculate.   3
endloop.
```

Abbildung 9.27: Beispiele für Checkpoint-Gruppen

Anhand einiger Beispiele möchte ich Ihnen den Einsatz einer Checkpoint-Gruppe zeigen.

Für das erste Beispiel aktivieren wir mithilfe der Transaktion SAAB die Checkpoint-Gruppe *ZAA_ON_HANA* und legen das Verhalten der ASSERT-Anweisung fest (siehe Abbildung 9.28).

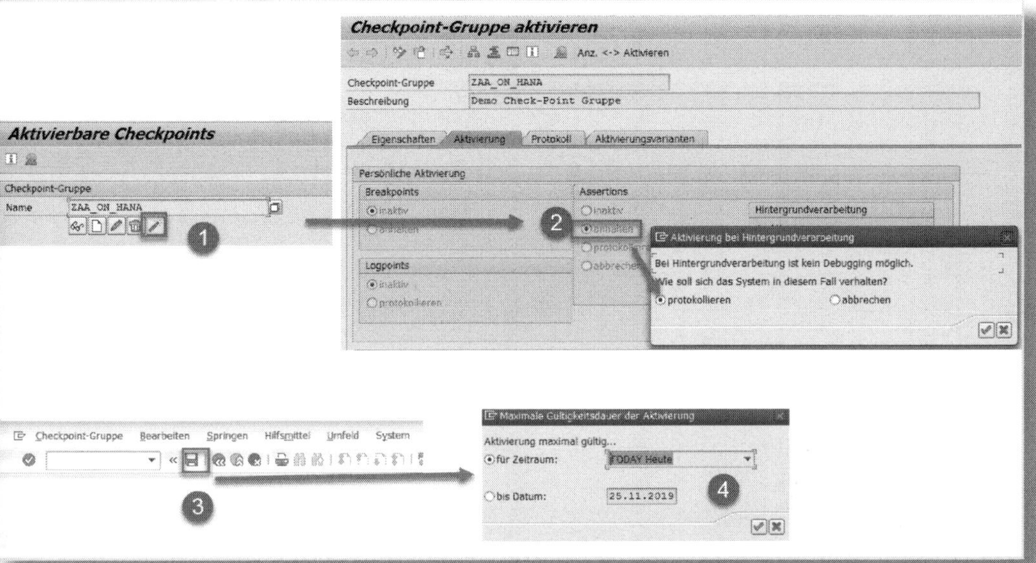

Abbildung 9.28: Aktivierung Checkpoint-Gruppe

Geben Sie den Namen der Checkpoint-Gruppe ein und wählen Sie das Icon für Aktivieren (❶). Im ersten Versuch soll die ASSERT-Anweisung bei nicht zutreffender Bedingung den Debugger starten (❷). Sichern Sie die Einstellungen (❸) und legen Sie die Gültigkeitsdauer der Aktivierung fest (❹).

Starten Sie nun das Programm, wird tatsächlich der Debugger zugeschaltet, weil die Bedingung der ASSERT-Anweisung nicht erfüllt ist (siehe Abbildung 9.29).

Im zweiten Beispiel ändern wir das Verhalten der ASSERT-Anweisung (siehe Abbildung 9.30). Es soll bei nicht zutreffender Bedingung der Inhalt der Variablen <fs> protokolliert werden (❶). Bei einem Neustart des Programms finden Sie im Protokoll (❷) vier Zeilen, d. h., die Bedingung war viermal falsch. Der Inhalt der Variablen <fs> wurde protokolliert (❸).

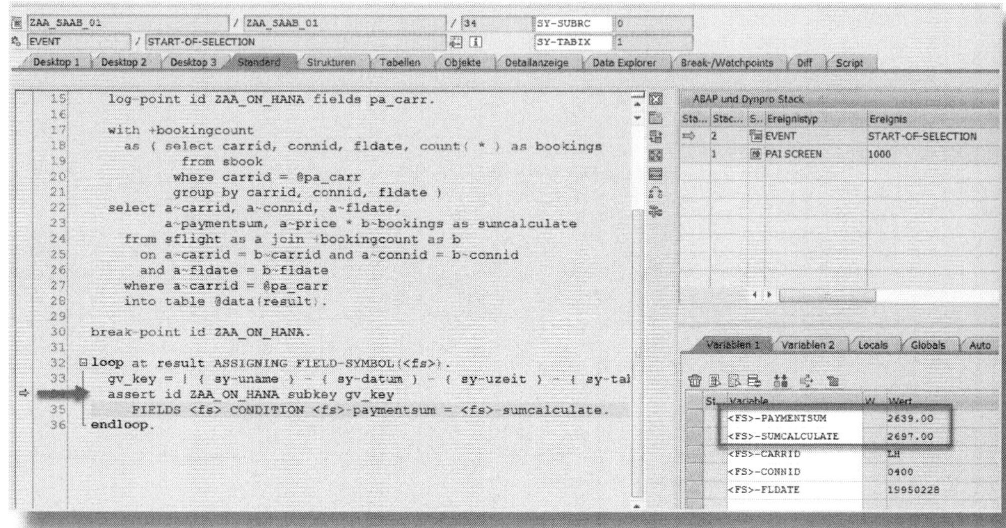

Abbildung 9.29: ASSERT-Anweisung führt zum Debugging

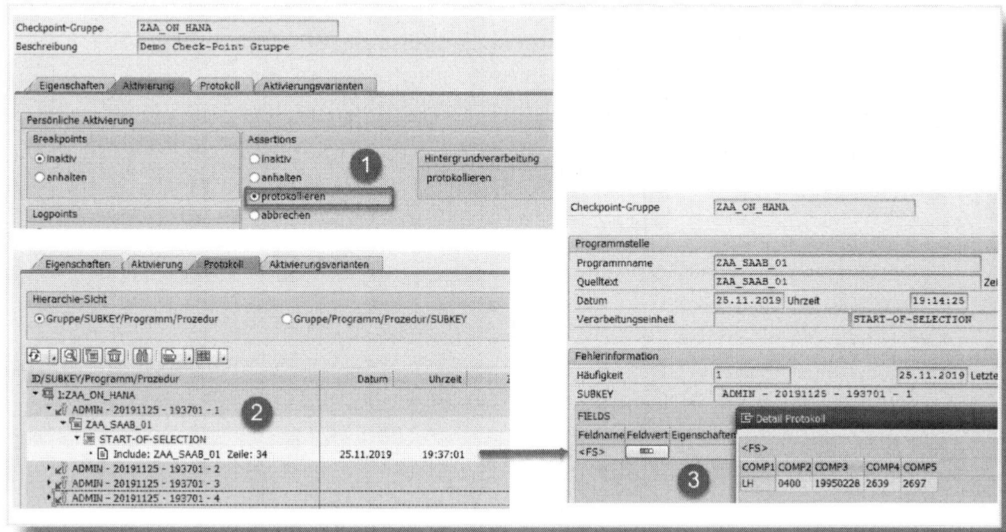

Abbildung 9.30: Checkpoint-Gruppe – Protokoll

Und wie finden wir die Checkpoint-Gruppen, die von einem Programm genutzt werden?

Zum einen können Sie, wenn Sie den Namen des Programms kennen, mithilfe des Reports RS_ABAP_SOURCE_SCAN den Quelltext nach den in Tabelle 9.2 aufgeführten Anweisungen scannen.

Eine weitere Möglichkeit eröffnet Ihnen der Debugger. Wenn Sie das besagte Programm debuggen, zeigt Ihnen die Karteikarte Checkpoint-Aktivierungen die bis zur aktuellen Anweisung des Programms gefundenen Checkpoint-Gruppen an. Relevant sind für das Programm nur die in der Spalte akt. markierten Gruppen. Der Debugger erlaubt es Ihnen auch, während des Debuggings die Aktivierung der Checkpoint-Gruppen zu ändern (siehe Abbildung 9.31).

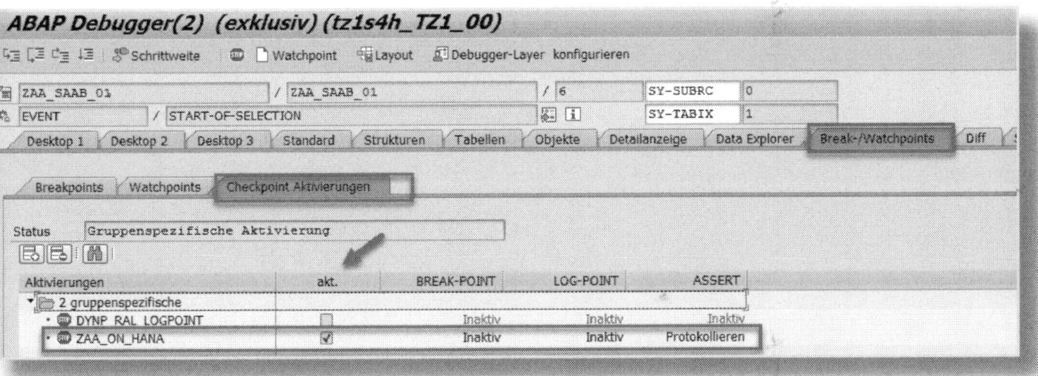

Abbildung 9.31: Checkpoint-Gruppen im Debugger

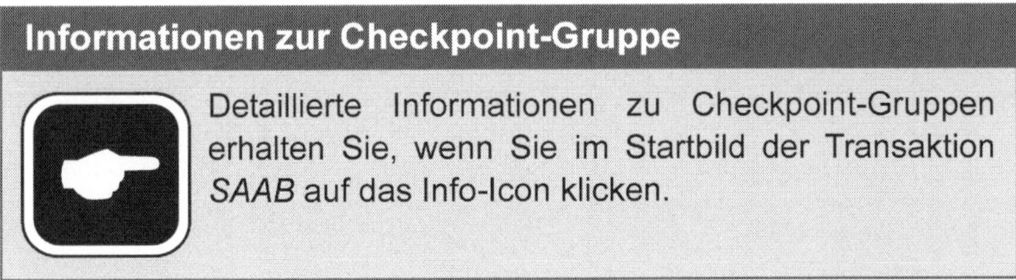

Informationen zur Checkpoint-Gruppe

Detaillierte Informationen zu Checkpoint-Gruppen erhalten Sie, wenn Sie im Startbild der Transaktion *SAAB* auf das Info-Icon klicken.

10 Kommunikation über RFC- und HTTP-Schnittstellen

Ein SAP-System besitzt im Normalfall eine größere Anzahl von Kommunikationsschnittstellen, die das RFC- oder HTTP-Protokoll nutzen. Gelegentlich scheitert der Aufbau einer Verbindung zum Partnersystem, etwa weil dieses netzwerktechnisch nicht erreichbar ist oder die für die Kommunikation vorgesehenen Benutzerstammsätze gesperrt sind. Im Folgenden erläutere ich Ihnen an Beispielen, wie RFC- oder HTTP-Verbindungen definiert sind und welche Werkzeuge Sie einsetzen können, um die Ursache für Probleme zu ermitteln.

10.1 RFC-Schnittstelle

Bei einem *Remote Function Call*, kurz *RFC*, wird ein Funktionsbaustein aufgerufen, der auf einem anderen System ausgeführt wird als das Programm, das den Baustein aufruft.

RFC-Aufruf im gleichen System

Prinzipiell ist es alternativ möglich, einen Remote Function Call in dem Mandanten auszuführen, in dem auch das rufende Programm läuft. Der Baustein wird in diesem Fall in einem eigenen Kontext (LUW = Logical Unit of Work) ausgeführt.

Das *SAP Gateway* stellt in SAP-Systemen die erforderlichen TCP/IP-basierten Dienste (über die *RFC-Schnittstelle*) für den Aufruf bzw. die Ausführung von Bausteinen zur Verfügung:

- Kommunikation mit dem entfernten System
- Falls erforderlich, An- und Abmeldung am entfernten System

- Eventuell notwendige Konvertierung der gesendeten bzw. empfangenen Daten
- Behandlung von Kommunikationsfehlern

Mit jeder Instanz eines SAP-Systems wird per Default ein SAP Gateway gestartet. Der Prozess *gwrd* ist dabei der Hauptprozess, der die RFC-Aufträge entgegennimmt.

Ein ABAP-Programm kann den entfernten Baustein mithilfe der Anweisung `CALL FUNCTION … DESTINATION …` ausführen. Das Zielsystem wird in diesem Fall durch eine *RFC-Destination* festgelegt, die in der Transaktion *SM59* definiert werden kann. Um eine RFC-Schnittstelle für Fremdsysteme zu realisieren, bietet SAP die *RFC-API* an. So können auch in Fremdsystemen Programme erstellt werden, die sowohl als Aufrufer (❶) eines ABAP-Funktionsbausteins (*RFC-Client*) als auch selbst als Baustein für eine entfernten Aufruf (❷) genutzt werden können (*RFC-Server*) (siehe Abbildung 10.1).

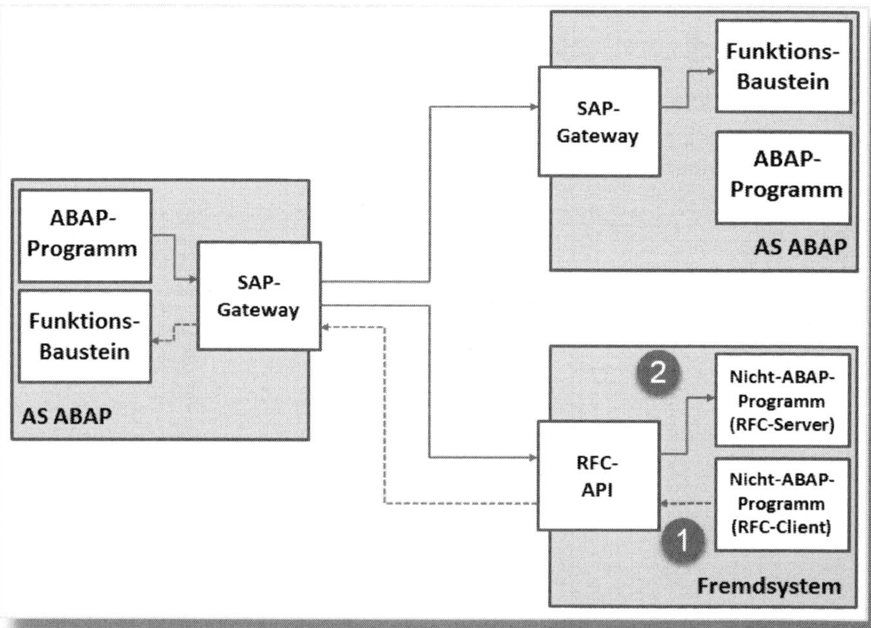

Abbildung 10.1: RFC-Schnittstelle

Java-basierte SAP-Systeme

Das SAP Gateway steht auch bei Java-basierten SAP-Systemen zur Verfügung. Als API wird in diesem Fall der SAP-Java-Connector (SAP JCo) verwendet.

Betrachten wir zunächst einige Beispiele möglicher RFC-Destinationen.

10.1.1 Verbindungstyp »3« (ABAP-Verbindung)

Der VERBINDUNGSTYP »3« (❶) wird verwendet, um eine RFC-Verbindung zu einem ABAP-basierten SAP-System aufzubauen (siehe Abbildung 10.2). Wie jede RFC-DESTINATION wird diese durch einen eindeutigen Namen identifiziert (❷). Beachten Sie, dass hierbei die Groß-/Kleinschreibung relevant ist.

Abbildung 10.2: RFC-Destination – »Technische Einstellungen«

Auf der Karteikarte TECHNISCHE EINSTELLUNGEN muss angegeben werden, wie das Zielsystem erreichbar ist. Wenn Sie keine Lastverteilung vornehmen wollen, geben Sie im Feld ZIELMASCHINE den Namen oder die IP-Adresse des Hosts der SAP-Instanz und daneben die INSTANZNUMMER an (❸). Direkt darunter können Sie entscheiden, in welcher Form der Hostname gespeichert werden soll. Sollte das Zielsystem über mehrere SAP-Instanzen verfügen, können Sie die RFC-Anfragen an das Zielsystem bei Bedarf über eine Lastverteilung an diese Instanzen verteilen (siehe Abbildung 10.3).

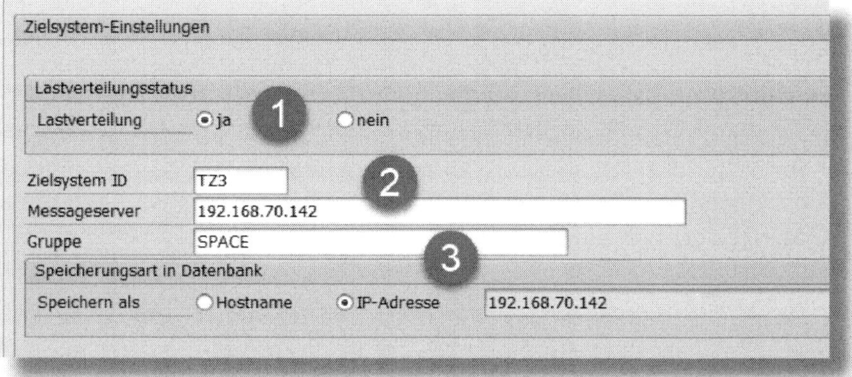

Abbildung 10.3: Zielsystem mit Lastverteilung

Wählen Sie dazu die Option LASTVERTEILUNG (❶) und geben Sie die ZIELSYSTEM ID des Zielsystems sowie den Namen oder die IP-Adresse des Hosts an, auf dem der Messageserver als Teil der ASCS-Instanz läuft (❷). Beachten Sie aber, dass der dem Messageserver zugeordnete TCP/IP-Dienst (im Beispiel oben: sapmsTZ3) vom aktuellen Quellsystem aufgelöst werden kann; andernfalls besteht keine Möglichkeit, die für die Kommunikation notwendige Port-Nummer des Messageservers zu ermitteln. Durch die Angabe einer im Zielsystem definierten Logon-GRUPPE (❸) können Sie die Verteilung der RFC-Anfrage auf die Instanzen des Zielsystems beeinflussen.

Sind der Message-Server oder die Zielmaschine nur über einen SAP-Router erreichbar, muss der komplette Routingstring für ZIELMASCHINE oder MESSAGESERVER angegeben werden. Beispiel: Bei der RFC-

Destination SAPOSS kann die Angabe des Messageserver z. B. wie folgt aussehen:

```
/H/91.247.133.5/S/sapdp99/H/194.39.131.34/S/sapdp99/H/oss001
```

Nachdem Sie Ihre Eingaben gesichert haben, können Sie bereits einen Verbindungstest durchführen. Dabei wird im Zielsystem der Funktionsbaustein RFC_PING aufgerufen, ohne dass dazu explizite Anmeldeinformationen für das Zielsystem vorliegen müssen. Das Ergebnis im Erfolgsfall zeigt Abbildung 10.4.

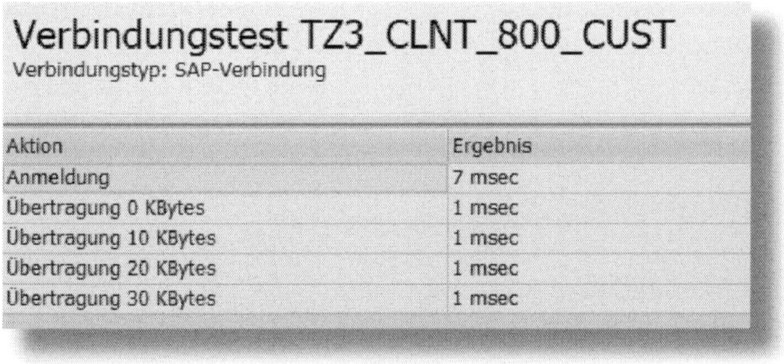

Verbindungstest TZ3_CLNT_800_CUST

Verbindungstyp: SAP-Verbindung

Aktion	Ergebnis
Anmeldung	7 msec
Übertragung 0 KBytes	1 msec
Übertragung 10 KBytes	1 msec
Übertragung 20 KBytes	1 msec
Übertragung 30 KBytes	1 msec

Abbildung 10.4: Verbindungstest

Typische Fehlermeldungen, die bei einem Verbindungstest auftreten können, mit den möglichen Ursachen sind:

1. **partner '192.168.70.141:sapgw30' not reached**
   - IP-Adresse und/oder Instanznummer des Zielsystems sind ungültig, oder
   - das Zielsystem ist heruntergefahren.
2. **Service 'sapmsTZ3' unknown**
   - Der Service »sapmsTZ3« ist in der Services-Datei nicht eingetragen.
3. **Group 'FICO' not found**
   - Es wurde die Option »Lastverteilung« gewählt. Die eingegebene Gruppe (hier »FICO«) fehlt als Logon-Gruppe im Zielsystem.

Bearbeitung generierter RFC-Verbindungen

Einige RFC-Verbindungen, wie z. B. die für das Transport-Management-System, werden nicht mit der Transaktion *SM59*, sondern mithilfe anderer Werkzeuge generiert. Diese RFC-Verbindungen sind für die SM59 schreibgeschützt. Durch Eingabe des OK-Codes »togl« können Sie den Schreibschutz aufheben.

Auf der Karteikarte Anmeldung & Sicherheit (siehe Abbildung 10.5) legen Sie fest, wie die Anmeldung im Zielsystem erfolgen soll.

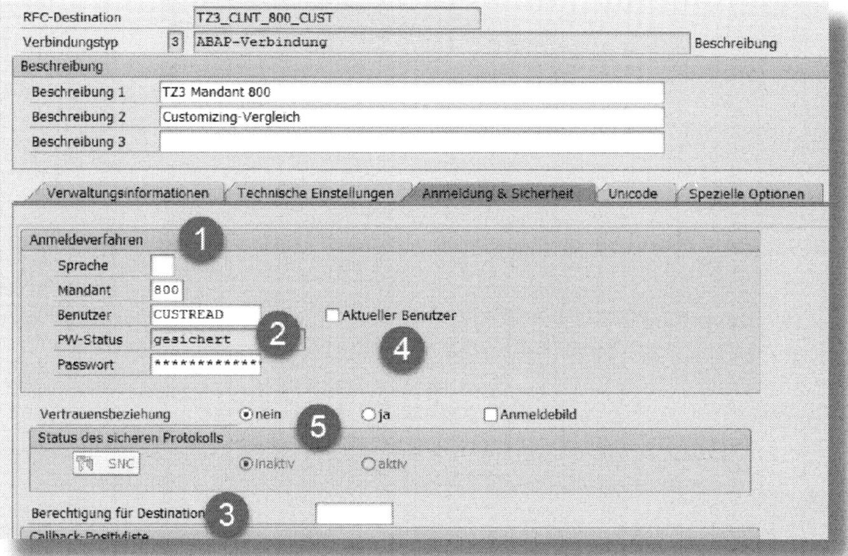

Abbildung 10.5: RFC-Destination (Reiter »Anmeldung & Sicherheit«)

Wenn Sie hier keine Sprache (❶) eingeben, wird im Zielsystem die Anmeldesprache des aufrufenden Benutzers aus dem Quellsystem verwendet. Ohne Angabe eines Mandanten erfolgt das Login im Zielsystem mit der gleichen Mandantennummer wie im Quellsystem (sofern der Mandant im Zielsystem existiert).

Im Feld Benutzer (❷) wird eine Benutzerkennung des Zielmandanten eingetragen und im Feld Passwort das Kennwort.

Über den Menüpfad Hilfsmittel • Test • Berechtigungstest können Sie prüfen, ob mit den vorgegebenen Anmeldeverfahren eine Anmeldung im Zielmandanten möglich ist. Bei diesem Test wird im Zielmandanten der Funktionsbaustein RFCPING aufgerufen. Wenn der angegebene Benutzer dort keine Berechtigung für das Starten dieses Funktionsbausteins besitzt (Berechtigungsobjekt S_RFC), schlägt der Berechtigungstest fehl und der Fehler »Keine RFC-Berechtigung für Funktionsbaustein RFCPING« wird angezeigt. Allerdings lässt sich an diesem Ergebnis nicht ablesen, ob möglicherweise die Anmeldedaten falsch sind.

RFC-Berechtigungen im Zielsystem

Der in der RFC-Destination angegebene Benutzer benötigt für die aufzurufenden Funktionsbausteine ausreichende Berechtigungen. Das dafür relevante Berechtigungsobjekt ist S_RFC. Grundsätzlich sollten die Berechtigungen des Benutzers im Zielsystem so eingeschränkt wie möglich vergeben werden. Bedenken Sie: Ist in der RFC-Destination ein Benutzer fest eingetragen, kann potenziell die Destination genutzt werden, um ohne explizites Login im Zielsystem die über S_RFC freigegebenen Funktionsbausteine aufzurufen. Handelt es sich bei dem Benutzer zudem um einen Dialogbenutzer, kann u. U. die Funktion »Remote Login« der Transaktion SM59 genutzt werden, um sich im Zielmandanten anzumelden.

RFC-Verbindungen, bei denen ein Benutzer mit Kennwort eingetragen ist, sind also immer mit Vorsicht zu definieren. Eine schnelle Übersicht über entsprechend angelegte Verbindungen liefert der Report *RSRFCCHK*.

Gleiche Benutzer für mehrere RFC-Verbindungen

Sie sollten nach Möglichkeit pro rufendes System einen eigenen Benutzer für die Anmeldung im Zielsystem verwenden. Nutzen z. B. mehrere Systeme für die RFC-Destinationen den gleichen Anmeldebenutzer zum selben Zielsystem, wird dieser u. U. schnell gesperrt sein, falls in einer der Destinationen das Kennwort falsch eingegeben ist.

Bei der Definition einer RFC-Destination können Sie im Feld Berechtigung für Destination (❸) einen beliebigen Wert eintragen, mit dem Sie beeinflussen können, ob der aufrufende Benutzer die RFC-Destination nutzen darf. Geben Sie hier z. B. den Wert *TZ3CUST* ein, benötigt der aufrufende Benutzer für das Berechtigungsobjekt S_ICF im Feld ICF_FIELD den erlaubten Wert *DEST* und für das Feld ICF_VALUE den Wert *TZ3CUST*.

Soll der Anwender, der im Quellsystem eine RFC-Verbindung zu einem Zielsystem aufbaut, auch dort mit der gleichen Benutzerkennung arbeiten, aktivieren Sie die Option Aktueller Benutzer (❹). Es werden Benutzername und Kennwort unter der Rubrik Anmeldeverfahren gelöscht. Wird jetzt in einer Anwendung die RFC-Destination für einen Remote-Aufruf genutzt, öffnet sich beim Aufruf des ersten Bausteins ein Login-Bildschirm für die Anmeldung im Zielsystem. Dort ist der Benutzername bereits mit der Kennung des rufenden Benutzers vorbelegt, nur das Kennwort ist noch einzutragen. Beachten Sie, dass der Berechtigungstest für eine so definierte Verbindung mit der Meldung »Name oder Kennwort nicht korrekt« fehlschlägt. Die Fehlermeldung können Sie ignorieren.

Wenn Sie nicht nur Aktueller Benutzer, sondern auch die Vertrauensbeziehung mit ja aktivieren (❺), muss bei einem Login des aktuellen Benutzers im Zielsystem kein Kennwort eingegeben werden! Das Kennwort des Benutzers muss nicht einmal zwischen Quell- und Zielsystem übereinstimmen. Dies ist aus Sicherheitsgesichtspunkten natürlich nicht unkritisch, weshalb zusätzliche Schritte zur Einrichtung der Trusted-Verbindung notwendig sind.

Zunächst einmal muss das Zielsystem das rufende System als *Trusted System* akzeptieren. Die Transaktion *SM59* bietet einen Wizard, um die Vertrauensbeziehung zu definieren (siehe Abbildung 10.6).

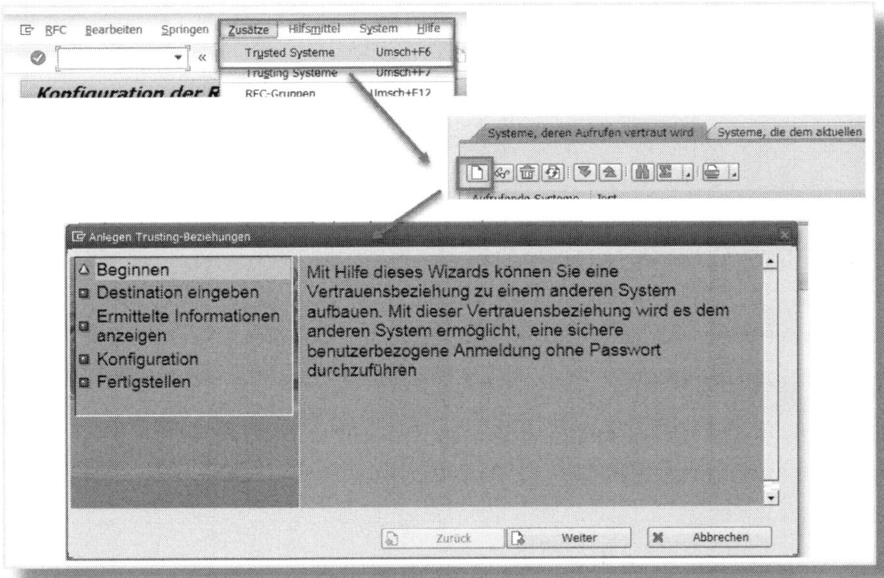

Abbildung 10.6: Trusted System definieren

Bei korrekter Einrichtung wird im Zielsystem das Quellsystem unter ZUSÄTZE • TRUSTED SYSTEME und im Quellsystem das Zielsystem unter ZUSÄTZE • TRUSTING SYSTEME angezeigt.

Zusätzlich benötigt der Benutzer im Zielsystem eine Berechtigung für das Objekt S_RFCACL. Abbildung 10.7 zeigt das Beispiel einer Berechtigung, die eine Trusted-Verbindung aus dem Mandanten 800 des Systems TZ1 unter Nutzung der Option »Aktueller Benutzer« (RFC GLEICHE BENUTZERKENNUNG) erlaubt.

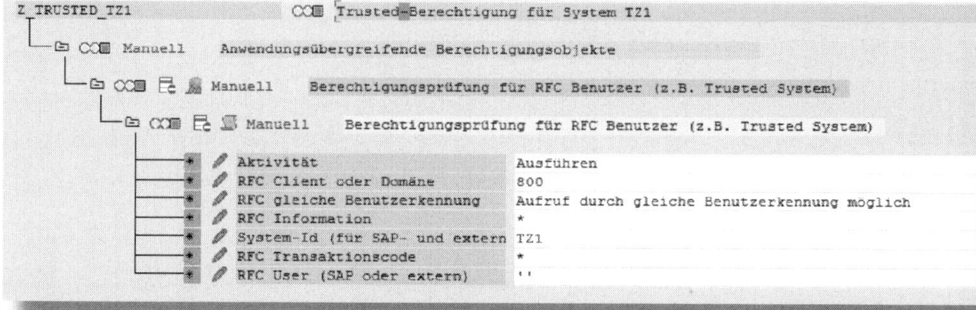

Abbildung 10.7: Beispiel für Berechtigung zum Objekt S_RFCACL

Berechtigungen zu S_RFCACL

Wenn Sie in die Berechtigungsfelder RFC_SYSID, RFC_CLIENT oder RFC_USER die Gesamtberechtigung »*« eintragen, erhalten Sie eine Warnmeldung und einen Verweis auf den SAP-Hinweis 1416085. Vergeben Sie Rechte für den Trusted RFC möglichst restriktiv!

10.1.2 Verbindungstyp »T« (TCP/IP-Verbindung)

RFC-Destinationen vom Verbindungstyp »T« können Sie z. B. einsetzen, um mit Anwendungen zu kommunizieren, für die mithilfe der RFC-API eine RFC-Schnittstelle implementiert wurde. Die Programme können auf dem PC-Arbeitsplatz, einem der Applikationsserver oder aber auf einem anderen per TCP/IP erreichbaren Hostsystem gestartet werden oder bereits dort laufen. Wir wollen uns hier auf die in der Praxis besonders häufig genutzte Variante »Registriertes Serverprogramm« konzentrieren. Deren Vorteil liegt insbesondere darin, dass das Programm nicht erst mit dem RFC-Aufruf gestartet wird. Vielmehr läuft es bereits auf dem betreffenden Hostsystem und wartet auf eingehende Anfragen im Sinne eines RFC-Servers (siehe (❷) in Abbildung 10.1). *Registriertes Serverprogramm* bedeutet konkret, dass sich das Programm per API bei einem SAP Gateway mit einer vom Programm selbst festgelegten Kennung, der *Programm-ID*, für die Bearbeitung von RFC-Aufrufen registriert.

Rufen Sie die Transaktion *SMGW* auf, um sich für ein ABAP-basiertes System anzeigen zu lassen, welche Serverprogramme beim eigenen Gateway der Instanz registriert sind (Spalte TP NAME in Abbildung 10.8).

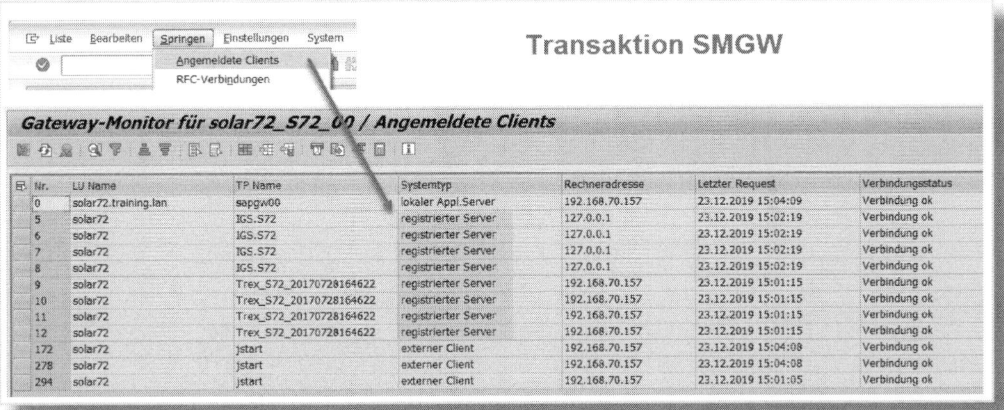

Abbildung 10.8: Gateway-Monitor (Registrierte Serverprogramme)

Sollte auf der ASCS-Instanz des SAP-Systems ebenfalls ein Gateway konfiguriert sein, können Sie dieses mit der Funktion SPRINGEN • ASCS-GATEWAY-MONITOR überwachen.

Abbildung 10.9 zeigt das Beispiel der RFC-Destination *TREX_TX7* (❶), die Anfragen an ein registriertes Serverprogramm senden kann (❷), das sich mit der PROGRAMM-ID *Trex_S72_20170728164622* (❸) beim Gateway des Hostsystems *solar72* und dem GATEWAY-SERVICE *sapgw00* (❹) registriert hat.

Wenn sich nun, wie in Abbildung 10.7 gezeigt, tatsächlich ein Programm mit der Programm-ID (siehe Spalte TP NAME) registriert hat, wird ein Verbindungstest erfolgreich sein. Ist beim Gateway das Server-Programm nicht registriert, erhalten Sie eine Fehlermeldung der Art »program … not registered«. Möglicherweise wurde das sich mit dieser ID zu registrierende Programm auf dem betreffenden Hostsystem gestoppt und muss nur neu gestartet werden.

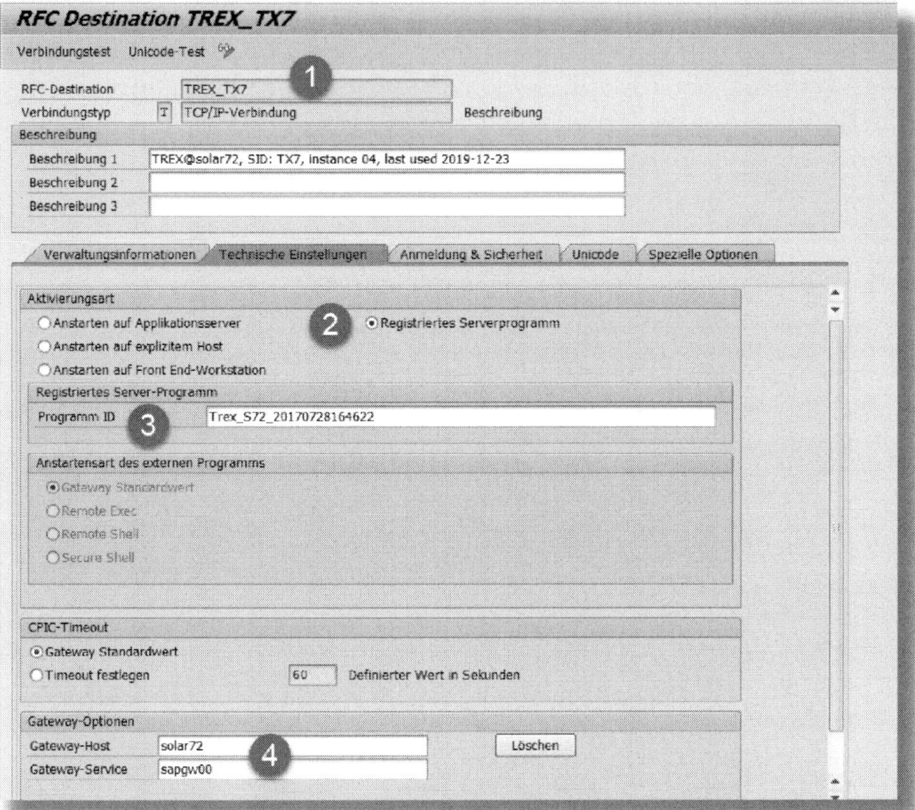

Abbildung 10.9: RFC-Verbindung zu registriertem Serverprogramm

Handelt es sich bei dem unter Gateway-Host (❹) angegeben System aber um ein externes, also nicht zum eigenen SAP-System gehörendes Gateway, können Sie die Registrierung nicht mithilfe der Transaktion SMGW überprüfen.

Abhilfe schafft dann der direkt auf der Betriebssystemebene aufrufbare Gateway-Monitor *gwmon* (siehe SAP-Hinweis 64016).

Abbildung 10.10 zeigt beispielhaft den Aufruf des Monitors. In der Spalte TP können Sie die jeweilige Programm-ID der bei diesem Gateway registrierten Serverprogramme ablesen.

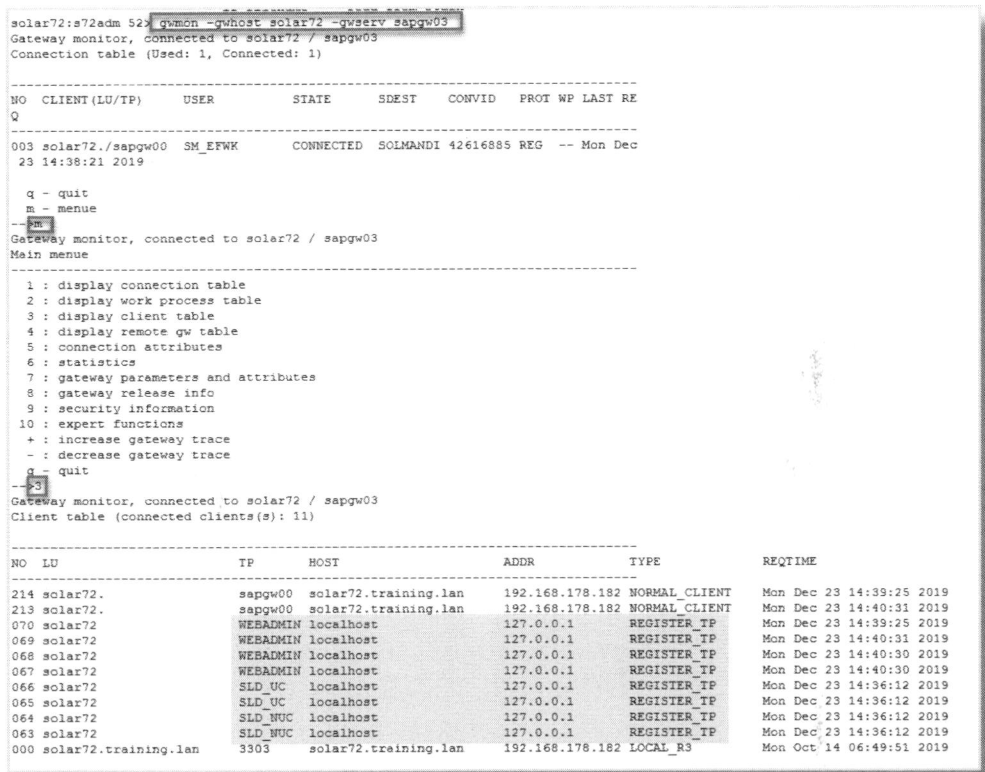

```
solar72:s72adm 52> gwmon -gwhost solar72 -gwserv sapgw03
Gateway monitor, connected to solar72 / sapgw03
Connection table (Used: 1, Connected: 1)

--------------------------------------------------------------------------------
NO  CLIENT(LU/TP)      USER          STATE      SDEST     CONVID   PROT WP LAST RE
Q
--------------------------------------------------------------------------------
003 solar72./sapgw00   SM_EFWK       CONNECTED  SOLMANDI 42616885 REG  -- Mon Dec
 23 14:38:21 2019

  q - quit
  m - menue
-->m
Gateway monitor, connected to solar72 / sapgw03
Main menue
--------------------------------------------------------------------------------
  1 : display connection table
  2 : display work process table
  3 : display client table
  4 : display remote gw table
  5 : connection attributes
  6 : statistics
  7 : gateway parameters and attributes
  8 : gateway release info
  9 : security information
 10 : expert functions
  + : increase gateway trace
  - : decrease gateway trace
  q - quit
-->3
Gateway monitor, connected to solar72 / sapgw03
Client table (connected clients(s): 11)

--------------------------------------------------------------------------------
NO  LU                     TP       HOST                 ADDR            TYPE               REQTIME
--------------------------------------------------------------------------------
214 solar72.               sapgw00  solar72.training.lan 192.168.178.182 NORMAL_CLIENT      Mon Dec 23 14:39:25 2019
213 solar72.               sapgw00  solar72.training.lan 192.168.178.182 NORMAL_CLIENT      Mon Dec 23 14:40:31 2019
070 solar72                WEBADMIN localhost            127.0.0.1       REGISTER_TP        Mon Dec 23 14:39:25 2019
069 solar72                WEBADMIN localhost            127.0.0.1       REGISTER_TP        Mon Dec 23 14:40:31 2019
068 solar72                WEBADMIN localhost            127.0.0.1       REGISTER_TP        Mon Dec 23 14:40:30 2019
067 solar72                WEBADMIN localhost            127.0.0.1       REGISTER_TP        Mon Dec 23 14:40:30 2019
066 solar72                SLD_UC   localhost            127.0.0.1       REGISTER_TP        Mon Dec 23 14:36:12 2019
065 solar72                SLD_UC   localhost            127.0.0.1       REGISTER_TP        Mon Dec 23 14:36:12 2019
064 solar72                SLD_NUC  localhost            127.0.0.1       REGISTER_TP        Mon Dec 23 14:36:12 2019
063 solar72                SLD_NUC  localhost            127.0.0.1       REGISTER_TP        Mon Dec 23 14:36:12 2019
000 solar72.training.lan   3303     solar72.training.lan 192.168.178.182 LOCAL_R3           Mon Oct 14 06:49:51 2019
```

Abbildung 10.10: Aufruf des Gateway-Monitors (gwmon)

Eine Frage bleibt noch: Wie kann sichergestellt werden, dass sich unter einer bestimmten Programm-ID genau das erwartete Programm und nicht ein »Hackerprogramm« registriert hat? Prinzipiell kann sich von jedem System aus, das das SAP-Gateway IP-technisch erreicht, ein Programm mit einer beliebigen Programm-ID mittels RFC-API registrieren. Allein durch Kenntnis der RFC-Destination ist also per se nicht ersichtlich, wer eigentlich die RFC-Anfragen bearbeitet. Um hier für mehr Sicherheit zu sorgen, bietet die SAP über die Gateway-Sicherheitsdateien »secinfo« und »reginfo« eine Beschränkung sowohl der Möglichkeiten der Registrierung beim Gateway als auch des Startens von Programmen mittels RFC-Destinationen vom Typ »T«. Details dazu finden Sie in der SAP-Onlinedokumentation unter dem Suchbegriff »SAP-Gateway-Sicherheitsdateien secinfo und reginfo«. Beachten Sie unbedingt auch den Anhang zum SAP-Hinweis 2008727.

10.1.3 Verbindungstyp »G« (HTTP-Verbindung zu externem Server)

Mit dem Verbindungstyp »G« können RFC-Destinationen definiert werden, die eine Verbindung zu einem Hostsystem per HTTP-Protokoll herstellen. Abbildung 10.11 zeigt hierfür ein Beispiel.

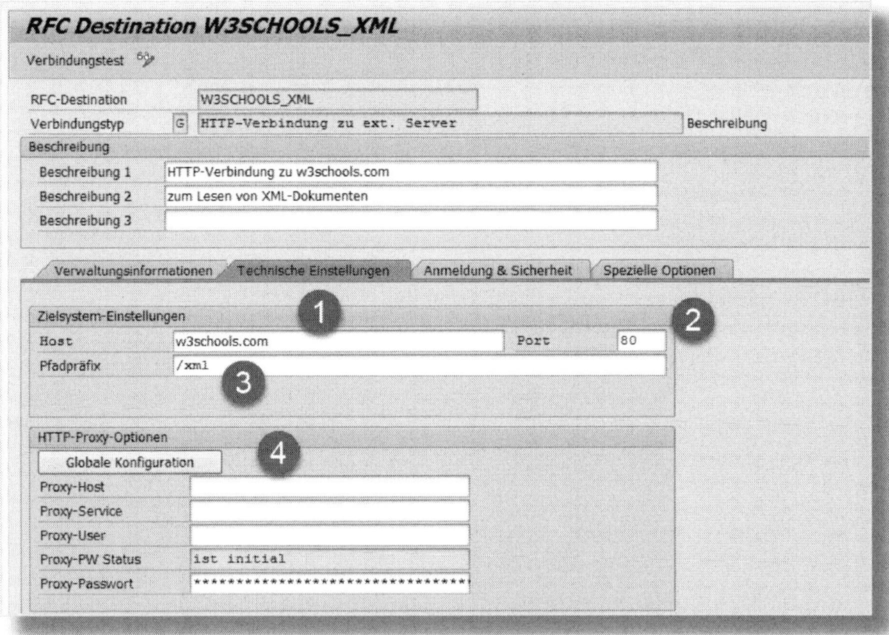

Abbildung 10.11: Beispiel für Verbindungstyp »G«

Im konkreten Fall soll über die Destination ermöglicht werden, XML-Dokumente von der Webseite *w3schools.com* herunterzuladen. Unter HOST (❶) wird die URL der Website eingetragen und unter PORT

(❷) die Port-Nummer. Der PFADPRÄFIX (❸) dient der Bestimmung der endgültigen Zugriffs-URL. Wenn zum Aufbau der Verbindung ein Proxy-Server erforderlich ist, können Sie im Bereich »HTTP-Proxy-Optionen« die dazu entsprechenden Informationen hinterlegen (❹). Beachten Sie, dass in diesem Fall bei fehlenden Angaben die GLOBALE KONFIGURATION gilt.

Für das Beispiel der in Abbildung 10.11 genannten Website ist keine Anmeldeinformation erforderlich, um auf die XML-Dokumente zuzugreifen.

Der Verbindungstest ruft die URL auf, die auf Basis der Zielsystem-Einstellungen gebildet wird. Abbildung 10.12 zeigt das Ergebnis des Verbindungstests.

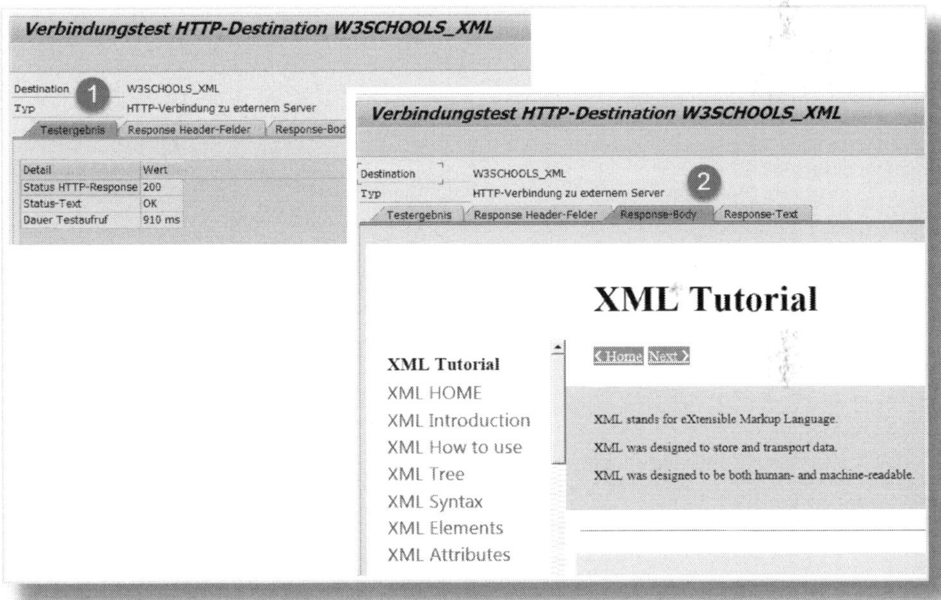

Abbildung 10.12: Beispiel für einen Verbindungstest für Typ »G«

Die Karteikarte TESTERGEBNIS (❶) zeigt den HTTP-Response-Status an, die Karteikarte RESPONSE-BODY (❷) die Antwort des Servers.

Status HTTP-Response bei Verbindungstest

Ein HTTP-Response wie etwa »404« bedeutet nicht automatisch, dass der Verbindungstest fehlerhaft ist. Der Test generiert die Ziel-URL ausschließlich auf Basis der Einstellungen im Zielsystem. Daraus kann sich eine URL ergeben, die unvollständig ist. Eine Anwendung, die die RFC-Destination nutzt, generiert die konkrete URL letztendlich erst z. B. mit den Methoden der Klasse CL_HTTP_UTILITY.

Verbindungstest HTTP-Destination SAP-SUPPORT_NOTE_DOWNLOAD

Destination SAP-SUPPORT_NOTE_DOWNLOAD
Typ HTTP-Verbindung zu externem Server

Testergebnis | Response Header-Felder | Response-Body | Response-Text

Detail	Wert
Status HTTP-Response	404
Status-Text	Not Found
Dauer Testaufruf	144 ms

Testergebnis | Response Header-Felder | Response-Body | Response-Text

SAP

SAP Software Downloads

File Not Found
The file you have requested cannot be found. Please try your download again with a valid URL.
If the problem persists, please report an incident under
component XX-SER-SAPSMP-SWC.
Incident ID: f98875fd-b01a-4e21-92fa-10fcd783bcaf

Abbildung 10.13: Ergebnis Verbindungtest mit HTTP-Response »404«

In Abbildung 10.13 sehen Sie den Verbindungstest für die RFC-Destination *SAP-SUPPORT_NOTE_DOWNLOAD*. Obwohl diese Verbindung ordnungsgemäß definiert ist, scheint der Verbindungstest fehlerhaft zu sein. Das kommt daher, dass beim praktischen Einsatz dieser RFC-Destination die URL erst zum Ausführungszeitpunkt um die Angabe vervollständigt wird, welcher OSS-Hinweis zu laden ist.

Abhängig vom Zielsystem ist das Anmeldeverfahren festzulegen. Abbildung 10.14 zeigt das Verfahren für die RFC-Destination *SAP-SUPPORT_NOTE_DOWNLOAD*.

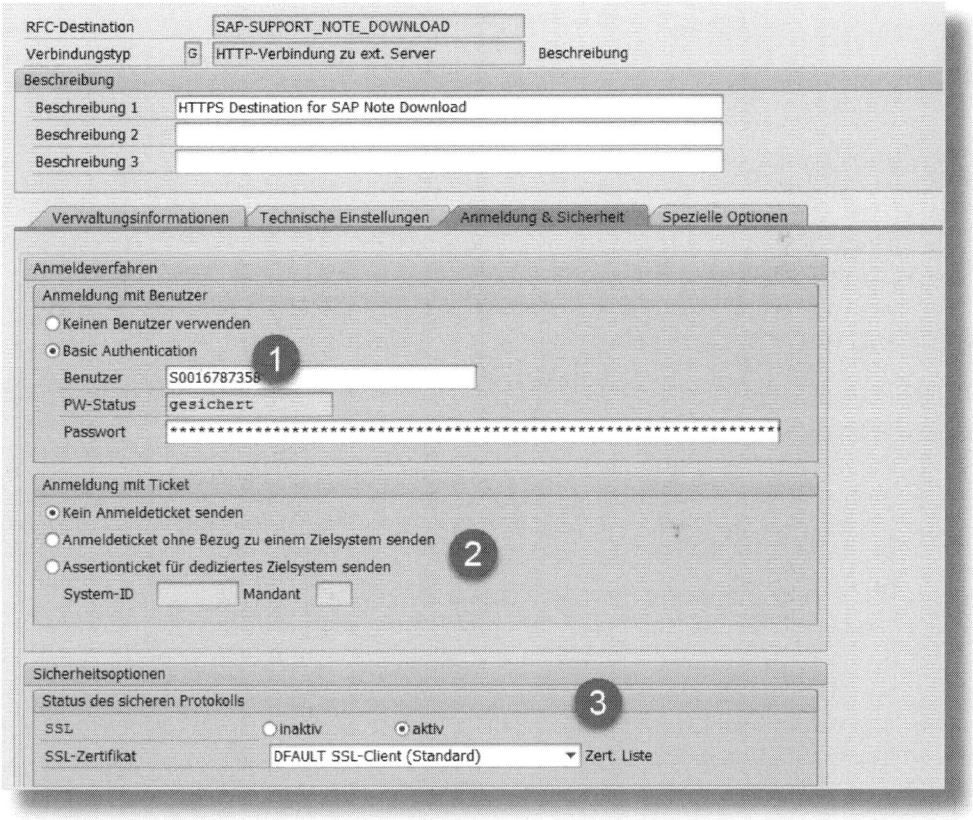

Abbildung 10.14: Karteikarte »Anmeldung & Sicherheit«

Im konkreten Fall erfolgt die Anmeldung explizit mit einem BENUTZER (➊), es wird KEIN ANMELDETICKET GESENDET (➋) und es wird ein SSL-ZERTIFIKAT verwendet, das unter *SSL-Client (Standard)* (➌) abgelegt ist. Das entsprechende Zertifikat wurde mithilfe der Transaktion *STRUST* in die Zertifikatsliste aufgenommen. In Abbildung 10.15 sehen Sie einige Beispiele für Fehler, die beim Verbindungstest auftreten können:

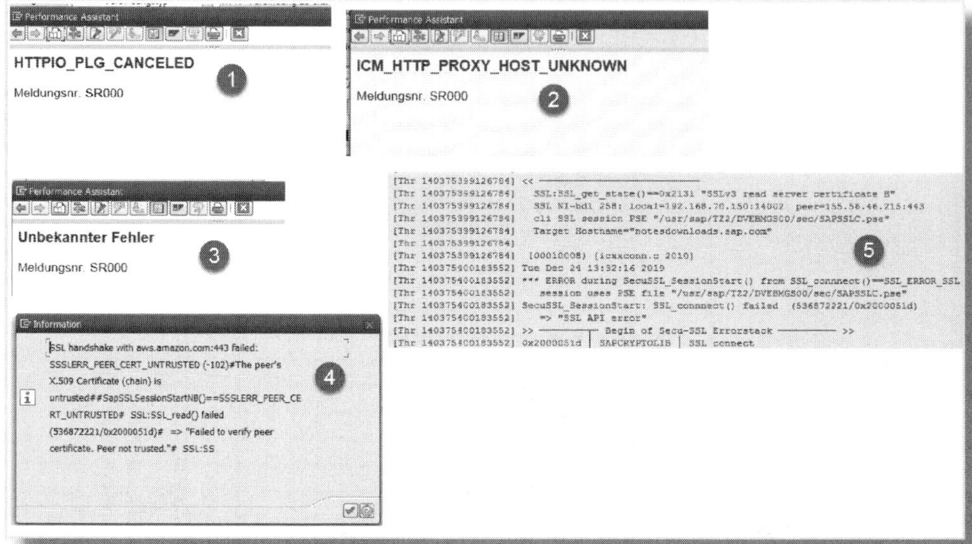

Abbildung 10.15: Beispiele für Verbindungsfehler

Fehler ❶ deutet darauf hin, dass für das SAP-System kein geeigneter HTTP-Port konfiguriert ist (siehe Abschnitt 10.3).

Bei Fehler ❷ ist die Proxy-Konfiguration (siehe auch ❹ in Abbildung 10.11) nicht korrekt.

Die Fehler ❸ und ❹ werden angezeigt, wenn bei aktiviertem SSL die erforderlichen Zertifikate nicht gefunden werden. Nähere Informationen liefert die Tracedatei `dev_icm` (❺).

10.1.4 Verbindungstyp »H« (HTTP-Verbindung zu ABAP-System)

Eine RFC-Destination vom Typ »H« wird ähnlich definiert wie eine Destination vom Typ »G«, das Zielsystem ist allerdings ein ABAP-basiertes SAP-System. Die Angaben zu den technischen Einstellungen entsprechen denen in Abbildung 10.11. Lediglich beim ANMELDEVERFAHREN sind Unterschiede zu beachten (siehe Abbildung 10.16) – insbesondere, dass für das Login im Zielsystem ein MANDANT (❶) angegeben werden muss. Die SICHERHEITSOPTIONEN (❷) können analog zum Verbindungstyp »G« festgelegt werden.

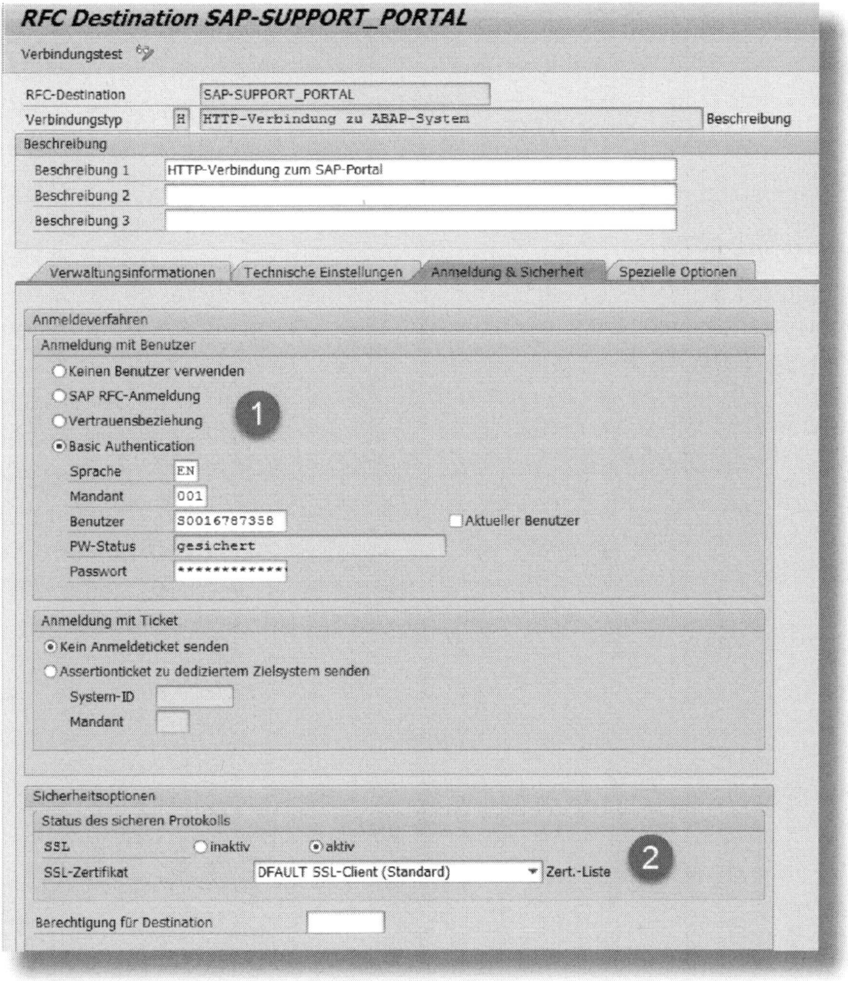

Abbildung 10.16: HTTP-Verbindung, Typ »H«

10.2 RFC-Varianten

RFC-Varianten werden von SAP hinsichtlich der Frage unterschieden, ob die einen RFC-Aufruf durchführende Anwendung auf die Rückantwort des gerufenen Bausteins warten muss oder nicht. Zusätzlich kann über die Wahl einer geeigneten Variante beeinflusst werden, wie im Zielsystem mehrere aufeinanderfolgende RFC-Aufrufe behandelt werden.

10.2.1 Synchroner RFC

Beim *synchronen RFC* (kurz *sRFC*) wird der Funktionsbaustein direkt auf dem Zielsystem ausgeführt. Das rufende Programm wartet auf die Rückantwort des gerufenen Funktionsbausteins. Ist das Zielsystem im Moment des Aufrufs nicht verfügbar, wird die Ausnahme `COMMUNICATION_FAILURE` ausgelöst. Listing 10.1 zeigt ein einfaches Beispiel für einen synchronen RFC:

```
report ZRFC_S.

data:
  GT_RC   type standard table of BAPIRET2,
  GT_USR  type standard table of BAPIUSNAME,
  GV_ROWS type BAPIUSMISC-BAPIROWS.

call function 'BAPI_USER_GETLIST'
  destination 'S72_CLNT001'
  exporting
    MAX_ROWS              = 100
    WITH_USERNAME         = 'X'
  importing
    ROWS                  = GV_ROWS
  tables
    USERLIST              = GT_USR
    RETURN                = GT_RC
  exceptions
    COMMUNICATION_FAILURE = 1.
if SY-SUBRC = 0.
```

```
  CL_DEMO_OUTPUT=>DISPLAY( GT_USR ).
else.
  message Kommunikationsfehler!' type 'E'.
endif.
```

Listing 10.1: Synchroner RFC-Aufruf

10.2.2 Asynchroner RFC

Beim *asynchronen RFC* (kurz *aRFC*) wird der Funktionsbaustein mit dem Zusatz `STARTING NEW TASK` aufgerufen. Das aufrufende Programm wartet nicht auf die Rückantwort des Funktionsbausteins, sondern setzt die Verarbeitung sofort hinter `CALL FUNCTION` fort. Der tatsächliche Aufruf des Funktionsbausteins erfolgt in einem zusätzlichen Dialogworkprozess, für den das Zielsystem verfügbar sein muss. Ergänzende Angaben bei `CALL FUNCTION` ermöglichen es Ihnen, die Rückantwort des gerufenen Funktionsbausteins zeitversetzt auszuwerten.

Listing 10.2 zeigt den Auszug eines Beispielcodings zum aRFC-Aufruf.

```
 call function 'BAPI_USER_GETLIST'
  destination 'S72_CLNT000'
  starting new task 'S72000'
  performing COLLECT_DATA on end of task
  exporting
    MAX_ROWS              = 100
    WITH_USERNAME         = 'X'
  exceptions
    COMMUNICATION_FAILURE = 1.
if SY-SUBRC = 0.
  add 1 to GV_COUNT.
else.
  message 'Kommunikationsfehler!' type 'E'.
endif.

....... " Aufrufe auf weiteren Zielsystemen
.......
```

```
wait until GV_COUNT = 0.

CL_DEMO_OUTPUT=>DISPLAY( GT_USRALL ).

form COLLECT_DATA using TASK.
  receive results from function 'BAPI_USER_GETLIST'
  tables
    USERLIST              = GT_USR
    RETURN                = GT_RC.
  append lines of GT_USR to GT_USRALL.
  GV_COUNT = GV_COUNT - 1.
endform.
```

Listing 10.2: Asynchroner RFC-Aufruf

Der asynchrone RFC wird zumeist eingesetzt, um eine Anwendung zu parallelisieren, d. h., die Ausführung des Codings erfolgt paketweise in mehreren Dialogworkprozessen gleichzeitig. Beispiele dafür sind die Transaktionen *SGEN* (siehe Report RSPARAGENER8M) und *SCCL* (Mandantenkopie).

10.2.3 Transaktionaler RFC

Beim *Transaktionalen RFC* (kurz *tRFC*) muss das entfernte System im Moment des Aufrufs nicht verfügbar sein. Der Name des Funktionsbausteins und die Übergabeparameter werden beim tRFC unter einer eindeutigen Transaktionskennung (der TID) in der Datenbank gespeichert. Das rufende Programm wartet nicht auf die Ausführung des Bausteins, sondern setzt seine Arbeit unmittelbar fort. Eine Auswertung der Rückantwort ist nicht möglich! Der tRFC-Service startet den Aufruf des Bausteins auf dem Zielsystem. Ist dieses nicht verfügbar, bleibt der Aufruf in der Warteschlange stehen und wird als Hintergrundjob eingeplant, der in bestimmten Zeitabständen bis zu einer einstellbaren maximalen Anzahl von Wiederholungen, erneut ausgeführt wird.

Die Einstellungen für das Verhalten bei Verbindungsfehlern können Sie für jede RFC-Destination vom Typ »3« über BEARBEITEN • TRFC-OPTIONEN festlegen (siehe Abbildung 10.17).

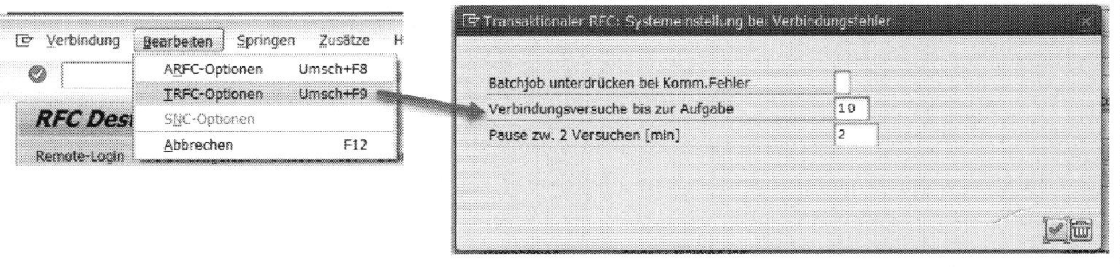

Abbildung 10.17: TRFC-Optionen bei Verbindungsfehlern

Mehrere tRFC-Aufrufe von Funktionsbausteinen werden durch die Anweisung `COMMIT WORK` zu einer Einheit (LUW) zusammengefasst und im Zielsystem transaktional ausgeführt, d. h., durch die Bausteine implizierte Datenbankänderungen werden komplett geschrieben oder in Gänze zurückgesetzt. Listing 10.3 zeigt ein Beispiel für einen transaktionalen RFC.

```
report ZRFC_BG_T.

call function 'Z_BGRFC_1'
  in background task
  destination 'S72_CLNT001'
  exporting
    I_SRC  = SY-SYSID
    I_WAIT = 10.

call function 'Z_BGRFC_2'
  in background task
  destination 'S72_CLNT001'
  exporting
    I_SRC  = SY-SYSID
    I_WAIT = 2.

commit work.

call function 'Z_BGRFC_3'
  in background task
  destination 'S72_CLNT001'
  exporting
    I_SRC  = SY-SYSID
```

```
    I_WAIT = 1.

commit work.
```

Listing 10.3: Beispiel für einen transaktionalen RFC

Die Bausteine `Z_BGRFC_1` und `Z_BGRFC2` werden im Zielsystem in genau dieser Reihenfolge ausgeführt, während der Baustein `Z_BGRFC_3` unabhängig davon, optional aber durchaus auch parallel im Zielsystem laufen kann.

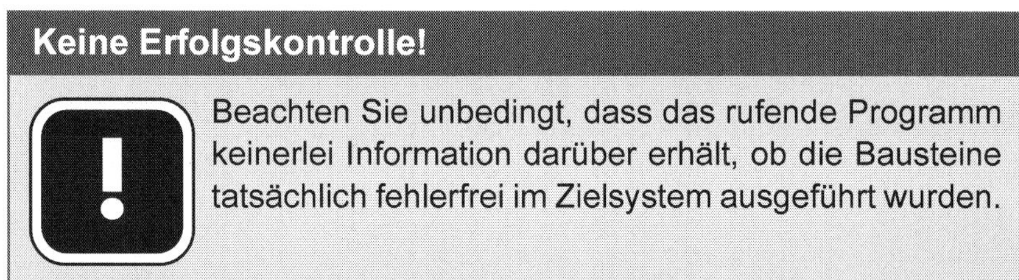

Keine Erfolgskontrolle!

Beachten Sie unbedingt, dass das rufende Programm keinerlei Information darüber erhält, ob die Bausteine tatsächlich fehlerfrei im Zielsystem ausgeführt wurden.

Ein Fehler-Monitoring ist mithilfe der Transaktion *SM58* möglich (siehe Abbildung 10.18).

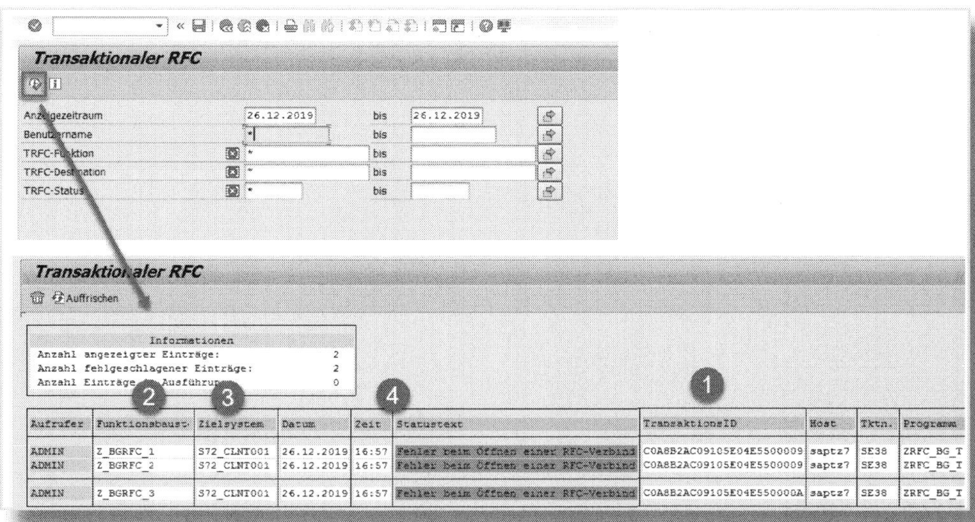

Abbildung 10.18: Monitoring Transaktionaler RFC

Angezeigt werden u.a. die TRANSAKTIONSID (❶), der auszuführende FUNKTIONSBAUSTEIN (❷), das ZIELSYSTEM (❸) und der aktuelle STATUS (❹). Im konkreten Beispiel war das Zielsystem zum Zeitpunkt des Aufrufs nicht verfügbar. In diesem Fall werden automatisch Jobs eingeplant, die in wiederkehrenden Abständen ein erneutes Ausführen des Bausteins im Zielsystem versuchen (siehe Abbildung 10.19).

name	Job-Erst	Status	Startdatum	Startzeit	Dauer(sec.)	Verzög(sec.)	Geplantes Stm	Geplante S
C:C0A8B2AC09105E04E5500009	ADMIN	freigegeben			0	0	26.12.2019	17:00:34
C:C0A8B2AC09105E04E5500009	ADMIN	fertig	26.12.2019	16:55:31	0	40	26.12.2019	16:54:51
C:C0A8B2AC09105E04E5500009	ADMIN	fertig	26.12.2019	16:58:31	0	57	26.12.2019	16:57:34
C:C0A8B2AC09105E04E550000A	ADMIN	freigegeben			0	0	26.12.2019	17:00:37
C:C0A8B2AC09105E04E550000A	ADMIN	fertig	26.12.2019	16:55:31	0	37	26.12.2019	16:54:54
C:C0A8B2AC09105E04E550000A	ADMIN	fertig	26.12.2019	16:58:31	0	54	26.12.2019	16:57:37
sammenfassung					0	188		

Abbildung 10.19: Jobs für erneuten Versuch der Bausteinausführung

Ist das Zielsystem »rechtzeitig« (im Sinne der Angaben in Abbildung 10.17) wieder verfügbar, werden die Bausteine automatisch vom entsprechenden Job ausgeführt und aus der Warteschlange gelöscht.

Die Transaktion *SM58* bietet zudem Funktionen an, um LUWs zu löschen oder bei fehlerhaftem Status erneut auszuführen (siehe Abbildung 10.20).

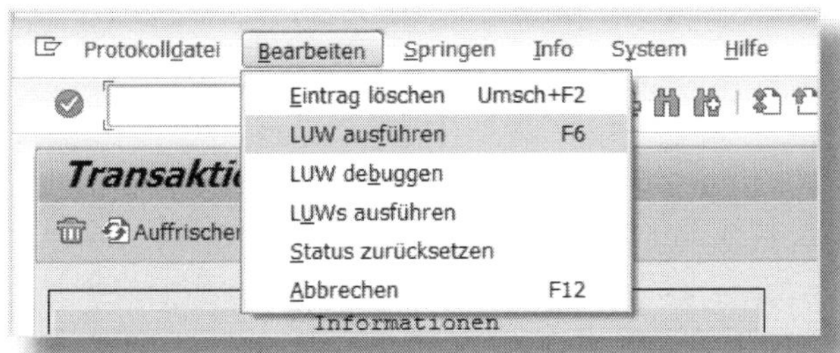

Abbildung 10.20: Bearbeitung von LUWs in der Transaktion SM58

Einsatz des transaktionalen RFC

Der tRFC kommt im SAP-System sehr häufig in der Komponente SAP Business Workflow und im Zusammenhang mit der Datenverteilung per ALE zum Einsatz. Ein regelmäßiges Monitoring ist beim Einsatz dieser Szenarien daher unbedingt sinnvoll.

10.2.4 Queued RFC

Sollen die Bausteine auch über mehrere LUWs hinweg genau in derselben Reihenfolge ausgeführt werden, in der sie im rufenden Programm in der Datenbank gespeichert wurden, muss der *queued RFC* (kurz *qRFC*) eingesetzt werden. Dabei werden die Daten im Sendesystem in eine sogenannte *Ausgangsqueue* geschrieben, die seriell vom *QOUT-Scheduler* abgearbeitet wird.

Der Name der Ausgangsqueue wird programmseitig vorgegeben. Listing 10.4 zeigt ein Beispielprogramm, über das nacheinander drei Bausteine im Zielsystem `S72_CLNT001` ausgeführt werden sollen. Dazu wird die Ausgangsqueue `ZBGRFC_OUTQUEUE` verwendet. So wird sichergestellt, dass trotz mehrerer durch `COMMIT WORK` gebildeter Einheiten alle Bausteine genau in der vorgegebenen Reigenfolge ausgeführt werden.

```
report ZRFC_BG_Q.

call function 'TRFC_SET_QUEUE_NAME'
  exporting
    QNAME = 'ZBGRFC_OUTQUEUE'.

call function 'Z_BGRFC_1'
  in background task
  destination 'S72_CLNT001'
  exporting
    I_SRC  = SY-SYSID
    I_WAIT = 10.
```

```
call function 'Z_BGRFC_2'
  in background task
  destination 'S72_CLNT001'
  exporting
    I_SRC  = SY-SYSID
    I_WAIT = 2.

commit work.

call function 'TRFC_SET_QUEUE_NAME'
  exporting
    QNAME = 'ZBGRFC_OUTQUEUE'.

call function 'Z_BGRFC_3'
  in background task
  destination 'S72_CLNT001'
  exporting
    I_SRC  = SY-SYSID
    I_WAIT = 1.

commit work.
```

Listing 10.4: Beispielprogramm für einen queued RFC

Der Status der Ausgangsqueue kann mithilfe der Transaktion *SMQ1* überwacht werden (siehe Abbildung 10.21). Auch das Starten einer erneuten Bearbeitung im Fehlerfall bietet diese Transaktion.

Zusätzlich zu einer Ausgangsqueue können Sie für das Zielsystem eine *Eingangsqueue* definieren. Der Name dieser Queue wird im Programm, das die qRFC-Aufrufe erzeugt, anhand des Funktionsbausteins `TRFC_SET_QIN_PROPERTIES` definiert. Einen Ausschnitt aus einem entsprechenden Coding sehen Sie in Listing 10.5.

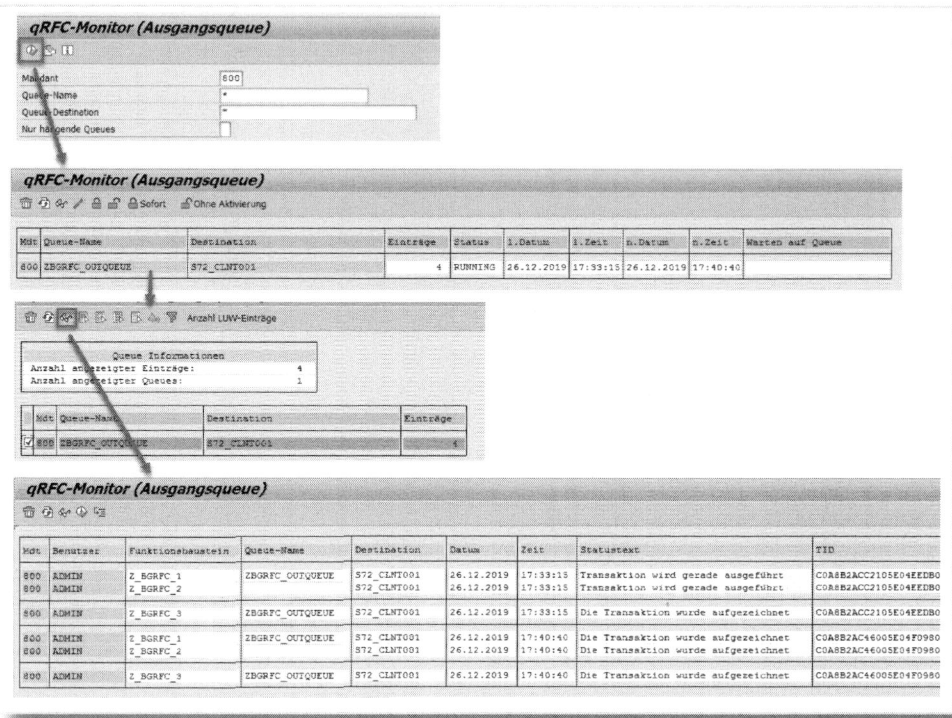

Abbildung 10.21: Monitoring Ausgangsqueue

```
call function 'TRFC_SET_QUEUE_NAME'
  exporting
    QNAME = 'ZBGRFC_OUTQUEUE'.

call function 'TRFC_SET_QIN_PROPERTIES'
  exporting
    QIN_NAME    = 'ZBGRFC_INQUEUE'.

call function 'Z_BGRFC_1'
  in background task ........
```

Listing 10.5: qRFC-Beispiel mit Eingangsqueue

Hier werden alle im Quellsystem in die Ausgangsqueue ZBGRFC_OUTQUEUE geschriebenen Aufrufe an die Eingangsqueue ZBGRFC_INQUEUE im Zielsystem übergeben. Die Eingangsqueue wird dort automatisch vom *QIN-Scheduler* abgearbeitet, sofern sie zuvor mittels der Transaktion *SMQR* registriert wurde. Fehlt diese Registrierung, können Sie die Bearbeitung der Eingangsqueue z. B. mithilfe der Transaktion *SMQ2* aktivieren (siehe Abbildung 10.22). Dieser Weg eröffnet Ihnen zudem die Möglichkeit, die Bearbeitung der Ausgangsqueue zeitlich von der Bearbeitung der Eingangsqueue zu trennen.

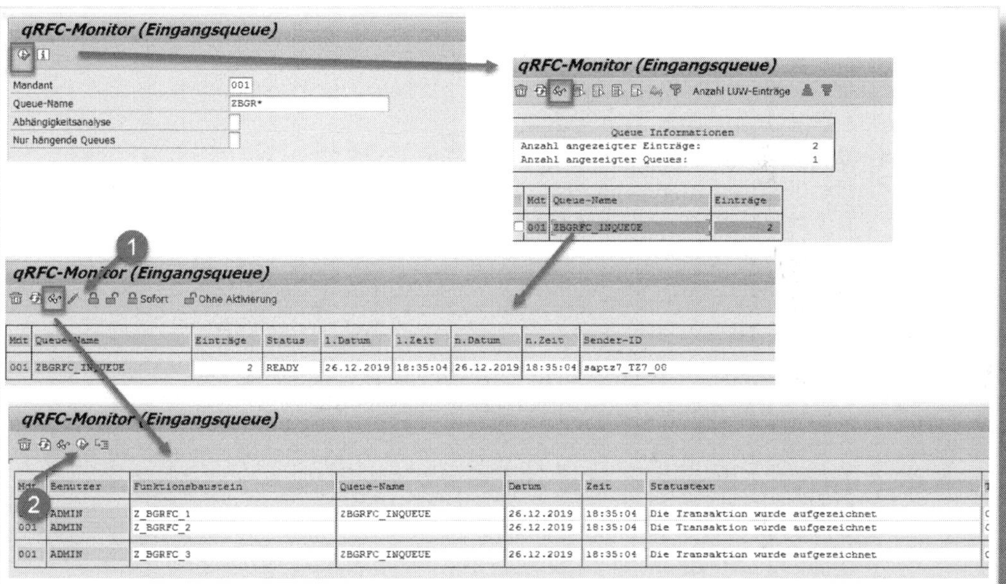

Abbildung 10.22: Monitoring der Eingangsqueue

Die Transaktion *SMQ2* bietet noch weitere Funktionen an, über die sich die Verarbeitung der Eingangsqueue oder bei Bedarf auch die einzelner Einheiten der Queue steuern lassen.

Geben Sie zunächst im Startbild der Transaktion im Feld QUEUE-NAME ein Namensmuster für die Queues ein, die Sie näher untersuchen möchten. Das Folgebild zeigt Ihnen daraufhin eine Übersicht der entsprechenden Queues an. Markieren Sie nun die Queue, deren Inhalt

Sie analysieren möchten und klicken Sie auf [icon]. Es wird nun u.a. der Status der Eingangsqueue angezeigt. Mit nochmaligem Klicken auf [icon] (❶) erhalten Sie eine Liste der in der Queue vorhandenen Funktionsbausteine. Es stehen Ihnen jetzt von Funktionen zur Verfügung, die Bausteine nochmals zu starten, zu Löschen oder zu debuggen (❷).

10.2.5 Background RFC

Der *Background RFC* (kurz *bgRFC*) wurde von der SAP entwickelt, um die Funktionalitäten des tRFC und des qRFC in einer neuen, objektorientierten API zusammenzufassen. Der Aufruf der Funktionsbausteine erfolgt hier mit dem Zusatz `IN BACKGROUND UNIT`. Ein Entwickler hat nun die Möglichkeit, mit einer einzigen API Anwendungen zu entwickeln, die die Funktionen von tRFC und qRFC nutzen. Ebenso wurde die Performance der für die Bearbeitung der Queues relevanten Scheduler optimiert. Ausführliche Informationen finden Sie in der SAP-Dokumentation unter dem Stichwort »Background Communication«.

10.3 Internet Communication Manager

Der *Internet Communication Manager* (kurz *ICM*) ermöglicht es dem SAP NetWeaver Application Server ABAP, über Protokolle wie HTTP, HTTPS und SMTP mit externen Systemen zu kommunizieren. Der ICM bietet einen eigenen Prozess, der vom ABAP-Dispatcher gestartet und überwacht wird.

Welche Protokolle über welche Portnummer angeboten werden, wird durch die Profilparameter `icm/server_port_x` (x = 0, 1, 2 ...) festgelegt. Die aktuell vom ICM angebotenen Services zeigt die Transaktion *SMICM*. Wählen Sie hierzu die Funktion Springen • Services (siehe Abbildung 10.23).

Im konkreten Beispiel werden zur Kommunikation HTTP (Port-Nummer 8041), HTTPS (Port-Nummer 8443) und SMTP (Port-Nummer 0, d.h. ausschließlich ausgehende Mails und kein Mailempfang) bereitgestellt.

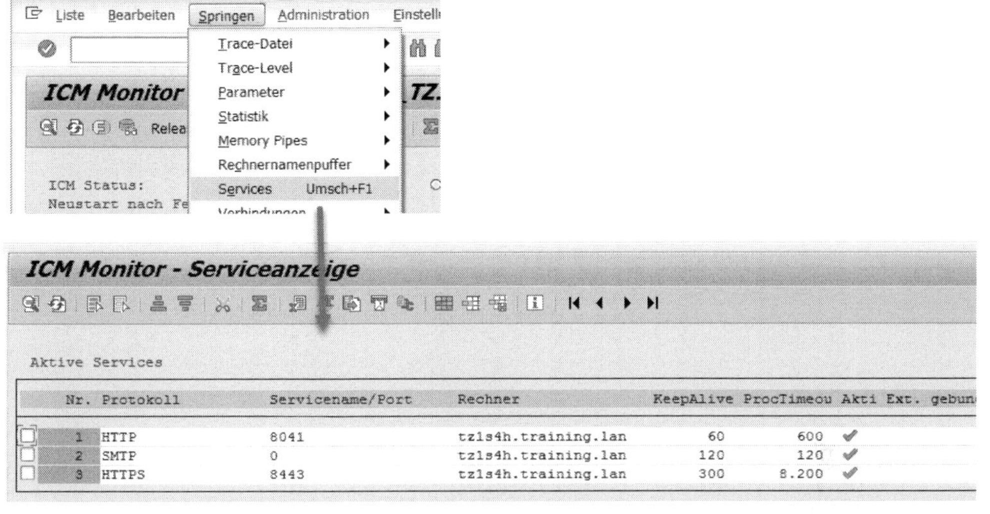

Abbildung 10.23: ICM-Services

Das *Internet Communication Framework* (kurz *ICF*) ist integraler Bestandteil eines ABAP-Applikationsservers und steuert die Kommunikation des SAP-Systems mit der Außenwelt über die freigegebenen Services. Das ICF ist eine API, die es erlaubt, ABAP-Anwendungen zu entwickeln, die mittels ICM kommunizieren können. Hier übernimmt der ICM die Bearbeitung der eingehenden Requests und führt das dazu notwendige ABAP-Coding in Workprozessen aus.

In der *Serverrolle* nimmt der ICM eingehende Anfragen entgegen, die jeweils von einem Client inklusive URL an einen der vom ICM zur Verfügung stehenden Ports gesendet werden. Zur URL wird gemäß einer im System hinterlegten Hierarchie ein Handler ermittelt, der die Anfrage bearbeitet und die Rückmeldung an den Client aufbereitet.

Betrachten wir dazu ein Beispiel: Gehen wir davon aus, dass (entsprechend der oben definierten Ports) folgende URL per Browser an den ICM gesendet wird:

http://tz1s4h.training.lan:8041/sap/bc/ping

Der ICM durchsucht daraufhin die Servicehierarchie nach der übergebenen URL. Hierarchien dieser Art werden mithilfe der Transaktion *SICF* definiert. Abbildung 10.24 zeigt einen Ausschnitt aus der Hierarchie.

Abbildung 10.24: Servicehierarchie

Im konkreten Fall gibt es zu /SAP/BC/PING je einen passenden aktiven Eintrag. Die Anfrage kann also vom ICM bearbeitet werden (inaktive Einträge sind ausgegraut dargestellt).

Findet der ICM zur URL keinen Treffer, wird der Returncode »404 not found« an den Client gesendet, ist ein Treffer vorhanden, der Service aber inaktiv, wird »403 Forbidden« zurückgeliefert.

Für jeden in der Hierarchie dargestellten Service werden das Anmeldeverfahren und eine Handler-Liste hinterlegt. Per Doppelklick auf einen Hierarchieknoten können Sie diese Informationen aufrufen (siehe Abbildung 10.25).

»403 Forbidden«

SAP bettet bei einigen GUI-basierten Anwendungen Webseiten in das Dynpro ein, die auf inaktive Services zugreifen. Es wird in diesem Fall die Meldung »403 Forbidden« ausgegeben, ohne dass zu erkennen ist, welcher der Services inaktiv ist. Die URL dieses Service können Sie ermitteln, indem Sie den Cursor auf der Meldung positionieren und dann über das Kontextmenü die Funktion EIGENSCHAFTEN aufrufen. Im sich öffnenden Pop-up wird die URL angezeigt.

Abbildung 10.25: Anmeldedaten und Handler-Liste

ANMELDEDATEN und SICHERHEITSANFORDERUNGEN werden im Prinzip wie bei RFC-Destinationen festgelegt. Im konkreten Beispiel soll eine Anmeldung mit einem Standard-SAP-Benutzer erforderlich sein (❶). Benutzername und Kennwort müssen nach Absenden der Anfrage per Dialog eingegeben werden, da hier keine festen Anmeldedaten vorgegeben sind (❷). In der zugehörigen Handler-Liste ist die Klasse CL_HTTP_EXT_PING eingetragen (❸). Das Internet Communication Framework sorgt für die Instanziierung der Klasse und führt in einem Workprozess das Coding der Methode `IF_HTTP_EXTENSION~HANDLE_REQUEST` aus (siehe Abbildung 10.26).

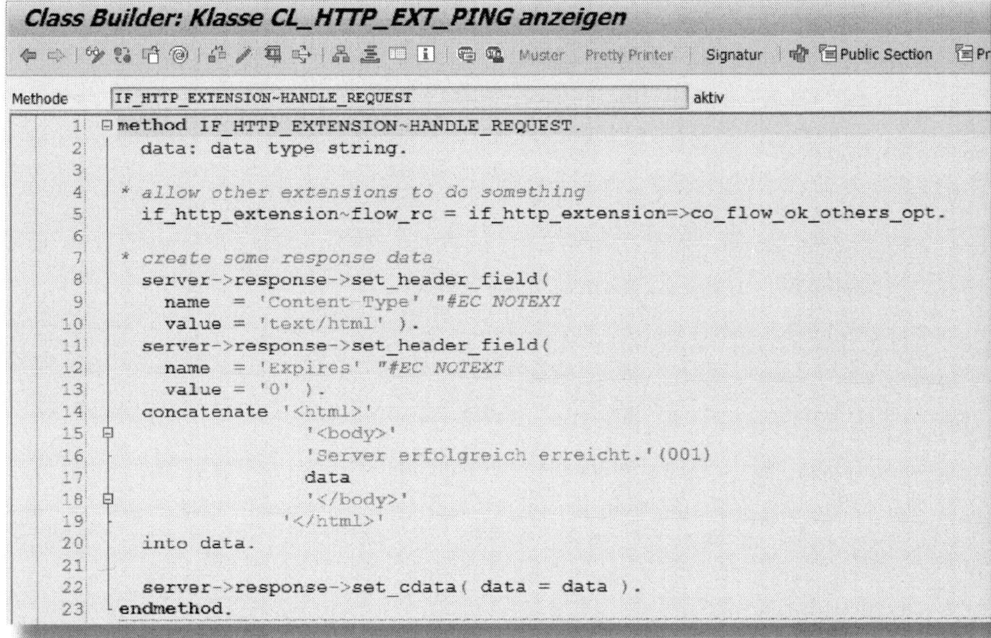

Abbildung 10.26: Beispielcoding für Handler

Im dargestellten Beispiel wird ein String generiert, der eine Antwortseite mit dem Text »Server erfolgreich erreicht« erstellt und an den Client zurücksendet.

Leere Handlerliste

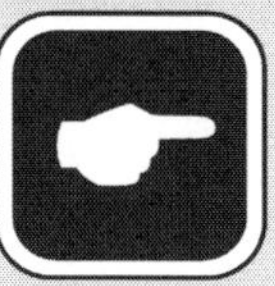

Wundern Sie sich bitte nicht, wenn bei einer Vielzahl von Services die Handlerliste leer ist. In diesen Fällen wird die Hierarchie in Richtung der Elternknoten durchsucht, bis eine Handlerliste gefunden wird, die dann zur Anwendung kommt. So ist z. B. für explizit in der Hierarchie aufgeführte Web-Dynpro-Anwendungen keine Handlerliste vorhanden, weshalb die des Knotens `/sap/bc/webdynpro` angewendet wird.

10.3.1 Pflege der Services

Wie bereits oben erwähnt, werden die vom Internet Communication Framework behandelbaren Services mit der Transaktion *SICF* gepflegt (siehe Abbildung 10.27).

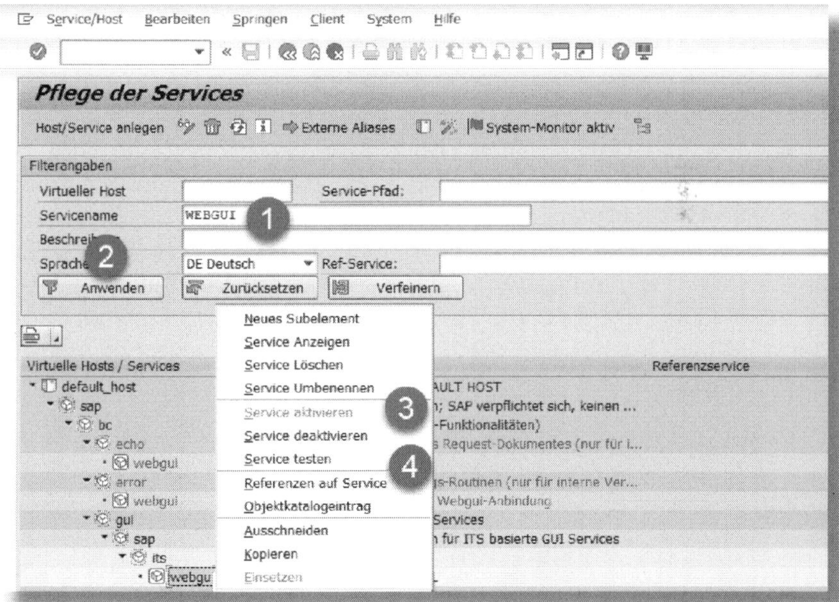

Abbildung 10.27: Pflege der Services

Da die Servicehierarchie sehr viele Knoten enthält, sollten Sie die Möglichkeiten nutzen, Filterbedingungen (❶) zu definieren und diese dann anzuwenden (❷).

Im Auslieferungszustand sind die Services meist inaktiv und können über das Kontextmenü zu einem Knoten aktiviert (und bei Bedarf wieder deaktiviert) werden (❸). Auch ein Test des Service kann gestartet werden (❹). Beachten Sie aber, dass dieser Test mit Einschränkungen verbunden ist. Er kann z. B. fehlschlagen, weil die eigens für den Test aus dem Servicepfad gebildete URL nicht vollständig ist, sodass der zugeordnete Handler nicht mit allen notwendigen Parametern versorgt wird. Zudem müssen Sie bedenken, dass die URL die in der Konfiguration des ICM hinterlegten Portnummern verwendet (siehe Abbildung 10.23). Diese Ports müssen in Verbindung mit dem Hostnamen des Applikationsservers vom Arbeitsplatz, an dem der Test gestartet wird, erreichbar sein. Ein fehlgeschlagener Test bedeutet also nicht unbedingt, dass der Service nicht funktioniert.

Die über die Aktivierung/Deaktivierung hinausgehende manuelle Pflege von Services ist in der täglichen Praxis eher selten und wird dann meist nur aufgrund von SAP-Hinweisen durchgeführt.

Gelegentlich wird es vorkommen, dass *Externe Alias* zu pflegen sind. Dabei handelt es sich quasi um »Links« auf andere Services. Diese bieten u. a. die Option, lange URLs abzukürzen oder eine URL bei Bedarf auf andere URL umzulenken. Auch das Ersetzen der Anmeldedaten des Zielservices ist möglich. So könnte man beispielsweise zu einem Service einen externen Alias mit einer Benutzerkennung definieren, die z. B. nur über Anzeigeberechtigungen verfügt, ein anderer externer Alias zum gleichen Service würde aber auch Datenänderungen erlauben. In Abbildung 10.28 bildet */nwbc* einen externen Alias für */sap/bc/nwbc*.

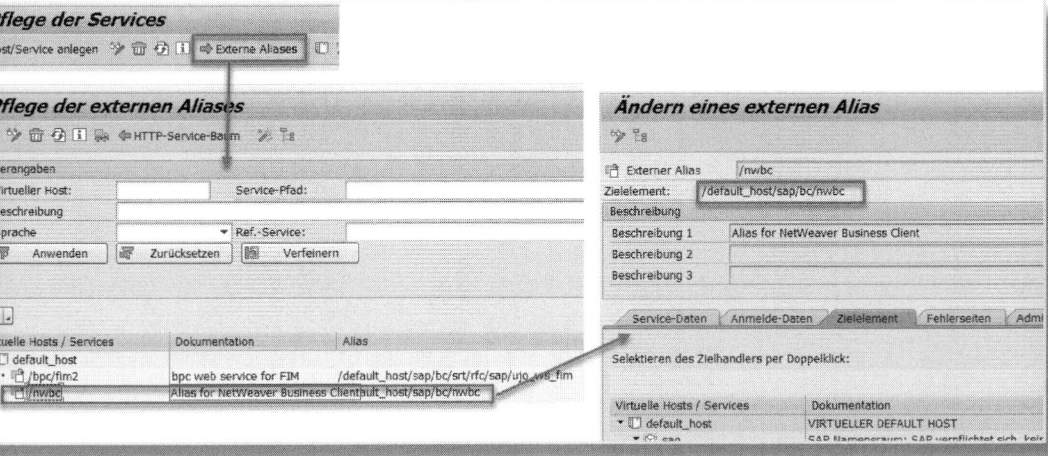

Abbildung 10.28: Beispiel externer Alias

10.3.2 ICM-Monitor

Den ICM-Prozess können Sie mithilfe der Transaktion *SMICM* überwachen und administrieren (siehe Abbildung 10.29). Im Startbild der auch als *ICM-Monitor* bezeichneten Transaktion erkennen Sie direkt, ob der ICM gestartet ist (❶) und ob die zur Verfügung gestellten Ressourcen ausreichend dimensioniert sind, indem Sie in der Anzeige die »Peak«-Werte mit den »Maximalwerten« vergleichen (❷).

Treten im Zusammenhang mit der Verarbeitung von Requests Fehler wie z. B. »HTTP Error 500« auf, sollten Sie die Tracedatei dev_icm untersuchen. Klicken Sie dazu auf und suchen Sie im angezeigten Log nach rot unterlegten Zeilen (❸). Hier finden Sie in den meisten Fällen Informationen zur Fehlerursache (im Beispiel sind es Probleme mit SSL).

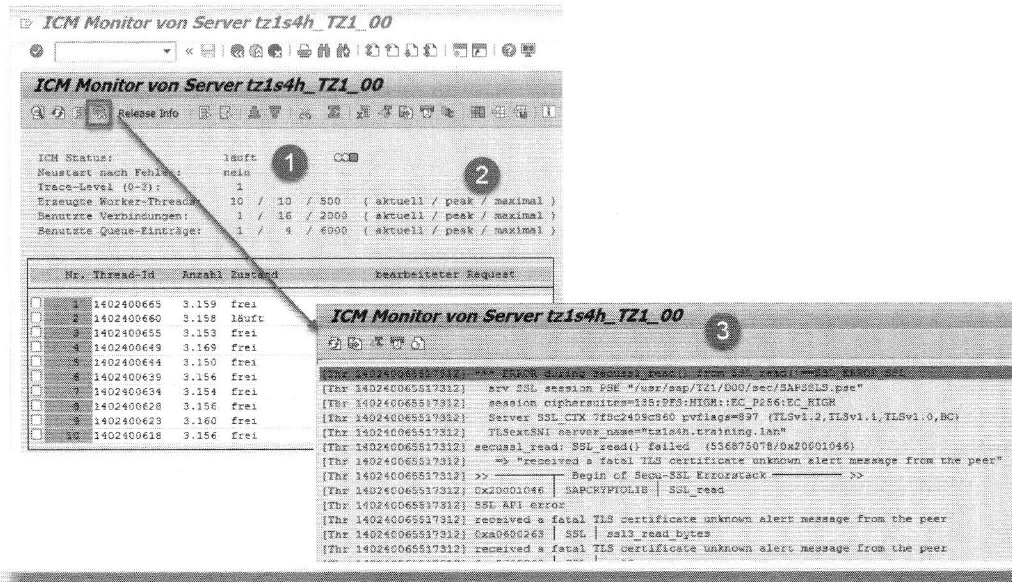

Abbildung 10.29: ICM-Monitor

Auswertung Trace dev_icm

Die Tracedatei dev_icm sollten Sie auch unabhängig von direkt gemeldeten Fehlern von Zeit zu Zeit auswerten. Viele Anwendungen, die im Hintergrund laufen, nutzen zu Kommunikationszwecken den ICM. Die dabei auftretenden Fehler sind oft nur im Trace erkennbar! Zusätzliche Informationen liefern bei Bedarf auch die Tracedateien »dev_icf<x>« (<x> = Nummer Workprozess).

Werden Konfigurationsparameter des ICM geändert, muss nicht immer die gesamte SAP-Instanz zur Aktivierung der Änderungen durchgestartet werden. Es reicht, wenn Sie nur den ICM-Prozess neu starten. Die Transaktion *SMICM* bietet Ihnen die dazu notwendige Funktion an:

Administration • ICM • Soft beenden • lokal

11 Wichtige Log- und Tracedateien

Log- und Tracedateien können Ihnen insbesondere Informationen zu Fehlern geben, die in der Vergangenheit aufgetreten sind und für die daher keine Reproduktion der Fehlersituation mehr möglich ist. Der SAP-Kernel und auch die SAP-Anwendungen schreiben selbsttätig Protokollinformationen in Log-Dateien sowie in einem konfigurierbaren, im Standard meist geringeren Umfang auch in Tracedateien. Bei Bedarf lassen sich zusätzliche Traces aktivieren oder das Tracelevel erhöhen, was den Informationsumfang beeinflusst. In diesem Kapitel stelle ich Ihnen die wichtigsten Log- und Tracedateien vor.

11.1 Systemlog

Im *Systemlog* werden Informationen zu außergewöhnlichen Ereignissen gesammelt, die während des Systembetriebs auftreten. Dazu zählen z. B. Verbuchungsabbrüche, Laufzeitfehler, Kommunikationsfehler usw.

Für jede Instanz eines SAP-Systems (auch für die ASCS-Instanz) wird ein eigenes Log geschrieben und auf Betriebssystemebene abgelegt (Verzeichnisparameter DIR_LOGGING). Die maximale Dateigröße wird durch den Parameter *rslg/max_diskspace/local* festgelegt. Sobald beim Füllen des Logs die maximale Größe erreicht ist, werden die ältesten Eintragungen überschrieben.

Die Auswertung des Systemlogs erfolgt mithilfe der Transaktion *SM21*. Dabei steht Ihnen eine Vielzahl von Selektionskriterien zur Verfügung (siehe Abbildung 11.1).

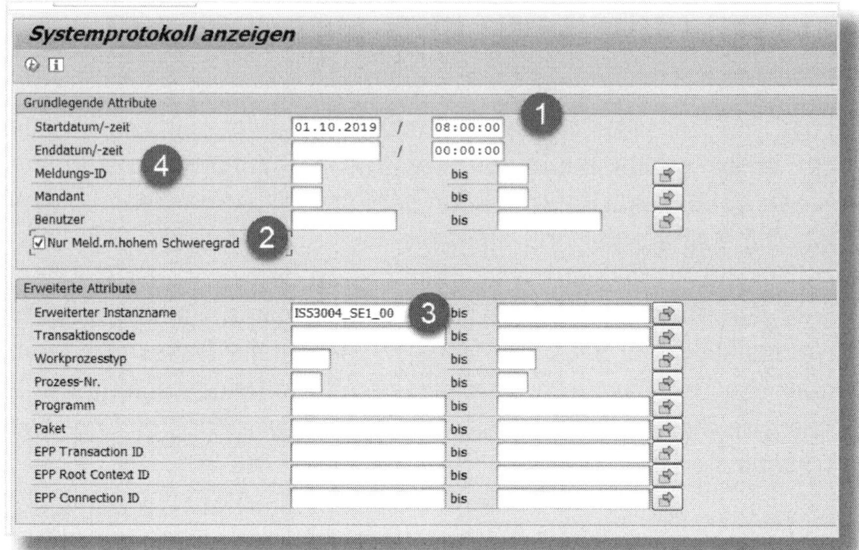

Abbildung 11.1: Selektionskriterien zum Systemlog

❶ STARTDATUM/-ZEIT – wird automatisch mit einem Wert vorbelegt, der die Auswertung der letzten beiden Stunden ermöglicht. Natürlich können Sie diesen Wert auch überschreiben. Beachten Sie aber, dass Sie nicht beliebig weit in die Vergangenheit zurückgehen können, da die ältesten Log-Einträge automatisch überschrieben werden, sobald die maximale Größe des Systemlogs erreicht wurde.

❷ NUR MELD.M.HOHEM SCHWEREGERAD – Da im Protokoll zum Teil auch Informationsmeldungen gesammelt werden, die bei der Analyse aufgetretener Fehler nicht unbedingt hilfreich sind, können Sie festlegen, dass ausschließlich Einträge zu Meldungen mit besonderer Wichtigkeit angezeigt werden sollen.

❸ ERWEITERTER INSTANZNAME – Per Default wird für dieses Feld die Instanz vorgeschlagen, auf der Sie gerade selbst angemeldet sind. Über die Werthilfe zum Feld können Sie jede andere Instanz des SAP-Systems wählen, zu der Sie Log-Einträge analysieren möchten. Die Transaktion *SM21* ist in der Lage, per RFC auf die Log-Dateien aller Instanzen zuzugreifen.

❹ Meldungs-ID – Wenn Sie Meldungen zu einem bestimmten Ereignis suchen möchten, können Sie diese ID zur Filterung nutzen.

Meldungs-ID

Eine vollständige Auflistung der für das Systemlog relevanten Meldungs-IDs liefert die Transaktion *SE92*.

Suche Logeinträge zum Verbucher

Sie möchten alle Log-Einträge suchen, die den Verbucher des SAP-Systems betreffen.

Geben Sie im Startbild der Transaktion in das Feld Meldungskurztext **Verbuchung** ein. Sie erhalten daraufhin eine Auflistung aller für die Verbuchung relevanten Meldungs-IDs. Diese können Sie wiederum im Startbild der Transaktion *SM21* verwenden, um die passenden Log-Einträge zu finden.

Die Trefferliste zeigt die Log-Einträge gemäß den gewählten Selektionsbedingungen (siehe Abbildung 11.2).

Angezeigt werden u. a.

❶ der Zeitpunkt der Erstellung,

❷ der für das Schreiben des Eintrags verantwortliche Prozess,

❸ der betroffene Benutzer,

❹ der Schweregrad der Meldung und

❺ der Meldungstext.

Die Angabe zum Prozess kann z. B. verwendet werden, um weitere Informationen zum Log-Eintrag aus dem betreffenden Entwicklertrace zu ermitteln (siehe Abschnitt 11.3).

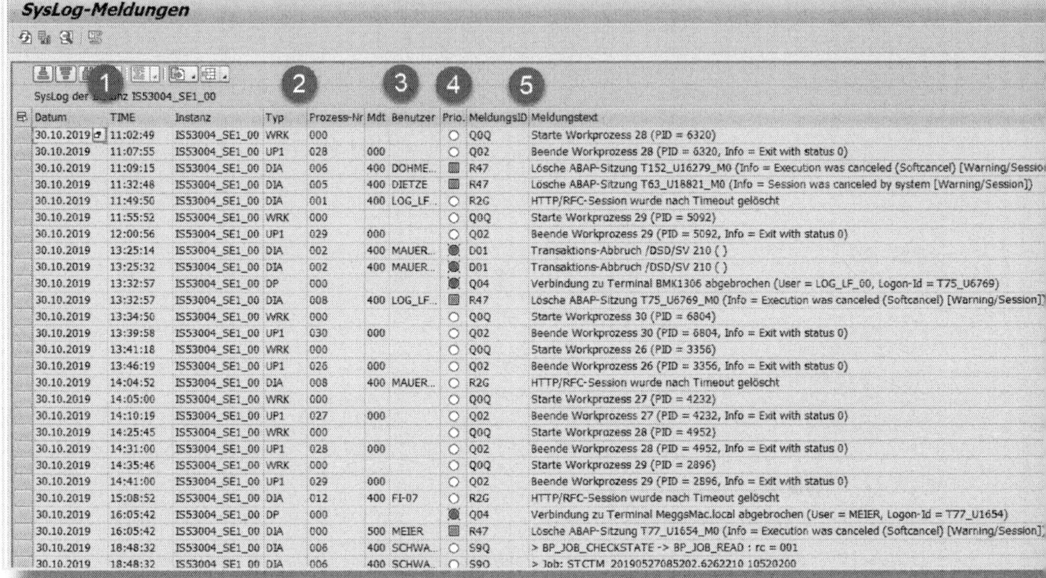

Datum	TIME	Instanz	Typ	Prozess-Nr	Mdt	Benutzer	Prio.	MeldungsID	Meldungstext
30.10.2019	11:02:49	IS53004_SE1_00	WRK	000				Q0Q	Starte Workprozess 28 (PID = 6320)
30.10.2019	11:07:55	IS53004_SE1_00	UP1	028	000			Q02	Beende Workprozess 28 (PID = 6320, Info = Exit with status 0)
30.10.2019	11:09:15	IS53004_SE1_00	DIA	006	400	DOHME...		R47	Lösche ABAP-Sitzung T152_U16279_M0 (Info = Execution was canceled (Softcancel) [Warning/Sessio
30.10.2019	11:32:48	IS53004_SE1_00	DIA	005	400	DIETZE		R47	Lösche ABAP-Sitzung T63_U18821_M0 (Info = Session was canceled by system [Warning/Session])
30.10.2019	11:49:50	IS53004_SE1_00	DIA	001	400	LOG_LF...		R2G	HTTP/RFC-Session wurde nach Timeout gelöscht
30.10.2019	11:55:52	IS53004_SE1_00	WRK	000				Q0Q	Starte Workprozess 29 (PID = 5092)
30.10.2019	12:00:56	IS53004_SE1_00	UP1	029	000			Q02	Beende Workprozess 29 (PID = 5092, Info = Exit with status 0)
30.10.2019	13:25:14	IS53004_SE1_00	DIA	002	400	MAUER...		D01	Transaktions-Abbruch /DSD/SV 210 ( )
30.10.2019	13:25:32	IS53004_SE1_00	DIA	002	400	MAUER...		D01	Transaktions-Abbruch /DSD/SV 210 ( )
30.10.2019	13:32:57	IS53004_SE1_00	DP	000				Q04	Verbindung zu Terminal BMK1306 abgebrochen (User = LOG_LF_00, Logon-Id = T75_U6769)
30.10.2019	13:32:57	IS53004_SE1_00	DIA	008	400	LOG_LF...		R47	Lösche ABAP-Sitzung T75_U6769_M0 (Info = Execution was canceled (Softcancel) [Warning/Session])
30.10.2019	13:34:50	IS53004_SE1_00	WRK	000				Q0Q	Starte Workprozess 30 (PID = 6804)
30.10.2019	13:39:58	IS53004_SE1_00	UP1	030	000			Q02	Beende Workprozess 30 (PID = 6804, Info = Exit with status 0)
30.10.2019	13:41:18	IS53004_SE1_00	WRK	000				Q0Q	Starte Workprozess 26 (PID = 3356)
30.10.2019	13:46:19	IS53004_SE1_00	UP1	026	000			Q02	Beende Workprozess 26 (PID = 3356, Info = Exit with status 0)
30.10.2019	14:04:52	IS53004_SE1_00	DIA	008	400	MAUER...		R2G	HTTP/RFC-Session wurde nach Timeout gelöscht
30.10.2019	14:05:00	IS53004_SE1_00	WRK	000				Q0Q	Starte Workprozess 27 (PID = 4232)
30.10.2019	14:10:19	IS53004_SE1_00	UP1	027	000			Q02	Beende Workprozess 27 (PID = 4232, Info = Exit with status 0)
30.10.2019	14:25:45	IS53004_SE1_00	WRK	000				Q0Q	Starte Workprozess 28 (PID = 4952)
30.10.2019	14:31:00	IS53004_SE1_00	UP1	028	000			Q02	Beende Workprozess 28 (PID = 4952, Info = Exit with status 0)
30.10.2019	14:35:46	IS53004_SE1_00	WRK	000				Q0Q	Starte Workprozess 29 (PID = 2896)
30.10.2019	14:41:00	IS53004_SE1_00	UP1	029	000			Q02	Beende Workprozess 29 (PID = 2896, Info = Exit with status 0)
30.10.2019	15:08:52	IS53004_SE1_00	DIA	012	400	FI-07		R2G	HTTP/RFC-Session wurde nach Timeout gelöscht
30.10.2019	16:05:42	IS53004_SE1_00	DP	000				Q04	Verbindung zu Terminal MeggsMac.local abgebrochen (User = MEIER, Logon-Id = T77_U1654)
30.10.2019	16:05:42	IS53004_SE1_00	DIA	000	500	MEIER		R47	Lösche ABAP-Sitzung T77_U1654_M0 (Info = Execution was canceled (Softcancel) [Warning/Session]
30.10.2019	18:48:32	IS53004_SE1_00	DIA	006	400	SCHWA...		S9Q	> BP_JOB_CHECKSTATE -> BP_JOB_READ : rc = 001
30.10.2019	18:48:32	IS53004_SE1_00	DIA	006	400	SCHWA...		S9Q	> Job: STCTM_20190527085202.6262210_10520200

Abbildung 11.2: Meldungsliste zu SystemLogs

Für jeden Log-Eintrag können Sie per Doppelklick alle verfügbaren Informationen aufrufen (siehe Abbildung 11.3).

In der Textbox DOKUMENTATION ❶ finden Sie eine ausführliche Beschreibung zum Log-Eintrag. Falls hier noch keine Fehlerursache zu erkennen ist, sollten Sie mit der angezeigten MELDUNGS-ID ❷ zum PROGRAMM ❸ nach Hinweisen im SAP-Supportsystem suchen.

Beachten sollten Sie natürlich zum einen Log-Einträge mit hohem Schweregrad, aber zum anderen auch solche, die besonders häufig auftreten. Die Transaktion *SM21* bietet Ihnen die Möglichkeit, in der Liste der angezeigten Systemlog-Meldungen die Anzahl bestimmter MESSAGE-IDS, TRANSAKTIONSCODES oder USER zu zählen (siehe Abbildung 11.4).

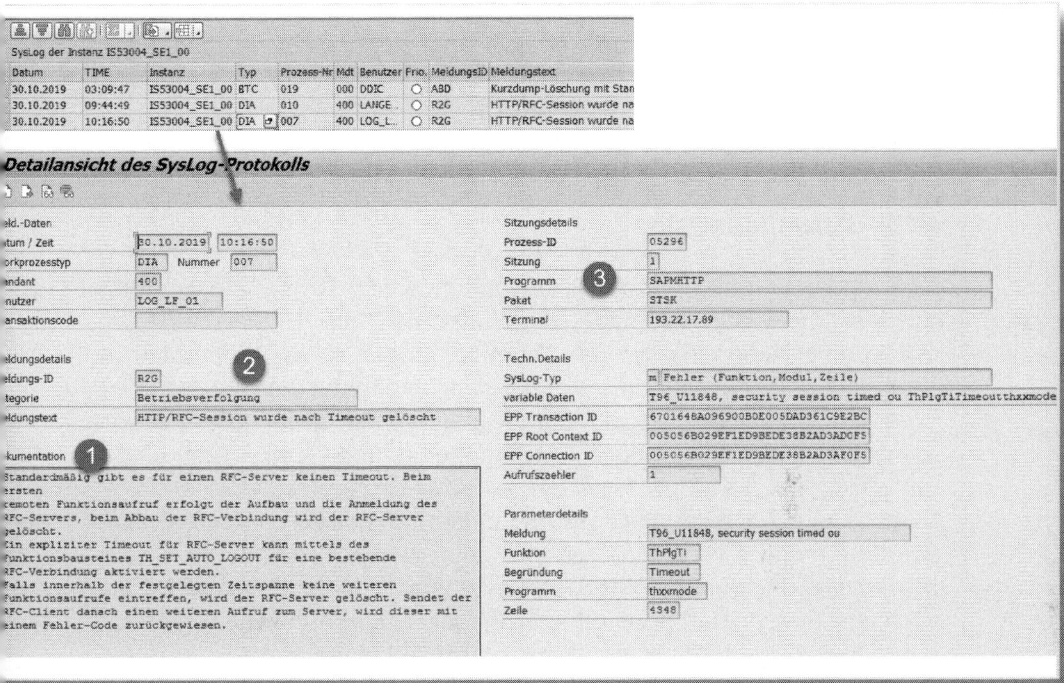

SysLog der Instanz IS53004_SE1_00

Datum	TIME	Instanz	Typ	Prozess-Nr	Mdt	Benutzer	Prio.	MeldungsID	Meldungstext
30.10.2019	03:09:47	IS53004_SE1_00	BTC	019	000	DDIC	○	ABD	Kurzdump-Löschung mit Stan
30.10.2019	09:44:49	IS53004_SE1_00	DIA	010	400	LANGE..	○	R2G	HTTP/RFC-Session wurde na
30.10.2019	10:16:50	IS53004_SE1_00	DIA	007	400	LOG_L..	○	R2G	HTTP/RFC-Session wurde na

Detailansicht des SysLog-Protokolls

eld.-Daten
atum / Zeit 30.10.2019 10:16:50
orkprozesstyp DIA Nummer 007
andant 400
nutzer LOG_LF_01
ansaktionscode

eldungsdetails 2
eldungs-ID R2G
tegorie Betriebsverfolgung
eldungstext HTTP/RFC-Session wurde nach Timeout gelöscht

kumentation 1

Standardmäßig gibt es für einen RFC-Server keinen Timeout. Beim ersten remoten Funktionsaufruf erfolgt der Aufbau und die Anmeldung des RFC-Servers, beim Abbau der RFC-Verbindung wird der RFC-Server gelöscht.
Ein expliziter Timeout für RFC-Server kann mittels des Funktionsbausteines TH_SET_AUTO_LOGOUT für eine bestehende RFC-Verbindung aktiviert werden.
Falls innerhalb der festgelegten Zeitspanne keine weiteren Funktionsaufrufe eintreffen, wird der RFC-Server gelöscht. Sendet der RFC-Client danach einen weiteren Aufruf zum Server, wird dieser mit einem Fehler-Code zurückgewiesen.

Sitzungsdetails
Prozess-ID 05296
Sitzung 1
Programm 3 SAPMHTTP
Paket STSK
Terminal 193.22.17.89

Techn.Details
SysLog-Typ m Fehler (Funktion,Modul,Zeile)
variable Daten T96_U11848, security session timed ou ThPlgTiTimeoutthxxmode
EPP Transaction ID 6701648A096900B0E005DAD361C9E2BC
EPP Root Context ID 005056B029EF1ED9BEDE38B2AD3ADCF5
EPP Connection ID 005056B029EF1ED9BEDE38B2AD3AF0F5
Aufrufszaehler 1

Parameterdetails
Meldung T96_U11848, security session timed ou
Funktion ThPlgTi
Begründung Timeout
Programm thxxmode
Zeile 4348

Abbildung 11.3: Detailinformationen zum Log-Eintrag

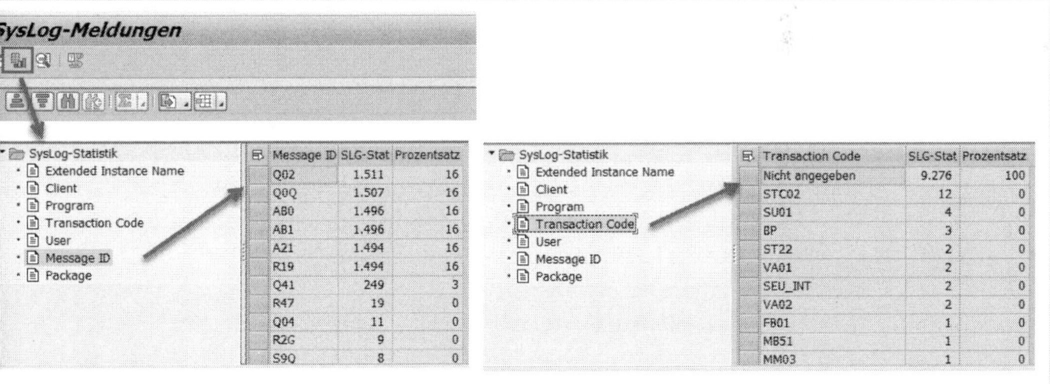

Abbildung 11.4: Logbuch-Statistik

Nähere Informationen zur Message-ID erhalten Sie über die Transaktion *SE92*. Insbesondere der dort angezeigte Schweregrad einer Message-ID lässt Sie die Dringlichkeit, mit der die Meldung behandelt werden muss, besser einschätzen.

11.2 Anwendungslog

Bei der Ausführung von SAP-Anwendungen im Dialogbetrieb erhält der Anwender häufig Meldungen, die ihn über den Erfolg oder Misserfolg einer Aktion informieren. Warnmeldungen sollen ihn darüber in Kenntnis setzen, dass eine Verarbeitung stattgefunden hat, es aber trotzdem Ereignisse gab, auf die reagiert werden sollte. Oftmals werden diese Meldungen aber vom Anwender ignoriert. Der Anwendungsentwickler hat die Möglichkeit, bei Bedarf Meldungen zusätzlich in das sogenannte *Anwendungslog* zu schreiben, damit deren spätere Auswertung möglich ist. Das Anwendungslog wird vor allem dann für die Protokollierung genutzt, wenn Anwendungen im Hintergrund oder über Schnittstellen gestartet werden, denn hier fehlt ein Anwender, der auf Meldungen reagieren kann. Eine regelmäßige Auswertung des Anwendungslogs ist daher überaus sinnvoll.

Der Entwickler ordnet die Meldung der sie auslösenden Applikation zu. Dazu klassifiziert er im Coding der Anwendung die Meldung durch die Wahl eines Objekts (auch »Applikationskürzel« genannt), eines Unterobjekts sowie eines externen Identifiers (z. B. eine Kombination aus Transaktion und Belegnummer).

Relevante Tabellen für Objekt und Subobjekt

Die Namen der Objekte für das Anwendungslog sind in der Tabelle BALOBJ abgelegt, die möglichen Subobjekte in BALSUB.

Für die Auswertung des Anwendungslogs können Sie die Transaktion *SLG1* nutzen. Das Startbild (siehe Abbildung 11.5) bietet diverse Filterkriterien zur Selektion der Meldungen an, wie etwa OBJEKT und UNTEROBJEKT (❶), eine zeitliche Einschränkung (❷) oder den verursachenden BENUTZER (❸) und TRANSAKTIONSCODE (❹). Sie können auch wählen, ob z. B. nur Meldungen ausgegeben werden sollen, die IM BATCH-BETRIEB erzeugt wurden (❺). Die Auswahl der PROTOKOLLKLASSE (❻) ist nicht ganz intuitiv. Die zur Verfügung stehenden Klassen stimmen nicht ganz mit der gewohnten Einteilung von Meldungen nach roten, gelben oder grünen Icons überein. So kann es passieren, dass in der Trefferliste Meldungen mit einem grünen Icon markiert sind, obwohl NUR BESONDERS WICHTIGE PROTOKOLLE gewählt wurde.

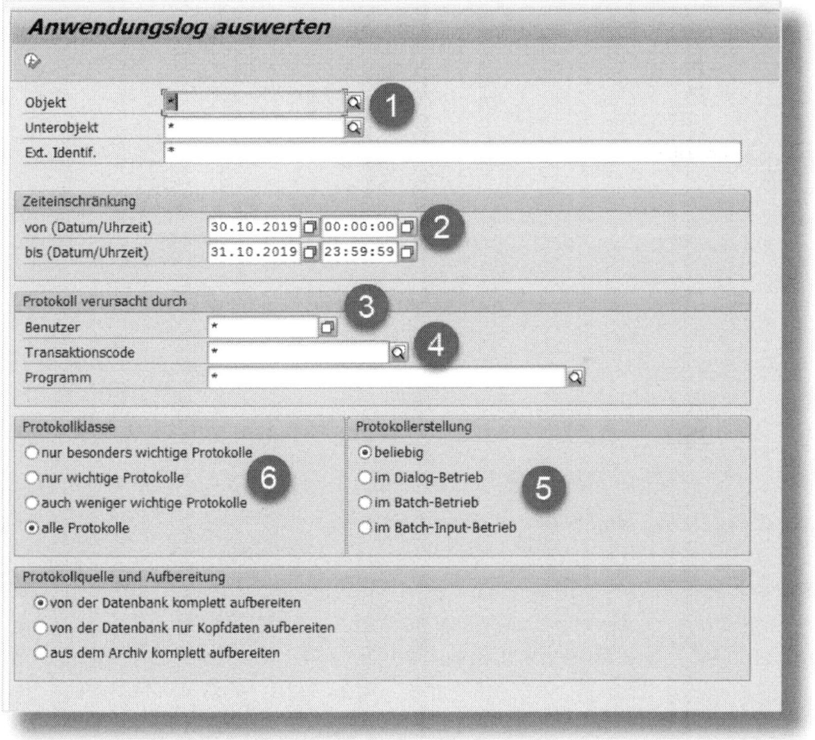

Abbildung 11.5: Anwendungslog auswerten

In der Trefferliste (siehe Abbildung 11.6) zeigen verschiedene Symbole an (❶), ob es sich beim Log-Eintrag um eine Erfolgs-, eine Warn-, oder eine Fehlermeldung handelt (grünes Quadrat, gelbes Dreieck, roter Kreis). Ebenso ist hier der Zeitpunkt des Log-Eintrags aufgeführt. In den weiteren Spalten werden u. a. Informationen zum Objekt und Subobjekt, Benutzer und der Transaktion ausgegeben (❷). Mithilfe der Funktion Technische Information (❸) können Sie sogar die exakten Schlüssel von Objekt und Unterobjekt bestimmen.

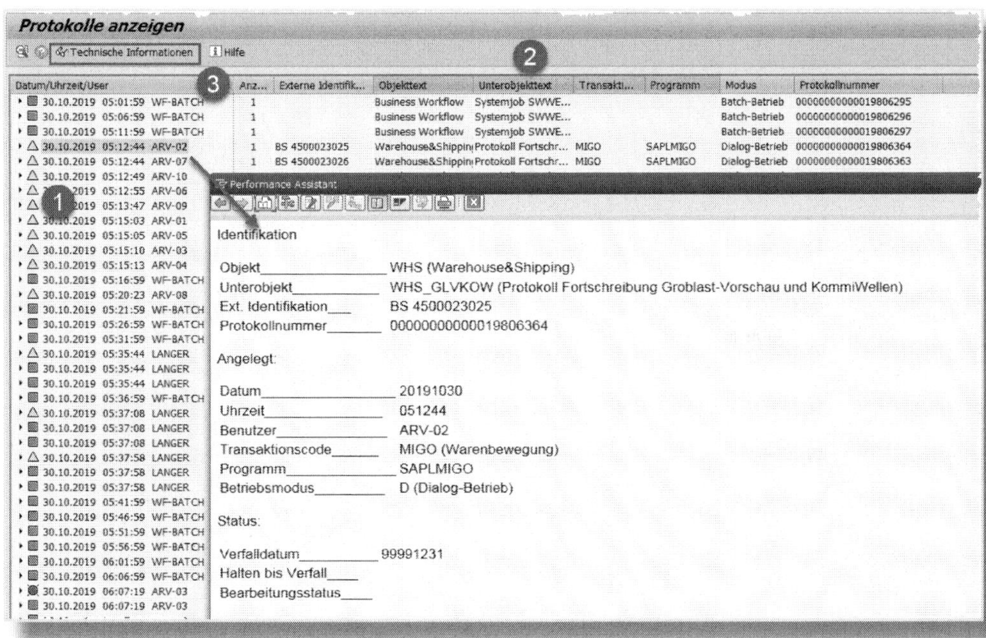

Abbildung 11.6: Trefferliste Anwendungslog

Jedem Log-Eintrag können mehrere Meldungen zugeordnet sein (siehe Abbildung 11.7) – wie viele es genau sind, sehen Sie in der Spalte Anzahl (❶). Sie sind dem Log-Eintrag in Form einer Drill-down-Liste zugeordnet. Durch Klicken auf ▸ (❷) wird noch weiter nach der Anzahl der Meldungen pro Problemklasse aufgeschlüsselt. Mit Doppelklick auf eine Problemklasse (❸) erhalten Sie in der unteren Bildschirmhälfte den genauen Hintergrund zu dieser Meldung.

Wenn Sie das Icon in der Spalte LTXT sehen (❹), existiert zur Meldung ein Langtext, den Sie sich mit Klick auf dieses Icon anzeigen lassen können.

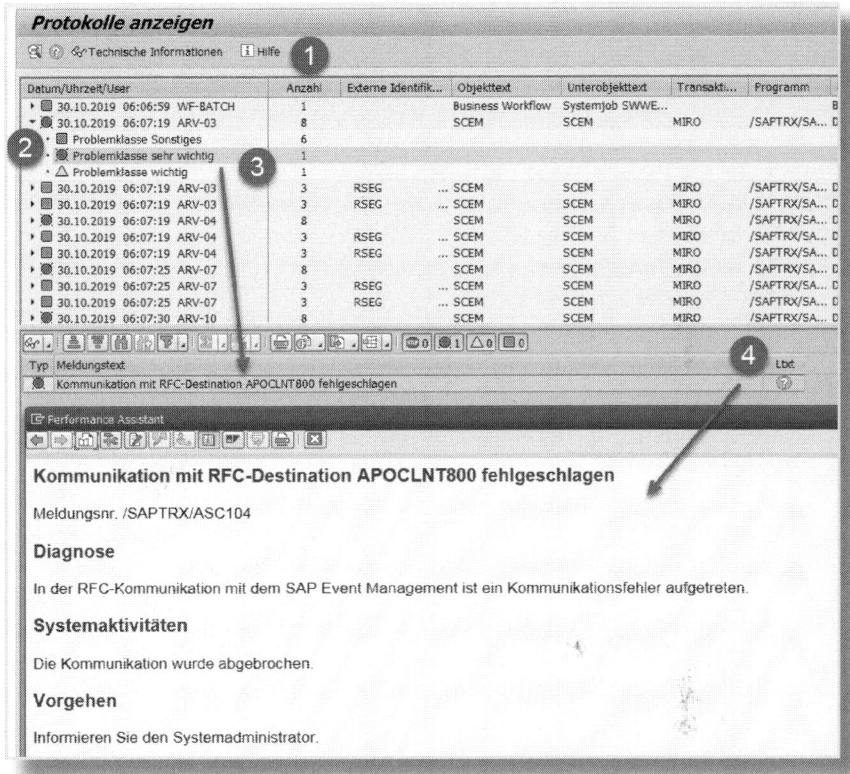

Abbildung 11.7: Detailanzeige zu Meldungen im Anwendungslog

Einträge vermeiden und löschen/Anwendungslog reorganisieren

Das Anwendungslog enthält oft schon nach wenigen Wochen so viele Eintragungen, dass eine Auswertung ohne vorherige Selektion von z. B. Objekt und Unterobjekt kaum mehr ohne lange Antwortzeiten möglich wäre.

Daher sollten Sie sich überlegen, ob eine Anwendung überhaupt Einträge in das Anwendungslog schreiben soll. Dies können Sie z. T. über Customizing-Einstellungen beeinflussen. Die entsprechenden Transaktionen finden Sie im Customizing-Leitfaden (Transaktion SPRO) über die Suchbegriffe »Anwendungslog« oder »Anwendungsprotokoll«.

Die für das Anwendungslog relevanten Tabellen BALHDR und insbesondere BALDAT gehören oft zu den am schnellsten wachsenden Tabellen eines SAP-Systems. Um ihre Größe zu begrenzen, kann es zudem sinnvoll sein, das Anwendungslog in regelmäßigen Abständen zu reorganisieren und nicht mehr relevante Einträge zu löschen. Der Begriff »relevant« ist dabei nicht klar definiert. Letztendlich legt dies der Entwickler der Anwendung fest, die die Log-Einträge schreibt. Er ordnet jeder Meldung ein Verfallsdatum zu (Feld ALDATE_DEL in der Tabelle BALHDR). Außerdem kann er mittels eines Flags (Feld DEL_BEFORE) angeben, dass der Eintrag bis zum Verfallsdatum im Log verbleiben muss. Ein Verfallsdatum »31.12.9999« mit gesetzten Flag kennzeichnet also einen Eintrag, der niemals gelöscht werden darf.

Die Transaktion *SLG2* bzw. der Report *SBAL_DELETE* dienen der Reorganisation des Anwendungslogs.

Im Startbild des Reports (siehe Abbildung 11.8) können Sie beeinflussen, wie das Verfallsdatum und das Löschbarkeits-Flag berücksichtigt werden sollen (❶). Zusätzlich können Sie die Reorganisation auf einzelne OBJEKTE (❷) (z. B. *WF* = Workflow) und den Erstellungszeitpunkt (❸) einschränken.

SLG2/SBAL_DELETE

Der Report SBAL_DELETE (Transaktion SLG2) wird von der SAP häufiger überarbeitet. Die Versionen unterscheiden sich durch z. T. verschiedene Auswahlmöglichkeiten im Startbild. Die in Abbildung 11.8 dargestellte Version bietet im Menü die Option PROGRAMM • EXPERTENMODUS, in der Sie zusätzliche Selektionskriterien finden, die bei älteren Programmversionen noch direkt angezeigt wurden.

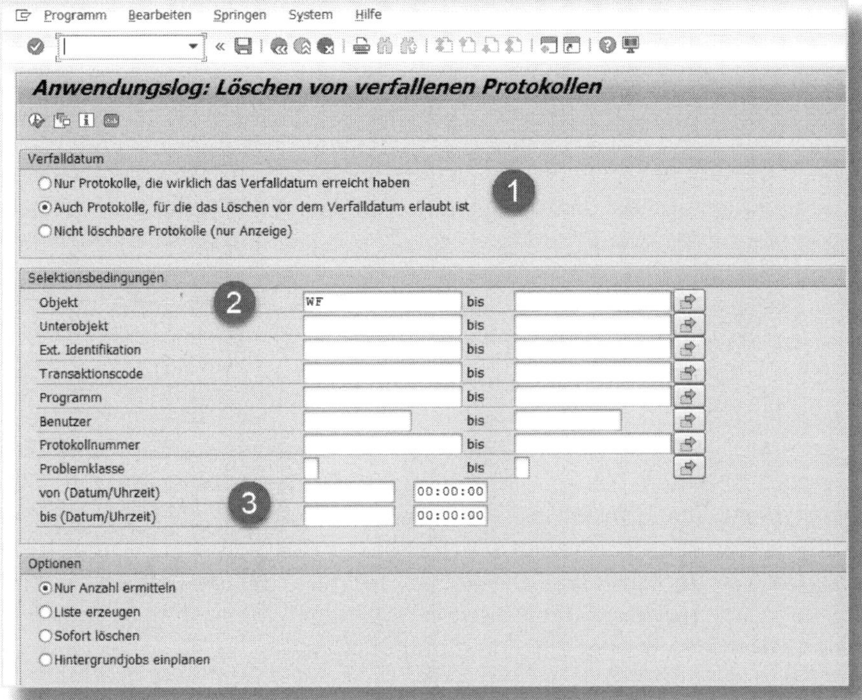

Abbildung 11.8: Reorganisation des Anwendungslogs

Wählen Sie die Option NUR ANZAHL ERMITTELN, werden zunächst nur die Logeinträge gezählt, die den gewählten Kriterien gemäß gelöscht werden könnten (siehe Abbildung 11.9).

Anwendungslog: Löschen von verfallenen Protokollen

Auch Protokolle, für die das Löschen vor dem Verfalldatum erlaubt ist

Objekt	Unterobjekt	Anzahl	% aller Protokolle
/WF/JOBS	SYSTEM_SCHEDULER	51.048	47,86
CXML_INTEGRATION	EXTRACTION	23.869	22,38
JOB_ACTIVATION	SCOPECB	18.711	17,54
MMPUR_QTN	INF_RECORD	2.436	2,28
MMPUR_QTN	PUR_ORDER	2.436	2,28
/IWBEP/	RUNTIM	1.936	1,82
MMPUR_QTN	CONTRACT	1.218	1,14
/WF/JOBS	SYSTEM_ACTIONS	829	0,78

Abbildung 11.9: Löschbare Logeinträge

Da die Reorganisation zuweilen sehr zeitaufwendig ist, sollten Sie bei einer größeren Anzahl zu löschender Einträge (ab einer sechsstelligen Zahl) die Reorganisation als Hintergrundjob einplanen. Auch die regelmäßige Reorganisation durch einen periodisch (z. B. monatlich) laufenden Job sollte in Betracht gezogen werden. Definieren Sie dazu geeignete Varianten, die die Reorganisation für einzelne Objekte durchführen. Eine Aufstellung wie in Abbildung 11.9 hilft Ihnen dabei, geeignete Kandidaten zu finden.

11.3 Workprozess-Traces

Jeder SAP-Workprozess schreibt während der Ausführung Meldungen in Tracedateien (Fehlerprotokolldateien, auch *Entwicklertraces* genannt), die auf Betriebssystemebene abgelegt werden. Der Dateipfad für diese Traces wird durch den Profilparameter DIR_HOME festgelegt. Die Transaktion *ST11* gestattet es Ihnen, die Tracedateien anzusehen. Zunächst zeigt die Transaktion eine Übersicht über alle Dateien im Verzeichnis (siehe Abbildung 11.10). Durch Doppelklick auf einen Dateinamen können Sie den Inhalt der Datei sichtbar machen – vorausgesetzt, sie hat einen textartigen Inhalt.

Die relevanten Dateien des Verzeichnisses beginnen mit »dev_« und enden, sofern Sie einem Workprozess zugeordnet sind, mit der Nummer des Workprozesses. Diese Nummer finden Sie z. B. in der Anzeige der Transaktion *SM50* in der Spalte Nr.

Tabelle 11.1 listet die wichtigsten Tracedateien mit ihrer jeweiligen Verwendung auf:

Name	Verwendung
dev_w<xx>	Meldungen des Workprozesses
dev_rfc<xx>	Meldungen zu Fehlern bei RFC-Aufrufen
dev_icf<xx>	Fehlermeldung für HTTP-Aufrufe
dev_icm	Protokoll des ICM (Internet Communication Manager)
dev_disp	Meldungsprotokoll des Dispatchers
dev_rd	Meldungsprotokoll Gateway-Prozess
stderr<x>	Protokolle von SAP-Prozessen (nicht Workprozesse)

Tabelle 11.1: Wichtige Tracedateien

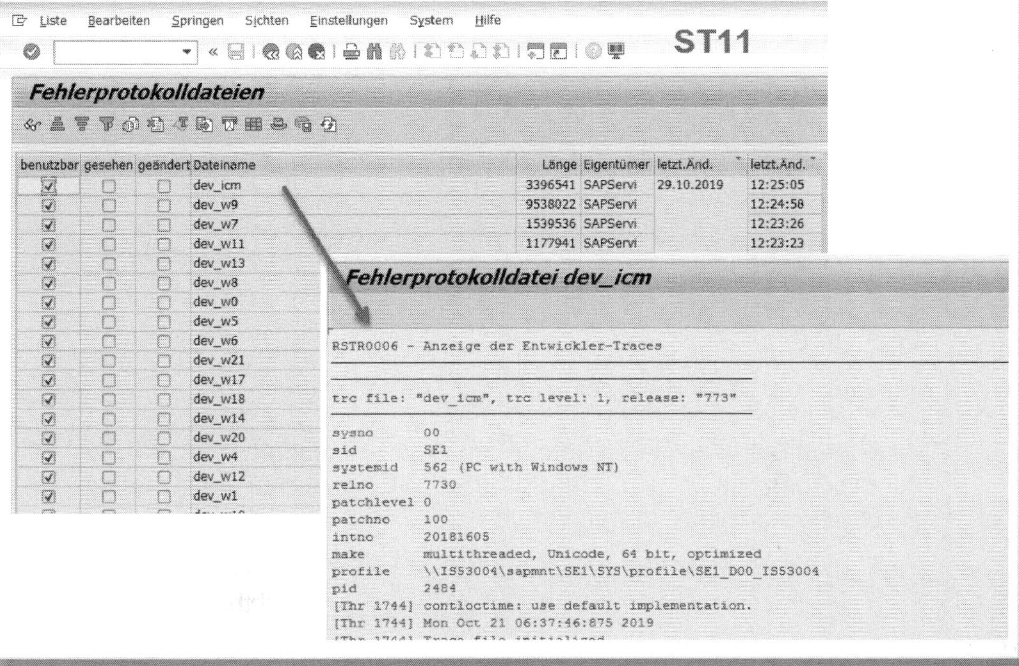

Abbildung 11.10: Anzeige Tracedateien

Beim Neustart der SAP-Instanz werden alle Tracedateien in »alter Dateiname.old« umbenannt und neue Dateien mit dem ursprünglichen Namen werden erzeugt. Diesen Vorgang können Sie auch im laufenden Betrieb zusätzlich unter ADMINISTRATION • TRACE • ZURÜCKSETZEN in der Transaktion *SM50* anstoßen. Dies kann z. B. sinnvoll sein, wenn Sie das SAP-System nur selten neu starten und die Tracedateien eine nur noch schwer auswertbare Größe erreicht haben.

Beispiel: Auswertung von Tracedateien zur Fehleranalyse

Die Transaktion *SM50* zeigt, dass Verbuchungsworkprozesse (Prozesstyp UPD) sehr häufig abgebrochen und schließlich ganz beendet wurden (siehe Abbildung 11.11).

21	BTC	3.984	wartet				00:17:49
22	BTC	1.220	wartet				00:15:24
23	BTC	1.148	wartet				00:17:26
24	SPO	2.396	wartet				00:00:14
25	UPD2	5.696	wartet				00:00:06
26	UPD	1-	beendet		2.262		00:00:00
27	UPD	1-	beendet		2.065		00:00:00
28	UPD	1-	beendet		2.040		00:00:00
29	UPD	1-	beendet		2.026		00:00:00
30	UPD	1-	beendet		2.015		00:00:00

Abbildung 11.11: Beendete Verbuchungsprozesse

Hier ist es sinnvoll, einen Blick in die Workprozess-Traces zu werfen, also z. B. die Datei »dev_w26« näher zu untersuchen.

Markieren Sie dazu in der Transaktion *SM50* die entsprechende Zeile für Workprozess 26 und rufen Sie dann die Funktion TRACE • DATEI ANZEIGEN auf (siehe Abbildung 11.12).

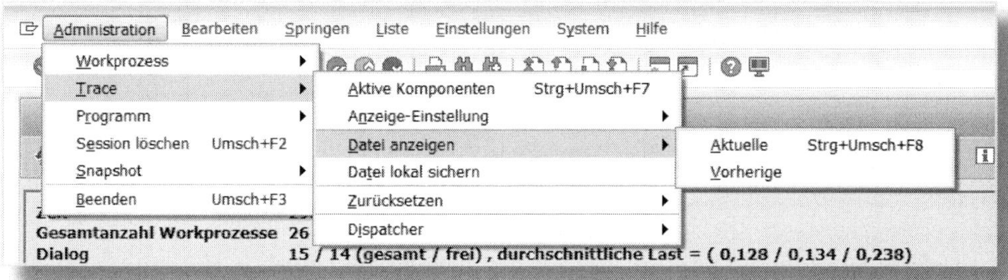

Abbildung 11.12: Anzeige Tracedatei (SM50)

Alternativ können Sie die Transaktion *ST11* nutzen und die gewünschte Datei per Doppelklick öffnen.

Im Beispiel enthält die Tracedatei tatsächlich Hinweise auf die Fehlerursache (siehe Abbildung 11.13):

Die betriebssystemseitig zur Verfügung gestellte Pagingdatei ist zu klein (❶). Daher existiert nicht genügend »Shared Memory« für den ABAP-Buffer (PXA) (❷).

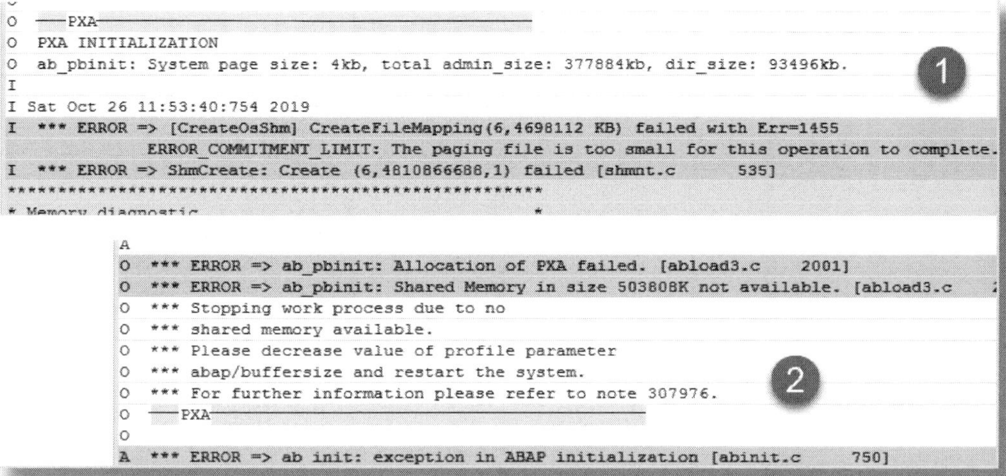

Abbildung 11.13: Fehlerhinweise in Tracedateien

In diesem Fall wird in der Tracedatei schon ein Verweis auf einen SAP-Hinweis gegeben, was allerdings eher die Ausnahme ist. Im Normalfall sollten Sie aber trotzdem im SAP-Hinweissystem eine Suche mit den in der Tracedatei gefundenen Begriffen (meist in Großbuchstaben) starten, hier also z. B. mit »ERROR_COMMITMENT_LIMIT« und »PXA«.

Überwachung der Tracedateien

Beim problemfreien Betrieb des SAP-Systems sollten die Tracedateien nur langsam um einige KB pro Tag wachsen. Eine innerhalb von kurzer Zeit stark angewachsene Dateigröße deutet auf Störungen hin. In diesem Fall sollten Sie die Tracedateien genauer untersuchen.

Ein Beispiel für eine sehr rasch gewachsene Datei (❶) zeigt Abbildung 11.14. Per Doppelklick auf den Dateinamen wird der Inhalt der Tracedatei angezeigt (❷).

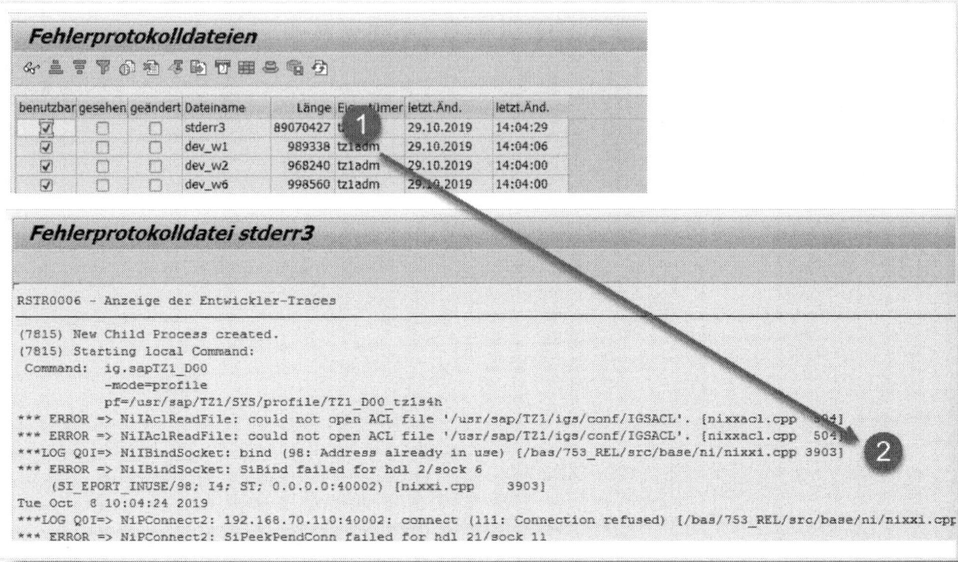

Abbildung 11.14: Rasch wachsende Tracedatei

In der Datei werden die Meldungen des Internet Grafic Service (kurz IGS) protokolliert.

Auch hier lohnt sich die Suche nach der Fehlerursache im SAP-Hinweissystem. Zum Stichwort »IGS Connection refused« wird die passende Auskunft gefunden (siehe Abbildung 11.15).

Sollten die Tracedateien für eine gezielte Auswertung zu groß geworden sein, und Sie möchten dennoch überprüfen, ob es aktuell neue Probleme gibt, können Sie die Dateien mithilfe der Funktion ZURÜCKSETZEN zunächst einmal leeren. Beachten Sie aber, dass dabei die aktuellen Tracedateien zwar in der ».old-Datei« gesichert werden, bei einem erneuten Zurücksetzen dann aber die dort enthaltenen Informationen verloren gehen (siehe Abbildung 11.16).

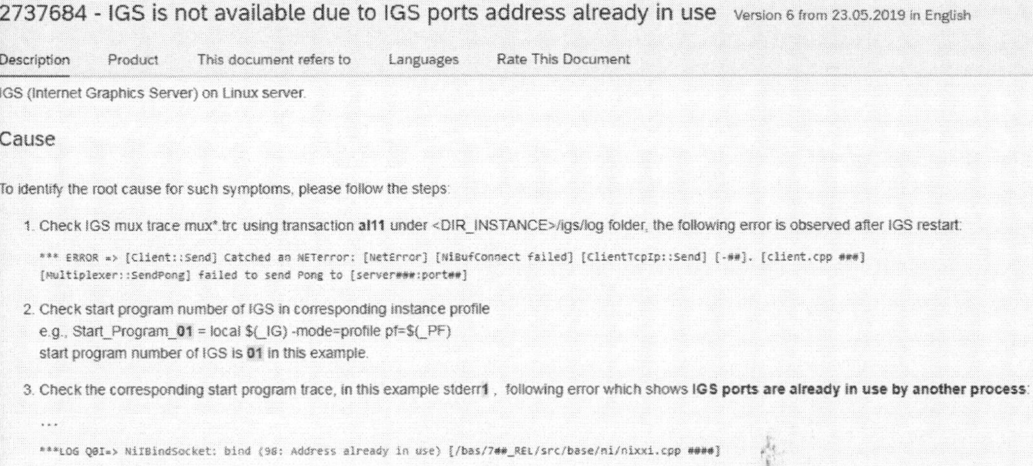

2737684 - IGS is not available due to IGS ports address already in use Version 6 from 23.05.2019 in English

Description Product This document refers to Languages Rate This Document

IGS (Internet Graphics Server) on Linux server.

Cause

To identify the root cause for such symptoms, please follow the steps:

1. Check IGS mux trace mux*.trc using transaction **al11** under <DIR_INSTANCE>/igs/log folder, the following error is observed after IGS restart:

```
*** ERROR => [Client::Send] Catched an NETerror: [NetError] [NiBufConnect failed] [ClientTcpIp::Send] [-##]. [client.cpp ###]
[Multiplexer::SendPong] failed to send Pong to [server###:port##]
```

2. Check start program number of IGS in corresponding instance profile
e.g., Start_Program_**01** = local $(_IG) -mode=profile pf=$(_PF)
start program number of IGS is **01** in this example.

3. Check the corresponding start program trace, in this example stderr**1**, following error which shows **IGS ports are already in use by another process**:

```
...
***LOG Q0I=> NiIBindSocket: bind (98: Address already in use) [/bas/7##_REL/src/base/ni/nixxi.cpp ####]
```

Abbildung 11.15: SAP-Hinweis zum Fehler im Trace

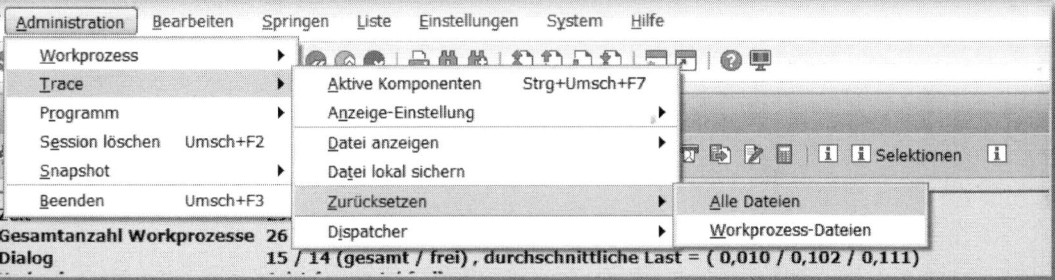

Abbildung 11.16: Zurücksetzen der Tracedateien

12 Wie findet man Tabellennamen?

Das erforderliche Customizing wurde durchgeführt, trotzdem verhält die Anwendung sich nicht wie erwartet. Schnell stellt sich hier die Frage: Gibt es vielleicht noch weitere Einstellungen, die Einfluss auf die Anwendung haben? Und in welchen Tabellen sind diese Einstellungen hinterlegt?

Die in diesem Kapitel aufgeführten Verfahren soll Sie dabei unterstützen, die Tabellen zu finden, auf die SAP-Anwendungen zugreifen. Die Kenntnis aller relevanten Tabellen wird Ihnen auch helfen, wenn es darum geht, mittels kundenspezifischer Programme zusätzliche Auswertungen mit Werkzeugen – wie etwa SAP Query oder dem Quickviewer – zu erstellen.

12.1 Technische Info über die F1-Hilfe

Im konkreten Beispiel soll ermittelt werden, in welcher Tabelle die Auftragsdaten abgelegt sind. Der zunächst scheinbar einfachste Weg besteht darin, eine Transaktion zu starten, die auf die infrage kommenden Daten zugreift (siehe Abbildung 12.1).

❶ Starten Sie die Transaktion *VA02* und betätigen Sie im Feld AUFTRAG die Hilfe-Taste [F1].

❷ Über die im Folgedynpro angebotene Funktion TECHNISCHE INFO (Icon) erhalten Sie nun Detailinformationen zum Dynpro-Feld.

❸ Unter TABELLENNAME und FELDNAME ist der Dictionary-Bezug angegeben, mit dem das Dynprofeld definiert wurde. Im angeführten konkreten Beispiel ist dies das Feld VBELN der Tabelle VBAK.

Das Ergebnis besagt aber noch nicht automatisch, dass die im Dynpro angezeigten Daten tatsächlich in der angegebenen Tabelle stehen und mithilfe der Transaktion *SE16* wiederzufinden sind.

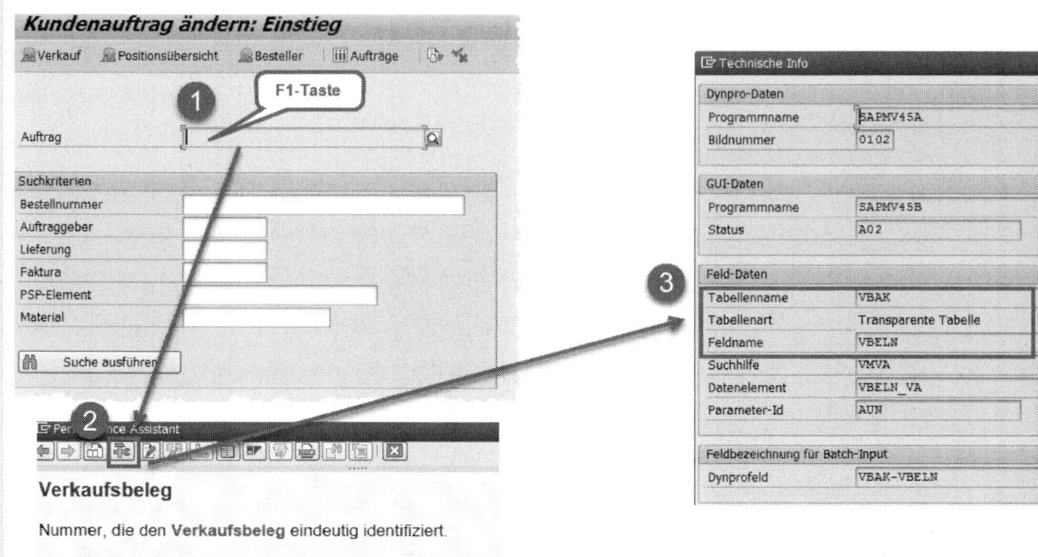

Abbildung 12.1: F1-Hilfe »Technische Info«

Der entscheidende Zusatz ist die in Abbildung 12.1 angegebene TABELLENART. Nur wenn hier *Transparente Tabelle* steht, haben Sie gute Chancen, die Daten auch in der Tabelle zu finden.

Abbildung 12.2 zeigt ein Beispiel, bei dem die »Technische Info« keine brauchbaren Informationen liefert.

Das Dynprofeld KREDITOR wurde nicht mit Bezug zu einer Tabelle, sondern zu einer sogenannten *Struktur* definiert. In ihr werden Daten nur temporär im Hauptspeicher vorgehalten. Ein Zugriff auf die Struktur z. B. über die Transaktion *SE16* führt daher zu einem Fehler (siehe Abbildung 12.3).

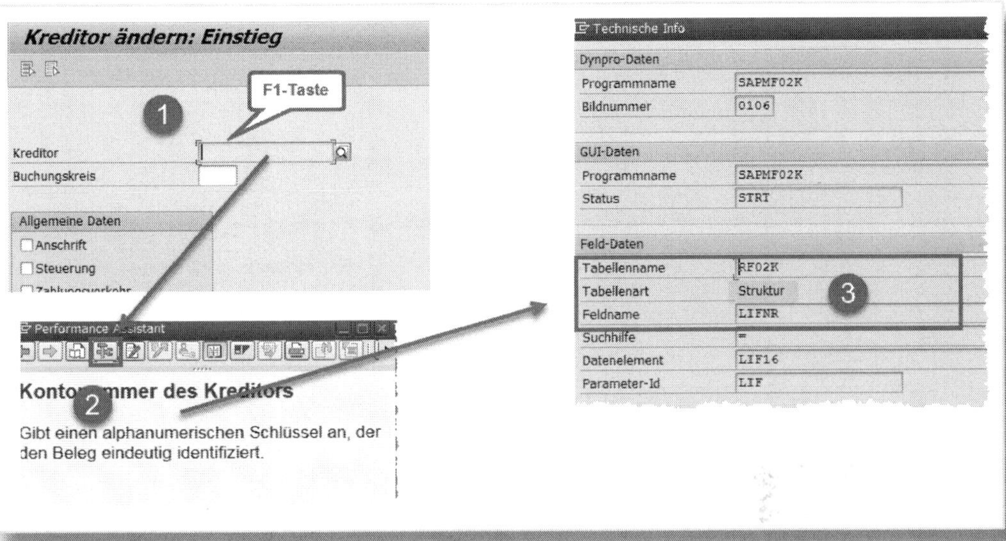

Abbildung 12.2: F1-Hilfe »Technische Info«

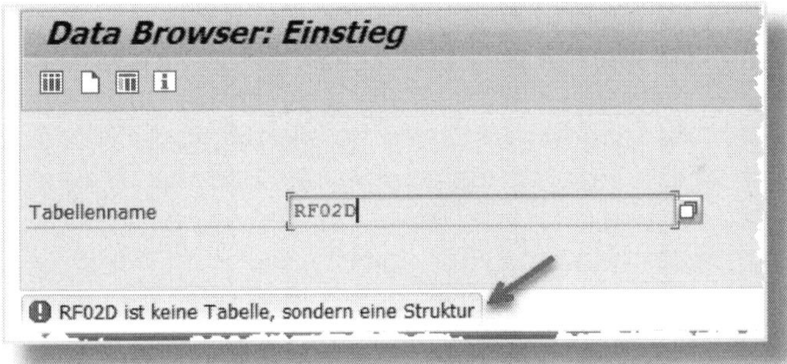

Abbildung 12.3: Zugriff auf Struktur mit SE16

Bei den meisten heutigen SAP-Anwendungen sind die Dynprofelder nicht mehr direkt mit Feldern von Datenbanktabellen verknüpft. Vielmehr werden die Daten häufig aus verschiedenen Tabellen gelesen und dann im Hauptspeicher bedarfsgerecht zu einer Struktur zusammengestellt. Die Felder dieser Struktur sind dann mit den Dynprofeldern verknüpft.

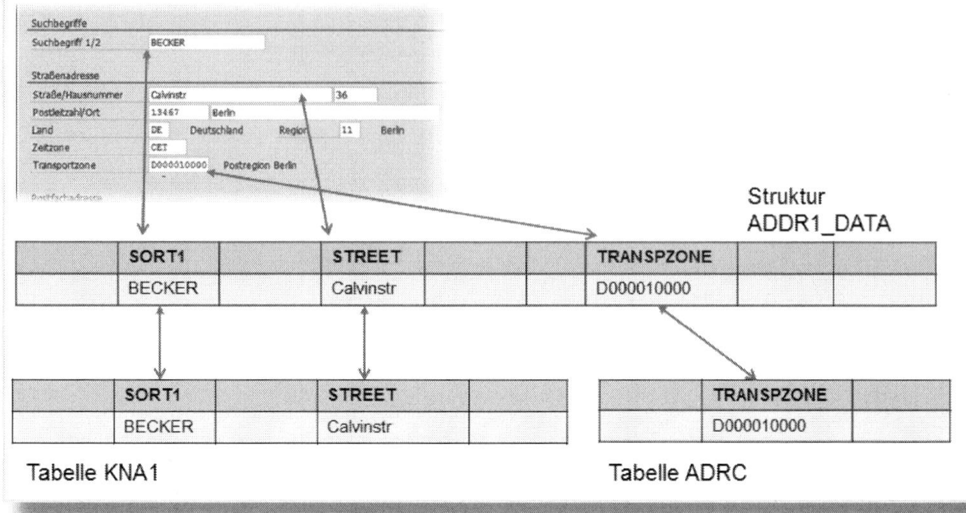

Abbildung 12.4: Dynprofelder mit Strukturbezug

Dies vereinfacht es dem Entwickler, Änderungen an der Verteilung der Daten auf Datenbanktabellen vorzunehmen, ohne gleich die ganze Dynprodefinition überarbeiten zu müssen.

Der Nachteil dieser Vorgehensweise besteht allerdings darin, dass die zu einem Dynprofeld ausgegebene »technische Information« nicht mehr die Information zu der Tabelle liefert, in der die angezeigten Daten tatsächlich gespeichert sind. Für solche Fälle sind die in den folgenden Abschnitten aufgeführten alternativen Methoden zu prüfen.

12.2 Suche nach SELECT im Quelltext

Es steht Ihnen natürlich außerdem offen, alle Tabellen, auf die ein Programm zugreift, dadurch zu ermitteln, dass Sie im Quelltext nach sämtlichen (lesenden) Datenbankzugriffen suchen.

Den Namen des entsprechenden Quelltextes erfahren Sie, wenn Sie bei gestarteter Anwendung die Funktion SYSTEM • STATUS aufrufen.

Per Doppelklick auf den Programmnamen wird der Quelltext im ABAP-Editor geöffnet und kann nun analysiert werden (siehe Abbildung 12.5).

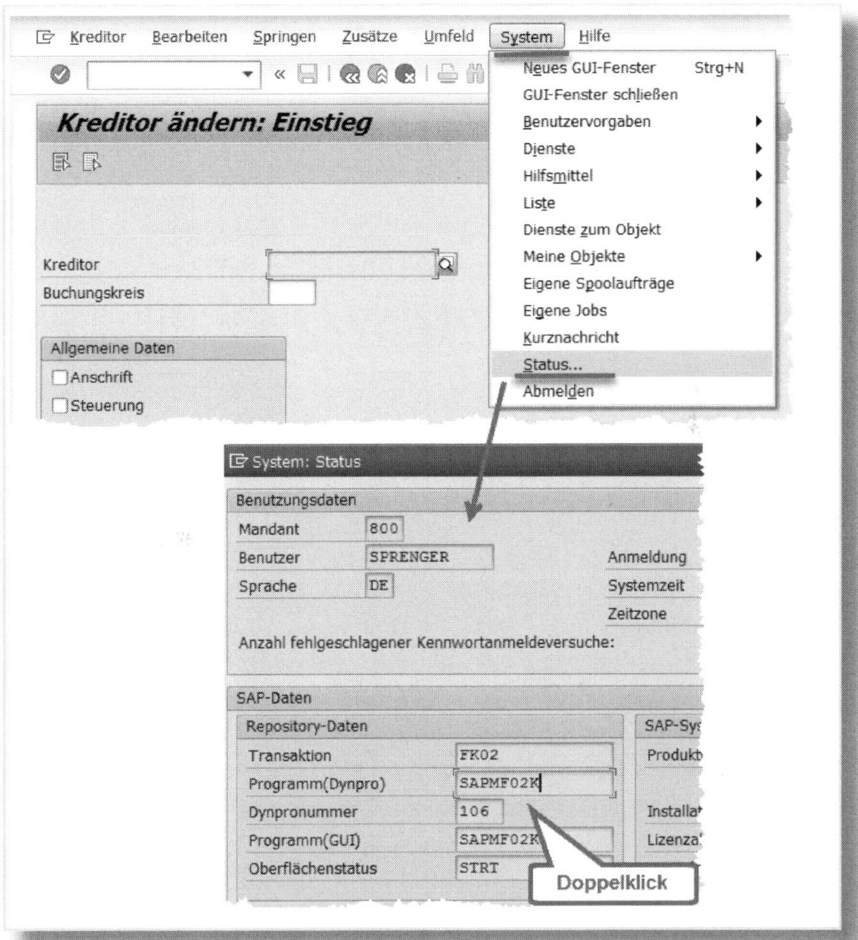

Abbildung 12.5: Anzeige Quelltext für Suche nach SELECT

Gesucht werden kann im Quelltext z. B. nach der Anweisung »SELECT«. Die Trefferliste weist jede direkt im Quelltext des Programms enthaltene SELECT-Anweisung aus. Die entstehende Liste ist allerdings sehr umfangreich, da sie auch Anweisungen enthält, die gar nicht benötigt werden, um die von Ihnen gesuchten, im Dynpro angezeigten Daten zu lesen.

Die Trefferliste ist sogar u. U. nicht einmal vollständig, da dort nur die direkt im Quelltext befindlichen, nicht aber die durch gerufene Funktionsbausteine und Methoden entstandenen SELECT-Anweisungen aufgeführt werden (siehe Abbildung 12.6).

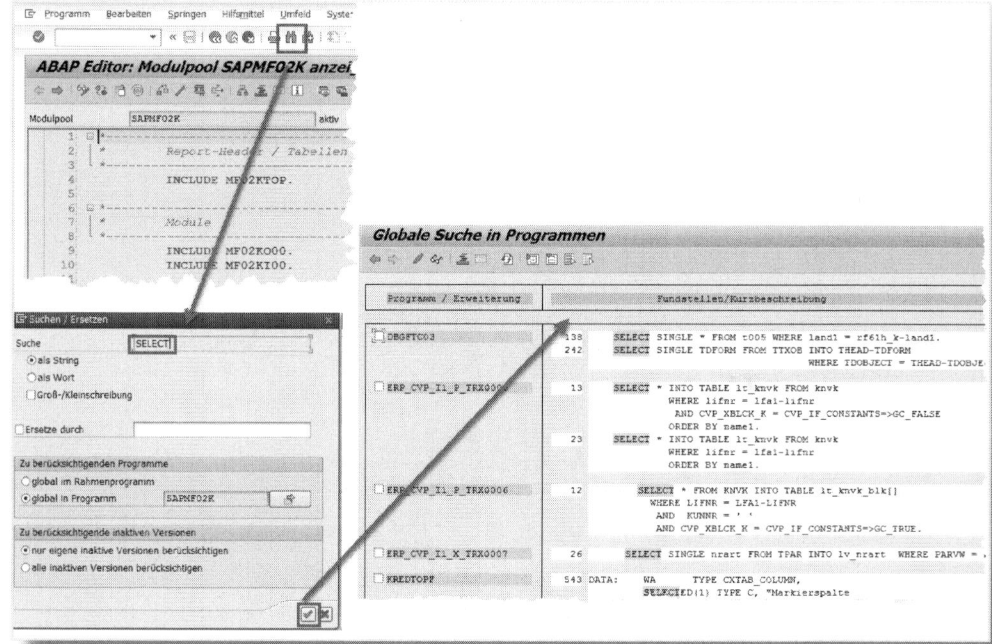

Abbildung 12.6: Im Quelltext gefundene SELECT-Anweisungen

12.3 Programmtrace mit SAT

Ein recht zuverlässiges Verfahren zur Ermittlung aller Tabellen, auf die ein Programm während der Ausführung zugreift, liefert die Transaktion *SAT*. Sie dient eigentlich dazu, Performanceanalysen durchzuführen, leistet aber auch für unsere Fragestellung wertvolle Dienste.

Im konkreten Beispiel soll geklärt werden, aus welchen Tabellen die Daten stammen, die die Transaktion *FD02* als »Allgemeine Daten« eines Debitors anzeigt (siehe Abbildung 12.7):

❶ Geben Sie nach dem Start der Transaktion *SAT* diejenige Transaktion an, deren DB-Zugriffe Sie protokollieren möchten und starten Sie diese mittels AUSFÜHREN. Achten Sie darauf, dass die Transaktion vorgenommene Änderungen auch tatsächlich ausführt und sie nicht in einer Art Simulation gestartet wird.

❷ Führen Sie die Transaktion nun so aus, dass Sie auf dem kürzesten Weg, d. h. ohne Aufruf nicht unbedingt notwendiger Funktionen, die Daten im Dynpro sehen, deren Tabellen Sie suchen.

❸ Mit dem Beenden der Transaktion wird das Analyseergebnis angezeigt.

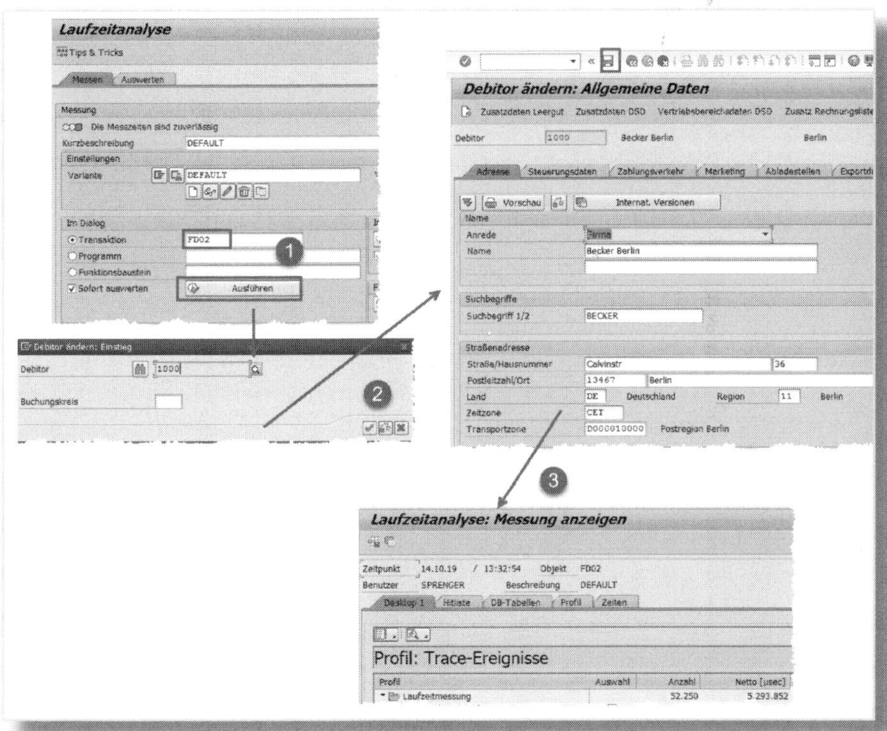

Abbildung 12.7: Trace für Transaktion ausführen

Auf der Karteikarte DB-TABELLEN (➊) (siehe Abbildung 12.8) werden alle Tabellen angezeigt, auf die während der Programmausführung (lesend) zugegriffen wurde.

Die Liste ist zugegebenermaßen recht umfangreich, die Angaben in der Spalte KURZBESCHREIBUNG (➋) sollten Ihnen aber eine Hilfe sein, die Tabellen richtig einzuordnen.

Als Orientierung kann zusätzlich auch die Spalte PUFFERUNG (➌) dienen: Tabellen mit Customizing-Daten werden im Normalfall gepuffert, Stamm- oder Bewegungsdaten zumeist nicht.

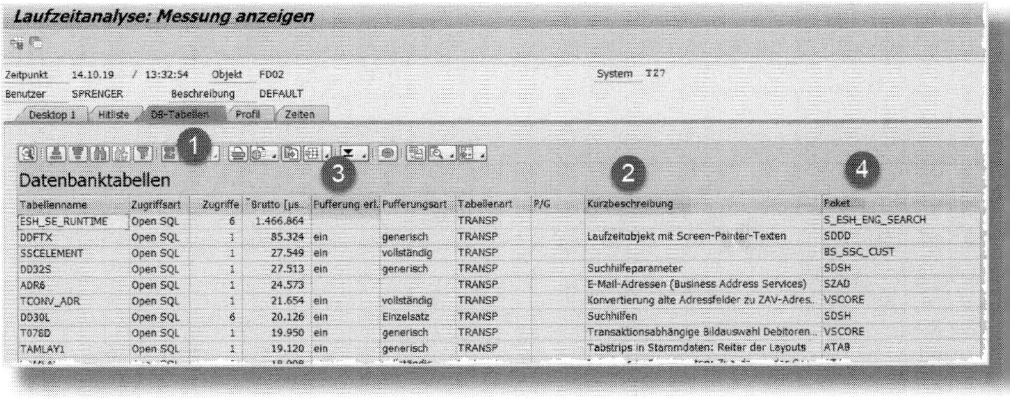

Laufzeitanalyse: Messung anzeigen

Zeitpunkt 14.10.19 / 13:32:54 Objekt FD02 System T27
Benutzer SPRENGER Beschreibung DEFAULT

Desktop 1 | Hitliste | DB-Tabellen | Profil | Zeiten

Datenbanktabellen

Tabellenname	Zugriffsart	Zugriffe	Brutto [µs...	Pufferung erl.	Pufferungsart	Tabellenart	P/G	Kurzbeschreibung	Paket
ESH_SE_RUNTIME	Open SQL	6	1.466.864			TRANSP			S_ESH_ENG_SEARCH
DDFTX	Open SQL	1	85.324	ein	generisch	TRANSP		Laufzeitobjekt mit Screen-Painter-Texten	SDDD
SSCELEMENT	Open SQL	1	27.549	ein	vollständig	TRANSP			BS_SSC_CUST
DD32S	Open SQL	1	27.513	ein	generisch	TRANSP		Suchhilfeparameter	SDSH
ADR6	Open SQL	1	24.573			TRANSP		E-Mail-Adressen (Business Address Services)	SZAD
TCONV_ADR	Open SQL	1	21.654	ein	vollständig	TRANSP		Konvertierung alte Adressfelder zu ZAV-Adres...	VSCORE
DD30L	Open SQL	6	20.126	ein	Einzelsatz	TRANSP		Suchhilfen	SDSH
T078D	Open SQL	1	19.950	ein	generisch	TRANSP		Transaktionsabhängige Bildauswahl Debitoren...	VSCORE
TAMLAY1	Open SQL	1	19.120	ein	generisch	TRANSP		Tabstrips in Stammdaten: Reiter der Layouts	ATAB

Abbildung 12.8: Laufzeitanalyse Datenbanktabellen

Auch die Informationen in der Spalte PAKET helfen dabei, Tabellen zu gruppieren, die Daten zum gleichen Themenbereich liefern. Im Vergleich zur Tabelle in Abbildung 12.8 sehen Sie in Abbildung 12.9 die Spalten entsprechend Ihrer Wichtigkeit umgestellt und die Zeilen nach PAKET sortiert:

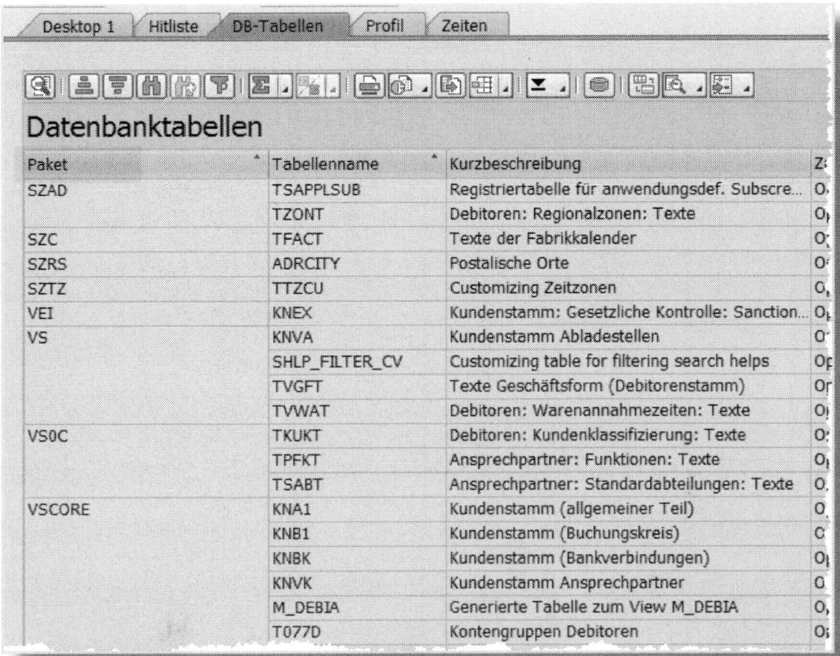

Paket	Tabellenname	Kurzbeschreibung
SZAD	TSAPPLSUB	Registriertabelle für anwendungsdef. Subscre...
	TZONT	Debitoren: Regionalzonen: Texte
SZC	TFACT	Texte der Fabrikkalender
SZRS	ADRCITY	Postalische Orte
SZTZ	TTZCU	Customizing Zeitzonen
VEI	KNEX	Kundenstamm: Gesetzliche Kontrolle: Sanction...
VS	KNVA	Kundenstamm Abladestellen
	SHLP_FILTER_CV	Customizing table for filtering search helps
	TVGFT	Texte Geschäftsform (Debitorenstamm)
	TVWAT	Debitoren: Warenannahmezeiten: Texte
VS0C	TKUKT	Debitoren: Kundenklassifizierung: Texte
	TPFKT	Ansprechpartner: Funktionen: Texte
	TSABT	Ansprechpartner: Standardabteilungen: Texte
VSCORE	KNA1	Kundenstamm (allgemeiner Teil)
	KNB1	Kundenstamm (Buchungskreis)
	KNBK	Kundenstamm (Bankverbindungen)
	KNVK	Kundenstamm Ansprechpartner
	M_DEBIA	Generierte Tabelle zum View M_DEBIA
	T077D	Kontengruppen Debitoren

Abbildung 12.9: Tabellen nach »Paket« sortiert

Der Trace wird von der Transaktion *SAT* auf ein Verzeichnis des SAP-Applikationsservers geschrieben und ist auch nach Verlassen der Transaktion verfügbar. Alle noch aus früheren Auswertungen vorhandenen Traces sind innerhalb der Transaktion *SAT* auf der Karteikarte AUSWERTEN (❶) sichtbar (siehe Abbildung 12.10).

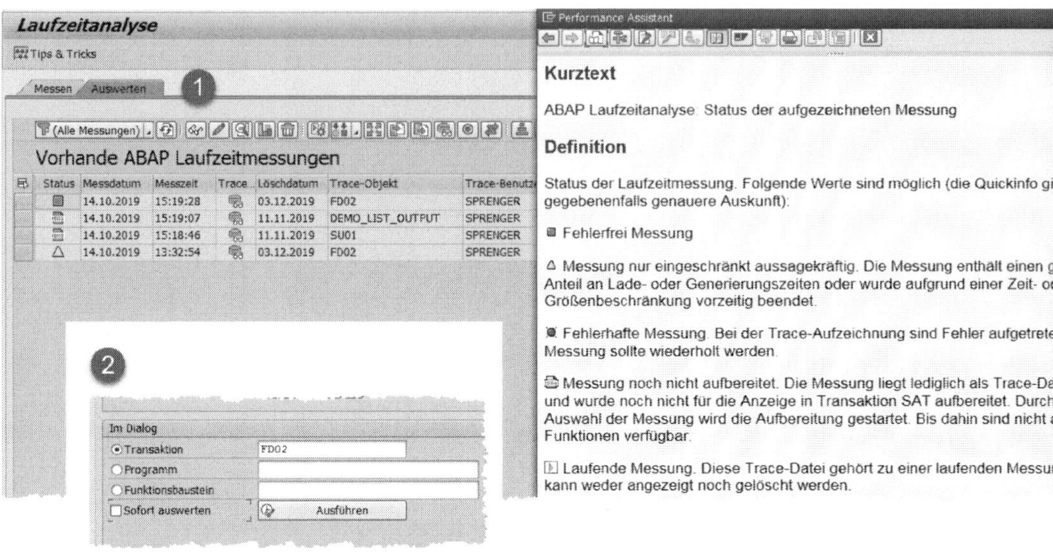

Abbildung 12.10: Hinweise zu Traces

Geben Sie durch Traces belegten Speicherplatz frei!

Vergessen Sie nicht, Traceergebnisse, die Sie nicht mehr benötigen, zu löschen. Der für die Ablage von Traces vorgesehene Speicherbereich ist begrenzt. Wird er überschritten, bricht die Traceerstellung ab.

Fehler bei der Traceerstellung

Gelegentlich kommt es vor, dass die Traceerstellung mit einer Fehlermeldung abbricht. Versuchen Sie den Trace dann noch einmal ohne die Option Sofort auswerten (❷) zu erzeugen, und starten Sie die Auswertung über direkte Auswahl des erstellten Traces aus der Traceliste.

12.4 Trace mit Transaktion ST12

Wie gerade gezeigt, liefert die Transaktion *SAT* Informationen über Tabellen, auf die eine Transaktion zugreift. Zu bedenken ist allerdings, dass z. B. Web-Anwendungen nicht so einfach aufzuzeichnen sind, und es ist auch nicht ohne Weiteres möglich, nur einzelne Aktionen zu tracen.

Hier bietet die Transaktion *ST12* mehr Möglichkeiten. Sie ist zum einen Bestandteil des Addons *ST-A/PI*, zum anderen aber in den meisten SAP-Systemen vorhanden. Da diese Transaktion eigentlich für die Analyse von Anwendungen durch die SAP während einer Servicesitzung vorgesehen ist, gibt es nur eine rudimentäre Dokumentation, die Sie durch Klicken auf das Informations-Icon (❶) abrufen können (Verzweigung zum SAP-Hinweis 755977, ❷ in Abbildung 12.11).

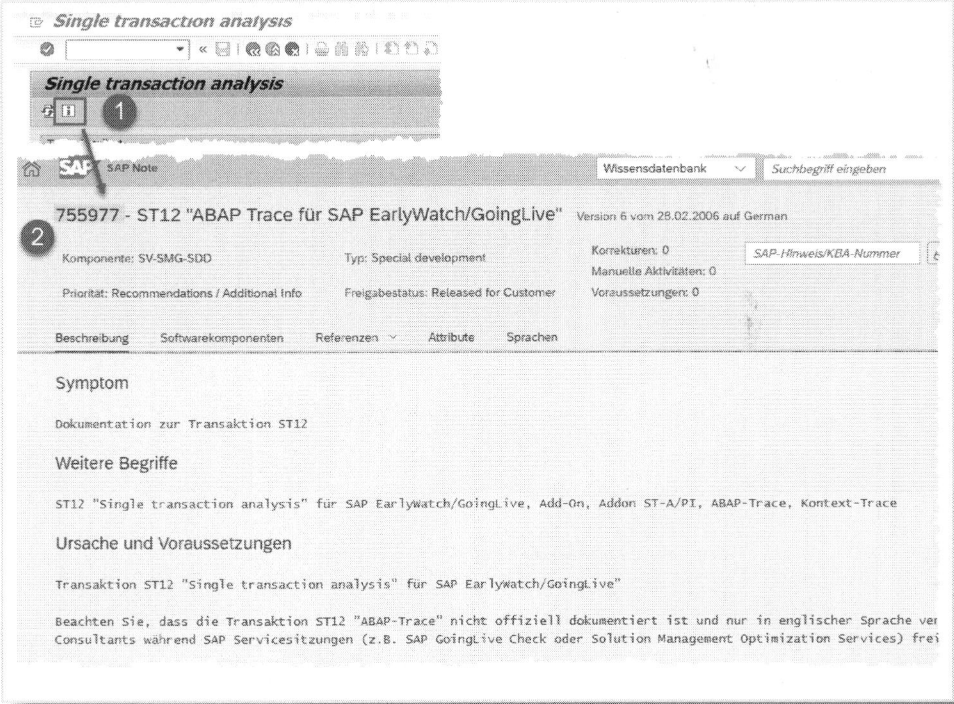

Abbildung 12.11: Dokumentation zur Transaktion ST12

Beispiel 1: SQL-Trace für Transaktion FD02

Wir wollen feststellen, auf welche Tabellen die Transaktion FD02 zugreift, wenn Sie sich zu einem Debitor die »allgemeinen Daten« anzeigen lassen.

Wenn Sie direkt eine Transaktion starten und tracen möchten, wählen Sie die Option Current Mode (❶) und tragen den Transaktionscode (❷) ein (siehe Abbildung 12.12). Da in diesem Beispiel nur ein SQL-Trace durchgeführt werden soll, reicht der Haken an der betreffenden Option SQL (❸).

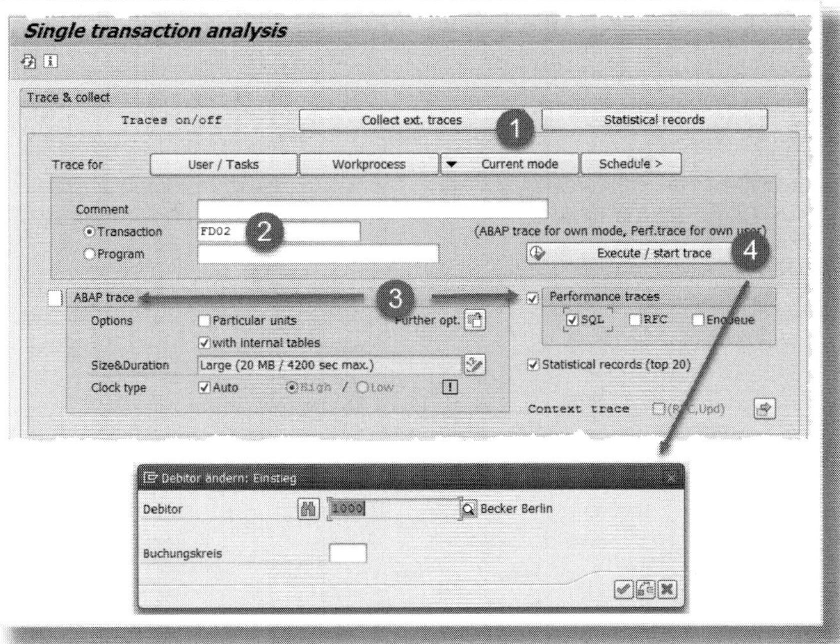

Abbildung 12.12: Trace einer Transaktion mit ST12

Mit EXECUTE/START TRACE (❹) wird die Transaktion nun gestartet und kann in gewohnter Weise ausgeführt werden. Wie schon beim Start über die Transaktion *SAT* werden alle von der Transaktion durchgeführten Änderungen tatsächlich ausgeführt.

Mit dem Beenden der Transaktion wird im Hintergrund die Tracezusammenstellung aufbereitet. Drücken Sie so lange auf F5 (Auffrischen), bis in der Spalte STATUS ein grüner Haken angezeigt wird (siehe Abbildung 12.13).

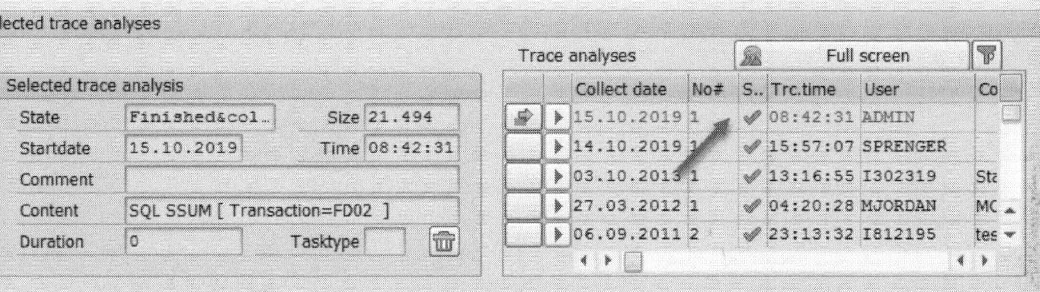

Abbildung 12.13: Übersicht Traces

Sobald die Zusammenstellung abgeschlossen ist (erkennbar am grünen Häkchen in der markierten Zeile oben in Abbildung 12.14), können Sie den Trace über den Button SQL SUMMARY auswerten. Aufgelistet werden Ihnen an dieser Stelle alle ausgeführten SQL-Anweisungen. In der Spalte TABLE NAME ist die angesprochene Tabelle aufgeführt, in der Spalte STATEMENT STRING WITH PLACEHOLDERS das ausgeführte Kommando.

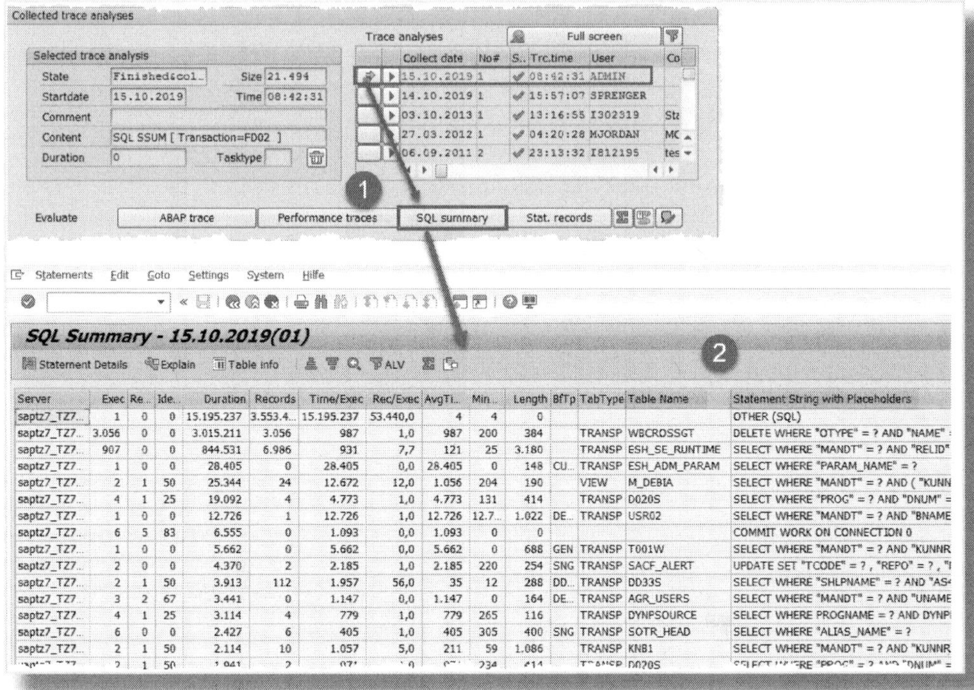

Abbildung 12.14: Auswertung SQL-Summary

Interessante zusätzliche Informationen bietet die Funktion STATEMENT DETAILS (❶) (siehe Abbildung 12.15). Hier erfahren Sie, mit welchen variablen Werten das SQL-Statement ausgeführt wurde (❷). Diese Information ist bei einem Trace (z. B. mit *SAT*) nicht verfügbar.

Auch ein Absprung in den ABAP-Editor ist möglich (❸): Angezeigt wird der Quelltextabschnitt, in dem die Anweisung ausgeführt wurde.

Beispiel 2: Trace einer Fiori-App

zB

Wir wollen feststellen, auf welche Tabellen die Fiori-App »Geschäftspartnerstammdaten verwalten« zugreift.

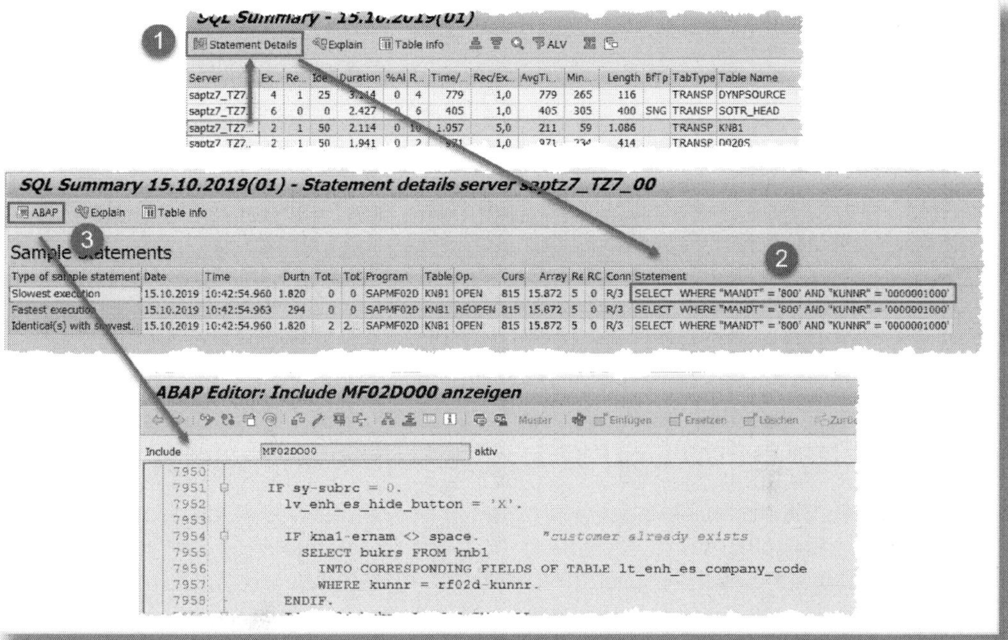

Abbildung 12.15: Detail zum SQL-Statement

Eine Web-Anwendung (oder eine RFC-Anwendung), die auf Tabellen eines ABAP-Web-Application-Servers zugreift, können Sie verfolgen, indem Sie den Trace für den Benutzer aktivieren (❶), unter dessen Kennung die Anwendung ausgeführt wird. Den Namen des Benutzers geben Sie unter USERNAME (❷) an. Sollte dieser identisch mit dem aktuellen User sein, erhalten Sie einen Warnhinweis, der Sie daran erinnern soll, dass jetzt auch der Trace selbst Teil des Traces wird.

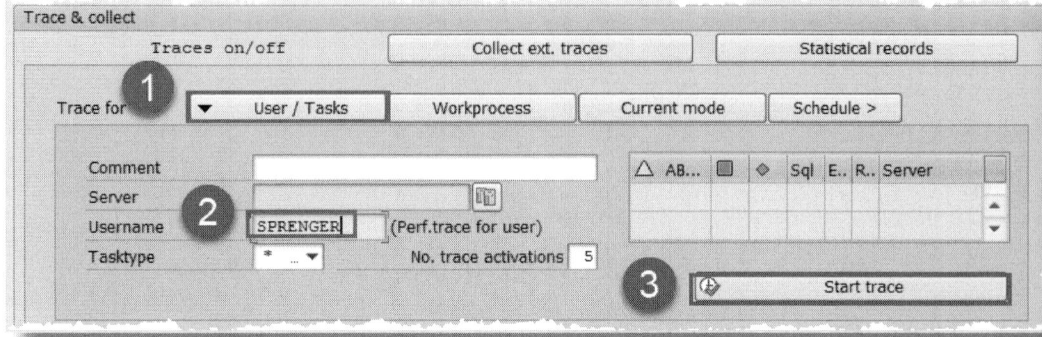

Abbildung 12.16: Trace für einen Benutzer starten

Den Trace aktivieren Sie mit START TRACE (❸).

Führen Sie nun die Web-Anwendung in gewohnter Weise aus. Im konkreten Beispiel (siehe Abbildung 12.17) wird die Fiori-App für die Verwaltung der Geschäftspartnerstammdaten gestartet.

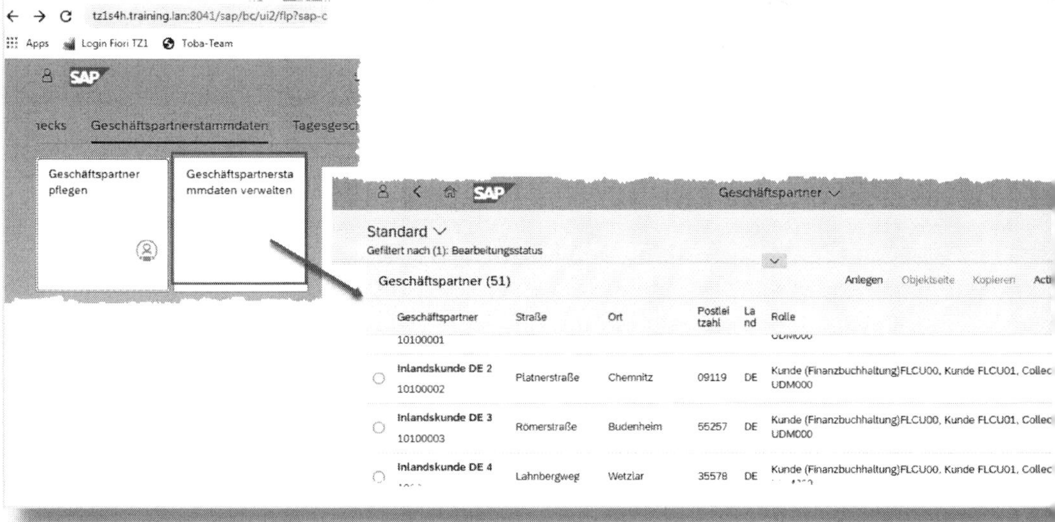

Abbildung 12.17: SQL-Trace für eine Fiori-App

Den Trace beenden Sie in der Transaktion *ST12* mittels End traces & collect. Die Auswertung erfolgt analog zum Beispieltrace der Transaktion FD02.

12.5 Informationen zu Customizing-Tabellen

Wenn Sie wissen möchten, in welchen Tabellen Customizing-Daten abgelegt werden, können Sie, statt einen Trace zu erstellen, auch die Transaktion *SPRO* verwenden. Zur Customizing-Aktivität können Sie sich mit einem Klick auf die Funktion Änderungsprotokoll anzeigen lassen, wer welche Customizing-Einstellungen wann geändert hat. Diese Funktion liefert aber auch die Namen der in der Protokollierung berücksichtigten Tabellen und Views, selbst wenn die Tabellenprotokollierung für den betroffenen Anmeldemandanten nicht aktiviert ist.

Verfügbarkeit des Änderungsprotokolls

Beachten Sie, dass das Änderungsprotokoll nicht unbedingt für alle Customizing-Aktivitäten implementiert ist.

Im Beispiel wollen wir die Tabellen zur Customizing-Aktivität Länder definieren in mySAP-Systemen bestimmen. Das entsprechende Vorgehen zeigt Ihnen Abbildung 12.18.

1. Markieren Sie die Customizing-Aktivität.
2. Rufen Sie die Funktion Änderungsprotokoll auf.
3. Bestätigen Sie die u. U. angezeigte Fehlermeldung mit Ja.
4. Rufen Sie die Funktion Protokollierung: Status anzeigen auf.

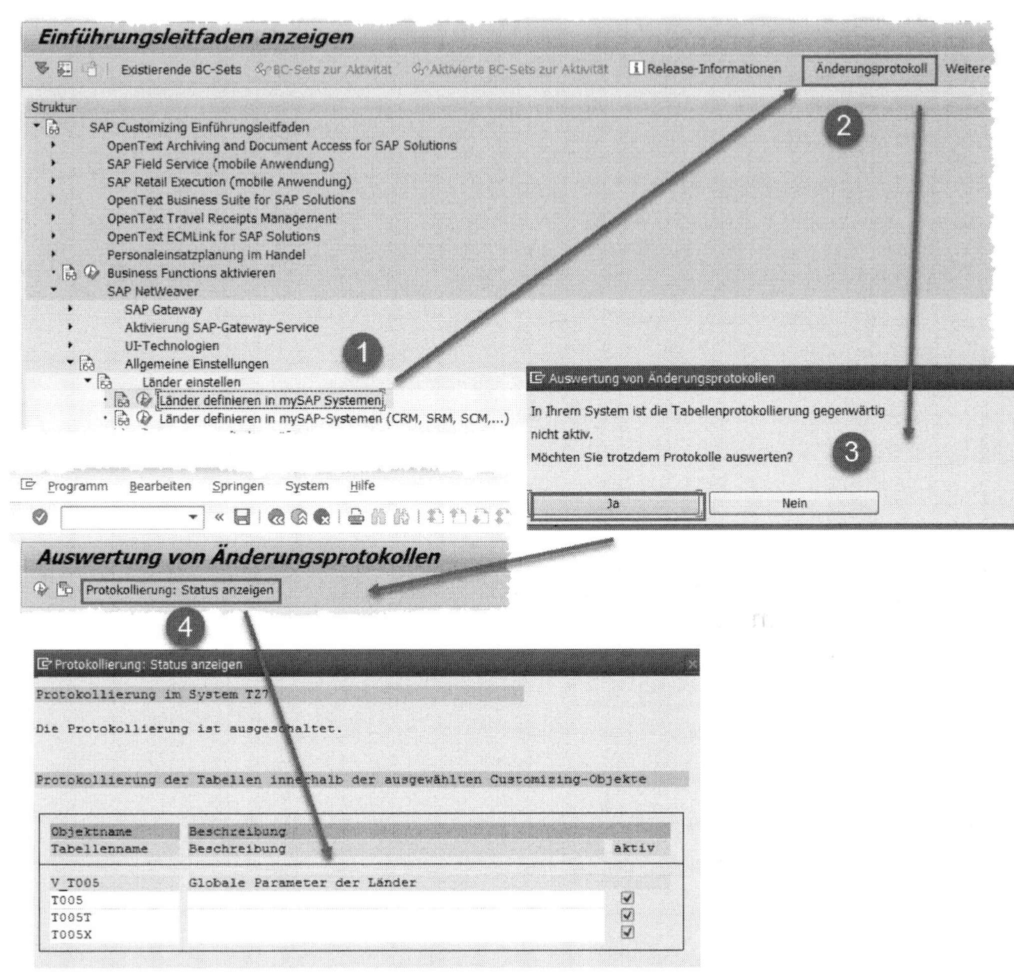

Abbildung 12.18: Tabellen zu einer Customizing-Aktivität ermitteln

Sie bekommen nun die für das Customizing der Aktivität zuständigen Views und Tabellen angezeigt.

Fazit

Ich habe Ihnen im Laufe dieses Buches anhand typischer Fehler und Probleme, die im Zuge der Administration eines SAP-Systems auftreten können, eine Reihe von Werkzeugen vorgestellt, die Ihnen bei der Analyse und Behebung helfen können. Die Sammlung ist natürlich alles andere als vollständig.

Die ständige Weiterentwicklung des SAP-Systems mit immer neuen Komponenten und Technologien stellt Sie fortwährend vor bis dato unbekannte Herausforderungen. Nach meiner Erfahrung werden Sie täglich dazulernen – vorausgesetzt, Sie geben nicht zu schnell auf. Ich habe selbst manchmal Tage damit zugebracht, bei einem Problem alle möglichen Werkzeuge durchzuprobieren und eine Unmenge von OSS-Hinweisen zu studieren. Auch ein Blick in die SAP Community kann sehr hilfreich sein, selbst wenn Sie dort manchmal nur die Bestätigung dafür finden, dass Sie nicht der Einzige sind, der mit einem Problem zu kämpfen hat. Mich beruhigt das immer, denn offensichtlich habe ich nicht alles falsch gemacht. Gewöhnen Sie sich außerdem an, Ihre gefundenen Lösungen zu dokumentieren, denn ein Fehler tritt häufig nicht nur einmal auf. Es gibt nichts Ärgerlicheres, als sich nicht mehr zu erinnern, was beim ersten Mal geholfen hat.

Aktuell ist die Umstellung der »klassischen ERP-Systeme« auf S/4HANA sicherlich die größte Herausforderung für einen SAP-Systemadministrator und Anwendungsbetreuer. Die Anzahl der an S/4HANA beteiligten Systeme nimmt zu; neben dem »klassischen« Backend-System für die ERP-Anwendungen kommt im Normalfall immer noch ein »Fiori-Frontend-System« hinzu. Ferner existieren neue Technologien und Werkzeuge wie Fiori, HANA Studio und Eclipse mit dem ABAP Developer Toolkit. Bleiben Sie also auf dem Laufenden und schauen Sie häufiger bei Espresso Tutorials nach aktuellen Neuerscheinungen!

Anhang

Die folgenden Transaktionscodes werden Ihnen im Zuge einer Fehler- bzw. Problembehandlung häufiger hilfreiche Dienste leisten:

T-Code	Beschreibung
PFCG	Pflege von Rollen
PFUD	Abgleich Benutzerstamm
RZ11	Profilparameter-Pflege
SA38	ABAP Reporting
SAAB	Aktivierbare Checkpoints
SAT	ABAP Trace
SCCL	Local Client Copy
SE11	ABAP Dictionary Pflege
SE16	Data Browser
SE37	ABAP Funktionsbausteine
SE38	ABAP Editor
SGEN	SAP-Load-Generierer
SICF	Pflege des HTTP-Service-Baums
SLG1	Anwendungslog: Protokolle anzeigen
SLG2	Anwendungslog: Protokolle löschen
SM04	Anmeldungen an einer AS-Instanz
SM12	Sperren anzeigen und löschen
SM13	Verbuchungssätze administrieren
SM14	Administration des Verbuchers
SM21	Systemprotokoll
SM36	Batch-Anforderung
SM37	Übersicht über Jobauswahl
SM37C	Flexible Version der Jobauswahl
SM50	Workprozesse einer AS-Instanz
SM56	Nummernkreispuffer
SM58	Asynchronous RFC Error Log
SM59	RFC Destinations (Display/Edit)

T-Code	Beschreibung
SM5A	RFC Ketten Analyse
SM66	Globale Workprozessübersicht
SM69	Pflegen externer OS-Kommandos
SMENQ	Enqueue-Administration
SMGW	Gateway Monitor
SMICM	ICM Monitor
SMQ1	qRFC-Monitor (Ausgangsqueue)
SMQ2	qRFC-Monitor (Eingangsqueue)
SMQR	Registrierung der Eingangsqueues
SNRO	Nummernkreisobjekte
SP01	Ausgabesteuerung
SPAD	Spool-Administration
SPRO	Customizing – Edit Project
ST01	System-Trace
ST02	Setups/Tune Buffers
ST11	Anzeige Entwickler-Traces
ST12	Single Transaction Analysis
ST22	ABAP Dumpanalyse
STAUTHTRACE	Berechtigungstrace
SU01	Benutzerpflege
SU02	Pflege Berechtigungsprofile
SU03	Pflege Berechtigungen
SU53	Auswertung der Berechtigungspüfung
SU56	Benutzerpuffer analysieren

ESPRESSO
TUTORIALS

A Der Autor

Der Diplom-Mathematiker **Manfred Sprenger** ist seit 1992 als SAP-Trainer und -Berater tätig: Zunächst war er bei Siemens Nixdorf und Siemens Business Services angestellt, seit 2005 arbeitet er selbstständig. Zu seinen Themenschwerpunkten gehören ABAP-Entwicklung, SAP-Systemadministration und der SAP Solution Manager.

Manfred Sprenger ist Mitglied des Trainernetzwerks TOBA-Team e. V.

B Index

C Disclaimer

Weitere Bücher von Espresso Tutorials

Julian Harfmann, Sabrina Heim, Andreas Dietrich:

Compliant Identity Management mit SAP®IdM und GRC AC

- Vorteile eines Compliant Identity Managements
- Stärken und Schwächen von SAP IdM und GRC AC
- integrierte Rollenund Berechtigungsverwaltung
- gemeinsame Benutzeroberfläche über SAP Enterprise Portal

http://5222.espresso-tutorials.de

Andreas Prieß:

SAP®-Berechtigungen für Anwender und Einsteiger

- Technische Grundlagen und Fachbegriffe einfach und verständlich erklärt
- Berechtigungsprüfungen verstehen und Fehler analysieren
- Voraussetzungen und Konzepte für das Berechtigungswesen
- Rollenbasierte Berechtigungen mittels Profilgenerator (PCFG)

http://5131.espresso-tutorials.de

Andreas Schuster:

Praxishandbuch SAP® HANA – Administration

- Architekturkonzepte von SAP HANA verstehen und anwenden
- Sizing, Skalierbarkeit, Mandantenfähigkeit, Hochverfügbarkeit
- Probleme vermeiden, frühzeitig erkennen und beseitigen
- einfach nachvollziehbar anhand der SAP HANA, express edition

http://5265.espresso-tutorials.de

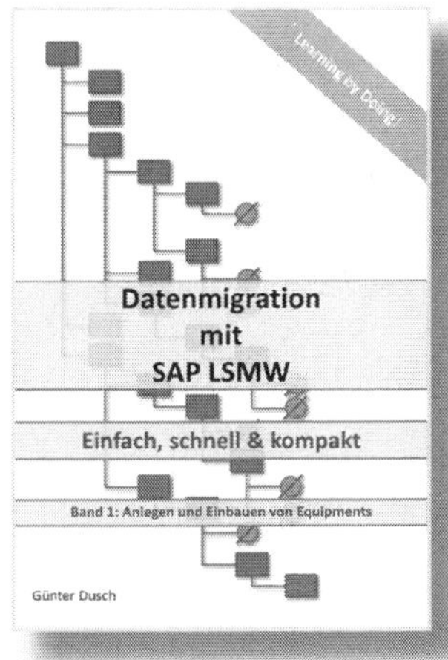

Günter Dusch:

Datenmigration mit SAP® LSMW: Einfach, schnell und kompakt

- Datenmigration mit LSMW selbstständig durchführen
- Anlegen von Equipments
- Datenakquisition und -aufbereitung
- LSMW-Projekt umbauen und um Felder erweitern

http://5415.espresso-tutorials.de